本书受以下项目资助：
云南大学“211工程”民族学重点学科建设项目
云南省哲学社会科学创新团队云南省民族文化多样性田野调查与民族志研究项目
云南省西南边疆民族文化传承传播与产业化协同创新中心建设项目
2011年国家社会科学重大招标课题“清水江文书的整理与研究”（项目号：11&ZD096）
之子课题“清水江文书所见苗侗民族森林生态知识及环保传统研究”

清水江流域传统林业规则的生态人类学解读

徐晓光　著

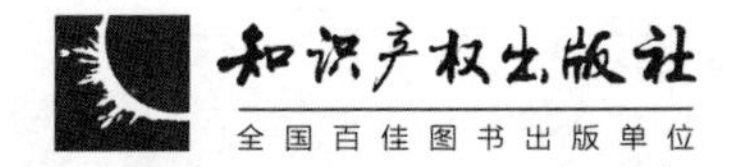

图书在版编目（CIP）数据

清水江流域传统林业规则的生态人类学解读/徐晓光著. —北京：知识产权出版社，2014.10

ISBN 978-7-5130-2735-9

Ⅰ.①清… Ⅱ.①徐… Ⅲ.①林业—环境规划—人类生态学—研究—贵州省 Ⅳ.①X322.273

中国版本图书馆 CIP 数据核字（2014）第101810号

内容提要

黔东南清水江流域在明清时期就进行了林业经营活动。几百年来，以人工杉木为主要商品的生计活动成为这里苗族、侗族人民的“文化基石”。其独特的营林技术和生态传统，生态环境保护意识和行为规范以及习惯法保障等，都在“清水江文书”中得到了充分的体现。

责任编辑：石红华　　**责任出版**：刘译文

清水江流域传统林业规则的生态人类学解读

QINGSHUIJIANG LIUYU CHUANTONG LINYE GUIZE DE SHENGTAI RENLEIXUE JIEDU

徐晓光　著

出版发行：	知识产权出版社有限责任公司	**网　　址**：	http://www.ipph.cn
社　　址：	北京市海淀区马甸南村1号	**邮　　编**：	100088
责编电话：	010-82000860 转 8130	**责编邮箱**：	shihonghua@sina.com
发行电话：	010-82000860 转 8101/8102	**发行传真**：	010-82000893/82005070/82000270
印　　刷：	北京市凯鑫彩色印刷有限公司	**经　　销**：	各大网上书店、新华书店及相关专业书店
开　　本：	787mm×1092mm　1/16	**印　　张**：	16
版　　次：	2014年10月第1版	**印　　次**：	2014年10月第1次印刷
字　　数：	248千字	**定　　价**：	45.00元

ISBN 978-7-5130-2735-9

编委会

总　序

我们正处在一个社会文化和生态环境急剧变迁的时代。

当代地球生态环境严重退化、恶化，众所周知，其原因主要有两方面。一是缺失必需的伦理、法规和保障机制：缺失全民高度尊崇、严格自我约束的生态环境伦理道德，缺失公民和族群所具有的生态和资源权益不受侵犯的有效法规，缺失资源环境开发利用必不可少的高度民主、公开、透明、科学的评估及决策机制，缺失健全、有效和权威的生态环境保护法律法规。二是人类狂妄、愚昧、劣性的膨胀：如以人类中心主义的思维方式行事，对大自然为所欲为；坚持文化中心主义，否定文化多样性，不尊重地方性知识和不同民族的传统知识；经济、物质至上，为追求利益而不惜破坏生态环境；以牺牲环境和资源为代价片面追求发展，制造生态灾难；盛行高能、高耗、高碳的生产方式和生活方式，大量消耗自然资源，严重破坏、污染生态环境；迷信科学技术，盲目采用不安全的新技术和化学物质，酿成环境灾难等。

近三十年来，对工业社会的生态环境观及其盲目开发发展行为的深刻反思和批判，已成潮流，主要反映在三个层次：一是人与自然关系的讨论，二是文化多样性价值和意义的再认识，三是不同地域、不同民族传统生态知识的发掘、整理和利用。三个层次的反思、讨论和探索，刺激了学术的创新，促进了某些学科的发展。例如最近二十年来，重新审视历史和自然，重新认识社会历史变迁与生态环境的相互关系，将古今生态环境演变的规律一并纳入视野的整合性的名之为“环境史”的研究，便成了史学界的一个新的分野。与此相对应，作为横向的尚未被现代化和全球化浪潮完全吞没的各地域、各民族的活生生的生态智慧、经验和知识，也逐渐获得了社会的认同，越来越受到学界的重视。而在众多的学科中，不遗余力地进行各民族、各地域传统生态知识的调查、研究、宣传、抢救、发掘、传承和利用的学科，不是别的，就是生态人类学。

我国生态人类学的研究，始于20世纪80年代，迄至今日，已经有了长足的发展。从我国的情况来看，生态人类学的研究具有几个显著的特点：一是西部的研究远胜于东部的研究。原因不难明白，东部开发早，市场经济发达，现代化速度快，全球化影响大，传统文化包括生态文化急速变迁、大量消亡了；西部是生态环境和民族文化多样性的富集区域，开发较晚，市场经济、现代化和全球化的影响相对较弱，传统生态文化虽然也有不少变异、流失，然而尚有丰富的遗存和踪迹可寻。二是研究对象十分复杂。国外早先的经典的生态人类学著作，研究对象多为与世隔绝的封闭社会和族群，而当我们开始从事该领域研究的时候，我们面对的国内的许多对象，虽然依然保持着传统，然而均已成为国家主导下的社会，在社会主义改造、政治运动冲击、移民开发干扰、扶贫发展促进、市场经济进入、城市化蔓延等因素的不断的综合的影响之下，原有的比较单一的文化变成了复杂的复合文化。面对这样的事象，一方面得厘清、剥离外来文化成分，还原传统文化的面目，阐释其价值和意义；另一方面又必须正视各种外来因素的影响和作用，以考察文化的变迁及其发展的趋势。国外生态人类学的发展，大体经历了从封闭社会的生态人类学研究到复杂社会的环境人类学研究两个阶段，而我们的研究从一开始面对的便是复杂环境中的复合文化，国外的两个研究阶段被融为了一体。三是具有较强的应用倾向。面对激烈的社会转型和文化变迁，环境问题日益凸显，并与生存、公平、权益、发展、政治、安定、和谐等各种问题相互渗透和纠结，涉足其间，难免产生共鸣和关怀。因此，正视现实问题，服务于国家和民族发展的需要，倡导建设和谐与可持续发展社会的理念，已成为我国生态人类学者的自觉追求。

上述三个特点，在我们主编的这套生态人类学丛书中有很好的体现。首先，丛书的作者们大都关注我国西部，研究对象集中于最富文化和生态特色、最具生态人类学研究内涵的两个地域：西南山地和北方草原。其次，丛书的研究依然承袭学术传统，一方面重在传统生态知识的发掘、整理和阐释，尤其重在对于无文献记载而且长期不被正确认识的传统和地方性知识的发掘和研究；

另一方面则着力探索在全球化、市场经济的背景下如何传承、活用传统知识并重建有效适应当代生态和社会环境的生态文化。第三，丛书的部分选题超越了传统生态人类学的研究范畴，敏锐地将当代社会面临的重大和热点生态环境问题纳入研究的视野，例如大坝、灾害、绿洲、水污染等研究即属此类，具有较高的学术及应用价值。

近年来，人类学的丛书不少，而作为生态人类学的丛书，这还是较成规模的第一套。无论从作者的层次和准备来看，还是从作品的选题和水平来看，本丛书均属难得，值得期待。至于缺憾，在所难免，祈望学界批评。在今后的学术跋涉中，作者们自当不急不躁，笃实前行，为生态人类学的发展再书华章。

编者 2012 年深春于昆明

目　录

绪 论

一

自古以来，人类与森林就有十分紧密的关系，从猿到人、从原始森林到都市环境，森林始终和人类相依相伴。人每时每刻都要呼吸氧气，排出二氧化碳；而森林在生长过程中，要吸收大量二氧化碳，放出氧气。经过仪器检测，在松、柏、樟三种树的森林圈内，每立方米空气的含菌量是916个，而一般街市人口密集处，每立方米的含菌量在20000个以上。[1] 松树散逸在空气中的臭氧能杀灭肺结核菌，故不少肺结核疗养院都建立松树林中，如贵州省贵阳市肺科医院就建在花溪大水沟的一大片黑松林中。一亩垂柳一昼夜能散发出二公斤杀菌素，能抑制伤寒、白喉、痢疾等病菌的繁殖，同时还能吸收、化解空气中的二氧化硫，所以森林圈内的人类居住地多为长寿之乡。如世界上长寿地区，格鲁吉亚的阿布哈吉亚、厄瓜多尔的比尔卡旺区和我国的广西巴马、湖北钟祥等地。随着汽车拥有量的增长，噪声对人类的危害越来越严重。森林有着很好的防噪声效果，经实验测得，公园或片林可降低噪声5~40分贝；汽车高音喇叭在穿过40米宽的草坪、灌木、乔木组成的多层次林带后，噪声可以消减

---

[1] 王洁平：《人与森林》，中国档案2012年第4期。

10～20分贝；城市街道旁种植树木，也可消减噪声7～10分贝。森林可以调节气候，森林浓密的树冠在夏季能吸收和散射、反射掉一部分太阳辐射能，减少地面增温。冬季，树木的叶子虽大都凋零，但密集的树干仍能削减吹过地面的风速，使空气流量减少，起到保温、保湿作用。在夏季，森林中气温比城市空阔地带低2℃～4℃，相对湿度则高15%～25%。由于林木根系深扎于地下，源源不断地吸取深层土壤里的水分供树木蒸腾，使森林形成雾气，增加了降水的可能性。

森林在防止风沙和减轻洪灾、涵养水源、保持水土等方面的作用也很大。由于森林树干、枝叶的阻挡和摩擦消耗，低空气流会发生改变，风速会明显减弱。人类便利用森林的这一功能造林治沙已是历久弥新的经验。森林地表枯枝叶腐烂层不断增厚，形成较厚的腐质层，就像一块巨大吸收雨水的海绵，具有很强的吸水、延缓径流、削弱洪峰的功能。另外，树冠对雨水有截流作用，能减少雨水对地面的冲击力，保持水土。据计算，林冠能阻截10%～20%的降水，❶ 其中大部分蒸发到大气中，余下的降临在地面或沿树干渗透到土壤中成为地下水，所以一片森林就是一座水库。森林有除尘和对污水的过滤功能。工业发展排放的烟灰、粉尘、废气都严重污染着空气，威胁人类健康。高大树木叶片上的褶皱、茸毛及从气孔中分泌出的黏性油脂、汁浆能黏截大量微尘，有明显阻挡、过滤和吸附作用。另外，森林对污水净化能力也极强，污水穿过40米左右的林地，水中细菌含量大致可减少一半。研究表明，在人的视野中，当绿色达到25%以上时，能消除眼睛和心理的疲劳，释放心理压力。

虽然森林能改变人类的环境，但是随着人类对森林木材资源的大量消耗，尤其是人类的乱砍滥伐使森林资源严重破坏，地球上森林面积逐年变小。火灾是森林的最大杀手。一片幼林长成为森林，需要几十年、上百年，而大火会在很短的时间无情地吞噬森林的生命。人类对森林的破坏，已经引起了干旱少雨、气候变暖、水土流失、沙尘暴、空气污染加重等诸多环境问题。❷ 遭遇到

---

❶ 王洁平：《人与森林》，中国档案2012年第4期。

❷ 2013年3月“两会”期间，中科院院士、全国政协委员姚檀栋当着习近平总书记的面背了几句他自己写的《沁园春·霾》：“空气如此糟糕，引无数美女戴口罩，惜一罩掩面，白化妆了。唯露双眼，难判风骚。一代天骄，央视裤衩，只见后座不见腰。尘入肺，有不要命者，还做早操。”2013年3月12日《贵州大学生手机报》。

了环境的恶化，人们逐渐认识到：森林对环境和生态的价值远远高于它提供木材的价值，植树造林、扩大森林面积是关系人类能否生存的大事。人类与森林应该实现“天人合一”的亲近，我们的生存离不开森林，而森林的成长也离不开人类的呵护。

林业是重要的基础产业和具有特殊功能的公益事业，准确把握林业的基础产业和公益事业两大基本属性，对于推动现代林业科学发展，更好地服务经济社会发展大局，具有十分重要的意义。

第一，林业是对支撑经济社会发展具有战略作用的基础产业。在深入进行科学发展、加快转变经济发展方式的今天，林业的经济功能不断拓展，产业地位不断提升，在国家经济建设全局和发展战略中的作用日益突出。森林作为重要的资源库，能够提供丰富的原材料和林产品，对于支撑经济社会发展意义重大。依靠森林资源，可以生产出木材及其制品、工业原料、木本粮油、食品药材等一万多种林产品和原材料。目前我国人均 GDP 已跨上 4000 美元，社会消费不断升级，可再生、可降解、绿色养生的林产品越来越受到人们的青睐。近年来，作为三大基础原材料之一的木材，在我国总消费量呈刚性增长，2005 年为 3.25 亿立方米，2009 年为 4.21 亿立方米，“十二五”期间年均将超过 5 亿立方米。野菜山珍、木本粮油等森林食品，成为人们改善膳食结构、应对“三高”疾病的新宠。森林作为重要的能源库，是生产生物质能源的“绿色油田”、“绿色电厂”，对实施替代能源战略意义重大。森林是仅次于煤炭、石油、天然气的第四大能源资源。据预测，全世界煤炭可供开采年限为 220 ~ 240 年、石油为 70 ~ 100 年、天然气为 50 ~ 60 年。在后化石能源时代，发展以森林为主的生物质能源，成了各国能源替代战略的重要选择。一方面，森林是一座储量丰富的“绿色油田”，许多树木的果实富含油脂，可用于生产生物柴油。我国有果实含油量超过 40% 的树种 150 多种，总面积超过 400 万公顷，开发生物柴油的前景十分广阔。另一方面，森林是一座潜力巨大的“绿色电厂”，其木质纤维的发热量平均都在 4000 ~ 5000 千卡/千克，燃烧产生的热能可转化为电能。我国森林每年可产出枝丫剩余物约 3 亿吨。

第二，森林是人类文化产生和发展的源泉。一方面森林是一部内容丰富、包罗万象的教科书，是一座取之不尽、用之不竭的精神宝库；另一方面，森林以其独特的形态美、色彩美、音韵美等，对人们的审美情趣和道德情操起着潜移默化的作用。几千年来，人们从弘扬森林文化中体验和享受到人与自然的和谐之美。古代文人雅士追求的“宁可食无肉，不可居无竹”便是生动的印证。在全面建设小康社会和生态文明的实践中，人们对以森林文化为主的生态文化更加渴求，对生态文化产品的需求更加迫切。要大力繁荣林业生态文化，生产出丰富多彩的生态文化产品，为提高人民群众文化生活水平作出更大贡献。

第三，林业承担着保护森林、湿地、荒漠三大生态系统和维护生物多样性的重要任务，是生态文明建设的关键领域和“美丽中国”建设的核心元素。人类文明的演化和进步总是离不开森林的呵护和支撑。“林业兴则生态兴，生态兴则文明兴”，发达的林业、良好的生态已经成为国家文明和社会进步的重要标志。所以，林业要以推动科学发展为主题，以加快转变发展方式为主线，以兴林富民为宗旨，以实现到2020年森林面积比2005年增加4000万公顷、森林蓄积量增加13亿立方米的“双增”目标，依靠人民群众，依靠科学技术，依靠深化改革，全面开创现代林业科学发展新局面。力争到2015年，全国森林覆盖率达到25%，蓄积量达到143亿立方米，林业总产值达到3.5万亿元。原国家林业部部长贾治邦指出：要在准确把握林业两大基本属性的同时，正确处理好以下几个重要关系。

（1）正确处理好生态与产业的关系。生态是产业的根基，产业是生态的保障。只有建立起完善的生态体系，形成丰富的森林资源，林业产业才有坚实的基础和广阔的空间。只有建立起发达的产业体系，积累雄厚的财富和充裕的资金，生态建设才有可靠的保障。要把生态与产业统筹起来、协调推进和进行良性互动，切实促进生态建设产业化、产业发展生态化。

（2）正确处理好兴林与富民的关系。兴林与富民相互依存、相得益彰。只有林业兴旺发达，提供出更多就业机会和创业机遇，才能让人民群众得到更多实惠。只有人民群众的物质利益得到应有满足，他们才会自觉地投身林业建设，为林业发展注入强大动力。要真正将林业建设与百姓致富紧密结合起来，应做到在兴林中富民、在富民中兴林。

（3）正确处理好保护与利用的关系。保护与利用是充分发挥林业多种功能和效益的主要途径，单纯的保护和过度的利用都不可取。要坚持严格保护、积极发展、科学经营、持续利用的原则，在严格保护好现有森林、湿地和野生动植物等资源的前提下，科学合理地开发利用，做到在保护中利用、在利用中发展，实现越采越多，越采越好，青山常在，永续利用。

（4）正确处理好数量与质量的关系。森林的功能，是依靠大面积与高质量的森林来支撑的，是数量和质量的统一。要在扩大面积的基础上，加强抚育经营和科技创新，提高林地生产力、资源利用率，提升森林整体功能。生态建设要改变过去“撒胡椒面”模式，着力构建国土生态屏障。产业发展要改变过去“小而全”模式，重点培育主导产业。[1]

林业在人类生存与发展中有着不可替代的作用和特殊地位。目前，我国面临的问题是难以持续的增长模式以及受到污染的空气、水资源和土地。我国是一个缺林少绿、生态脆弱的国家，森林覆盖率仅为22.36%，不足世界平均水平的70%，沙化土地和水土流失面积分别超过国土面积的5/1和3/1。[2] 由此带来的生态环境恶劣、生态承载力不高等问题，已成为制约经济社会科学发展的“短板”。所以应该充分认识林业是生态建设的重要基础，森林是陆地生态系统的主体，处于主导和支撑地位，处理好人与自然的关系，必须处理如人与森林的关系这一理念。发展林业是生态建设的重要途径，联合国指出：森林这一主题对经济发展和维持各种形式的生命是必不可少的，要拯救地球的生态环境，必须拯救地球上的森林。林业是生态建设的重要任务，应该用历史眼光和世界视野来审视我国的林业建设，把发展林业列为生态建设的重中之重。

党的“十八大”报告将“大力推进生态文明建设”设立了专章，并指出，生态文明是关系人民福祉、关乎民族未来的长远大计。面对资源约束趋紧、环境污染严重、生态系统退化的严峻形势，必须树立尊重自然、顺应自然、保护自然的生态文明理念，把生态文明建设放在突出地位，融入经济建设、政治建设、文化建设和社会建设的各方面和全过程，努力建设美丽中国，实现中华民族永续发展。良好的生态环境是人和社会持续发展的根本基础。要实施重大生态修复工程，增强生态产品生产能力，推进荒漠化、石漠化、水土流失综合治理，扩大森林、湖泊、湿地面积，保护生物多样性。加快水利建设，增强城乡

[1] 贾治邦：《把握林业基本属性，推动林业科学发展》，《求是》，2011年第3期。

[2] 刘雄鹰：《建设生态文明，林业勇挑大梁》，《人民日报》2012年12月12日。

防洪、抗旱、排涝能力。加强防灾减灾体系建设，提高气象、地质、地震灾害防御能力。坚持预防为主、综合治理，以解决损害群众健康突出环境问题为重点，强化水、大气、土壤等污染防治。坚持共同但有区别的责任原则、公平原则、各自能力原则，同国际社会一道积极应对全球气候变化。保护生态环境必须依靠制度。要把资源消耗、环境损害和生态效益纳入经济社会发展评价体系，建立体现生态文明要求的目标体系、考核办法、奖惩机制。建立体现国土空间开发保护制度，完善最严格的耕地保护制度、水资源管理制度、环境保护制度。深化资源性产品价格和税费改革，建立反映市场供求和资源稀缺程度、体现生态价值和代际补偿的资源有偿使用制度和生态补偿制度。积极开展节能量、碳排放权、排污权、水权交易试点。加强环境监管，健全生态环境保护责任追究制度和环境损害赔偿制度。加强生态文明宣传教育，增强全民节约意识、环保意识和生态意识，形成合理消费的社会风尚，营造爱护生态环境的良好风气。要更加自觉地珍爱自然，更加积极地保护生态，走向社会主义生态文明新时代。

在林业生态建设中更应着力构建生态文明建设的政策、法律体系。建立与社会主义市场经济相适应的生态文明建设投入保障制度，完善林业改革支持政策，为深化集体林权制度改革和全面推进国有林场、国有林区改革提供有力保障。进一步健全森林生态效益补偿制度，完善良木良种造林森林抚育等补贴，建立林权抵押贷款管理制度，完善生态产业贷款的财政贴息、保险保费财政补贴、税收优惠和减免等政策。着力构建维护生态安全的法制体系。当前林地、湿地、沙地被侵占和破坏的现象十分严重，对生态安全的根基的破坏有的需要几代甚至几十代人才能恢复，森林业有生态安全重构的功能，但是要在法律的规制下进行。要按照生态建设的要求，完善林业法律法规体系，健全林业行政执法体系，强化林业普法体系，真正形成有法可依、有法必依、执法必严、违法必究的维护生态安全的法制体系，切实维护生态正义和生态公平，保障生态文明建设。党的“十八大”报告指出：“必须树立尊重自然、顺应自然、保护自然的生态文明理念。”生态文明的核心是人对自然的文明，保护自然生态系统就是保护生态文明的本源基础。森林是“地球之肺”，湿地是“地球之肾”，生物多样性是地球的“免疫系统”。林业承担着保护和建设森林生态系统，保护和恢复湿地生态系统、治理和改善荒漠生态系统，维护和发展生物多样性的重要职责，保护自然生态系统的重要任务。森林在推动绿色增长中具有重要功能，对人类生存与发展具有重要作用，要遵循自然规律和经济规律，加快发展林业富民产业，大力提升林业传统产业，着力培育林业战略性新兴产业。

世界上每个人都向往蓝天白云、青山绿水、空气清新，都渴望喝上干净水，呼吸新鲜空气，吃上安全食品，住上敞亮的房子，有个舒适宜居的环境。这也是人们最基本的生活诉求。生态文化核心理念是生态文化制度建设的基本价值取向。党的“十八大”报告把资源消耗、环境损害、生态效益纳入经济社会发展评价体系，建立国土空间开发保护制度，完善最严格的耕地保护制度、水资源管理制度、环境保护制度，健全生态环境保护责任追究制度和环境损害赔偿制度，建立反映市场供求和资源稀缺程度，体现生态价值和代际补偿的资源有偿使用制度和生态补偿制度，体现以人为本、可持续的生态伦理观，体现“取之有时，用之有节”的生态价值观。将社会主义制度优势与生态文化优势结合，必将引领人类生态文明建设的新潮流中国生态文化方向。[1] 在我国实施建设生态友好型社会、资源节约型社会战略中，黔东南如何将历史到现在生态优势保持下去，实现生态、经济、社会三大效益的最大化，是一个值得研究的既小也大、既旧也新的课题。其中，在新的历史条件下，弘扬苗侗民族森林生态知识及环保传统，真正做到“既要金山银山，更要绿水青山”，让黔东南生态优势转化为产业优势。从历史眼光解读这一问题，这是本课题研究的目的。

二

贵州省东南部的清水江流域既有层峦叠嶂的山谷、蜿蜒曲折的丘陵，又有大小不等的平原；气候温暖，降水充沛，土地肥沃，这种自然环境适宜各种农作物及林木的生长。黔东南为我国南方重点林区之一，现在贵州省 10 个重点

[1] 江泽慧：《弘扬生态文化推进生态文明建设美丽中国》，《人民日报》，2013 年 1 月 11 日。

林业县有8个在这里。该地区目前仍是全国七个杉木中心产区之一，全州杉木的面积约占该地森林面积1600万亩的30%，素有“杉木之乡”的美誉。此地出产的杉木以木质坚韧、树干通直、耐腐性强、生成快而驰名全国，历史上被称为“苗杉”。这里的“十八年杉”每年能达到每亩2.7立方米的产量，居世界同类林木生长量的前列。❶ 在世居苗侗人民的辛勤开发下，依靠取法自然的生态智慧，历史上人工营林才获得了成功。数百年来，这里都是我国人工杉木主要产区。

贯穿贵州省东南部的清水江发源于黔南布依族苗族自治州都匀市邦水的斗篷山，经黔东南苗族侗族自治州的麻江、凯里、黄平、施秉、台江、剑河、锦屏、天柱等县市流入湖南境内的会同、黔阳两县汇入㵲水，合称为沅江，最后进洞庭湖入长江，全长500多公里。历史上和习惯上所称的“清水江流域”，主要是指流经黔东南苗族侗族自治州境内的麻江、凯里、丹寨、黄平、施秉、镇远、三穗、天柱、锦屏、黎平、榕江、雷山、剑河、台江等县市的江段，约有376公里，流域面积约为14883平方公里，❷ 其中又分为南哨、瑶光、八卦、亮江、洪洲五大支流。本书所指的清水江流域主要是指其干流及这五大支流地区。

明朝时，生活于清水江流域地区的民族主要是苗族和侗族，清代及民国乃至以后才有汉族及其他民族迁入定居，民国时期苗族、侗族人口仍比其他民族多。据《贵州经济》一书的统计，民国二十六年（1937年）该地区的苗族、侗族人口占总人口的80%以上。❸ 又据最近的几次人口普查资料，锦屏县的侗族、苗族人口仍占总人口的80%以上，黎平县占70%以上，天柱县占90%以

---

❶ 《黔东南苗族侗族自治州志》编委会：《黔东南苗族侗族自治州志·林业志》，中国林业出版社1990年版，第68页。新中国成立后国家鼓励植树造林，20世纪50年代锦屏县成功培育出“十八年杉”。同时在小江等地发现“十二年杉”；在龙埂发现有“八年杉”，从定植到主伐只需八年，每亩蓄积12.34立方米，引起了国际林业界的注意。关于“十八年杉”、“八年杉”，《锦屏县林业志》有对20世纪四五十年代培植情况专门介绍。笔者认为：“八年杉”只是在特殊的地段、进行特殊的管护培养而成的特例，当时就不能作为普遍推广的技术。笔者也询问了当地从事林业工作的老同志，都说“八年杉”木质松软，不能作为建材。

❷ 《黔东南苗族侗族自治州志》编委会编：《黔东南苗族侗族自治州志·地理志》，贵州人民出版社1990年版，第181页。

❸ 张肖梅：《贵州经济》，1938年印，第58页。

上。其他相邻县苗族、侗族的比例也相当高，清水江流域一带显然是苗族、侗族的主要世居之地。

现在黔东南苗族侗族自治州16个县市，大体上都属于清水江流域，只有从江县属都柳江流域，但该县也是苗族侗族聚居地，文化、风俗、生态环境与清水江沿岸各县很相近。所以，这里的生态知识与林业传统规则方面的资料，本书也一定程度地使用。

森林是人类发展的摇篮，世居在黔东南地区的苗族、侗族人民与森林有着密切的联系，他们很早就有“靠山吃山、靠山养山”的爱林护林传统。但在原始的生产、生活方式下，由于低下的生产力和简单的生产关系，清水江流域人民对森林资源的利用仅限于就地采伐，以用于简单的生产和生活所需。大片的森林长期自然生长，蓄积量一直超过采伐量，苗族、侗族人们的生产和生活便长期依赖于这些丰厚的自然资源，正如该地民歌所唱：“栽上杉树坐高楼，栽上桑麻穿丝绸。栽上菊芍喝美酒，栽上茶树吃香油。”[1] 亦如《黎平府志》所说：“天之所以利黎平者在此，黎平民之所以为生计者亦在此。”[2] 同时，清水江流域各民族自然而然地形成一种森林生态自然环境保护意识及相应的森林禁忌习惯，因此，这一地区森林长期得到保护，森林阴翳蔽日，面积一直有增无减。

清水江流域苗族和侗族很久以来就擅长林木的栽培、种植、采伐和利用，从事森林、林地的经营管理活动，资料显示，他们至少在明代就开始植树造林。他们“以林为生计”，在长期的营林过程中摸索总结出了“边砍边造”、“持续利用”的方法和经验，一定程度上做到了“多予少取”。从清代到民国以黎平府所辖的锦屏县（清代为“开泰县”）为中心的木材贸易繁荣，离不开流域地区取之不尽、用之不竭的优质木材资源。而木材之所以能够被源源不断地生产出来，关键是有能够确保林业发展的所有权和经营权的保障制度和激励机制，使人工育林者能养家糊口，有利可图。据《黎平府志》载：“黎郡产木极多，若檀、梓、樟、楠之类，以供本境之用，唯杉木则遍行两湖、两广及三江等省。远客来此购买，在十数年前，每岁可卖二三百万金。今虽盗伐者多，

[1] 刘毓荣主编：《锦屏县林业志》，贵州人民出版社2002年版，第507页。

[2] （清）道光二十五年版《黎平府志》卷十二“食货志”（贵州省图书馆藏）。

亦可卖百余万。此皆产自境内。若境外则为杉条（不到20厘米的小棵杉木），不及黎郡所产之长且大也。”[1] 这说明了清道光年前后清水江杉木贸易中的获利情况，也隐含地说明了该地杉木的积材量明显提高，生产周期缩短，在杉木买卖中占据的有利地位，非别处可比。

由于黔东南在清代前期才实现“改土归流”，正式纳入国家行政规划，所以在很长的时期里，林地私有权保障不单是依靠国家法来完成，而主要是靠当地民族习惯法来实现。对林业的保护主要靠民间的“乡规民约”调整，具体体现在侗族“款约”和苗族的“榔规榔约”内容中。从清朝开始，由于人工造林的普遍兴起，形成了林地租佃关系，出现了山林租佃契约；在此过程中由于生活原因，一部分人出卖自己所拥有的林木土地，而一部分人又把资金投向土地和林木。如果大量购买产业，就必须订立买卖契约，所以当时人们买卖山林、土地，租佃山场和利益分成等活动都要通过签订契约合同来实现。清水江流域杉木的生长周期最少要18年，一般20～30年积材最快。往往是树长到20年后才出卖，租种山场的佃农（栽手）最终能获得20%～40%的林木分成。在超过20年的时间里，为保证地主和栽手双方的利益，要订立长期有效的契约作为保障。

“清水江文书”中大量的纸契和少量石契（碑铭），不少涉及苗族、侗族的日常农耕生产生活中如何保护森林、林木，如何营造一个生态安全的村寨居住环境等的“民约”，许多竖立于村寨的禁碑，记载了寨民共同订立的禁止性的公共行为规范。但文书中最多的部分还是山林、土地买卖和租佃契约，而最有特点的是“佃山种粟栽杉”等约定。除当地农民自己“栽杉种粟”外，也吸引一些商人投资经营成片的杉木、桐林；湖南靖州、黔阳等县的农民有到该地栽杉谋生的，反映了当时以木材为主的商品经济正在冲破自然经济的枷锁。苗侗民族在杉木种植中还摸索出“混农/混林”技术经验。尽管清代民国时期未必就有“生态”、“环保”这类现代知识和理念，但是当时确实出现了“靠山吃山、吃山养山”这样的民间生态理念。民间拥有丰富地方性生态知识，既包含技术性规范，又包含社会性规范，作为当地社会主体的苗族和侗族人

---

[1] （清）道光二十五年版《黎平府志》卷十二“食货志”（贵州省图书馆藏）。

民，虽然不具有理论上的自觉，但是他们基于“实用理性”的实践自觉，一直延续、传承到今天。几百年来，以杉木为主要商品的林业经营和生计活动已经成为清水江流域的“文化基石”。

森林的利用和种植是一种社会的行为，要由相应的规矩加以调整。苗族、侗族较为丰富的成文与不成文的规矩，几个世纪以来对森林、水利资源的保护和农业生产发挥着积极的作用。清水江流域林业习惯法的内容很多，而且多以碑刻的形式体现出来，作为“环保第一村”的锦屏县文斗寨，至今还保存着清代初期环保“六禁碑”。从我们多年来对苗族、侗族族习惯法调查的内容看，在林木产生和经营方面禁忌规则和习惯做法的作用很大，这些习惯法规范、禁忌和行为对当时苗侗民族林业生产都起到重要作用。

三

“清水江文书”（以前称“锦屏文书”），是明末以来直至新中国成立之初，在贵州省黔东南苗族侗族自治州境内的清水江中下游流域少数民族地区大规模形成并传承至今的珍贵的民族民间文献遗产。其种类及内容极为丰富，以山林和田土买卖和租佃契约为主，还包括纠纷调解、分家文书、判决、官府文告、委札，以及碑文和成册的账簿、诉讼稿本、家谱等。据较保守的估计，目前在清水江流域各县民间还存有30余万份。清水江流域的苗侗人民，自古就有“尚礼重信”的传统，在汉族文化与契约文化传入之后，随着经济交往的加强，纸契、布契、石契、皮契等各种形式的契约得以迅速发展。“清水江文书”种类繁多，名称各异，其形式与内地有同有异，显示了与内地经济与文化交往的加强，促进了当地契约文化发展的情况。除常见的买卖、借贷、租佃等单契之外，还有了很多“清白字”、“认错字”、“清白合同”等较为独特的合同文书，还有对家产或者山场林木的分析和相关权属纠纷的调解的记载。这些契约文书的内容涉及社会生活的很多方面，展示了当地社会对契约的依赖。

前述，在明朝初年清水江流域就基本上是苗、侗等民族的分布地。他们或耕种或狩猎或耕猎兼用，并以此为主要生计方式，因而多被汉文史籍记为“未开化”的“生苗”[1]地区，或“蛮荒”之地。这里地广人稀，荒凉偏远，因此明朝初年才对这一地区实行“调北征南”和“调北填南”，以充实该地区的人口和保证社会稳定。直到清初的改土归流时，这里还被称为“苗蛮”住地，故而张广泗对这一地区征伐时称之为“新疆”[2]。令人们难以置信的是，在清代民国这段时期里，在这样偏僻的地区，竟出现几十万计的契约文书，这些契约文书主要是围绕土地租赁、山林养护、调解纠纷、乡规民约等方面。大致有以下几种：山林土地权属买卖契；房屋、宅基地、水塘、菜园等家产析分及传承记录契；合伙造林、佃山造林、山林管护、山林经营契；山林土地权属纠纷诉讼文书、调解裁决文书；生态环境保护契；家庭收支登记簿（册）；乡村民俗文化记录、家（族）谱；官府文件、村规民约等，其中一部分是与林业有关的契约文书，为我们提供了研究该地林业经济法制独特的、宝贵的资源。“清水江文书”是黔东南苗族、侗族地区林业活动和生态保护的稀有历史资料，是我们研究西南林区封建社会林业生产关系和环境保护的极其珍贵的文献资料。这些需要很多人花很长时间、很大力气进行系统整理和研究。

苏力教授在谈到地方性研究的重要性时指出：“在世界的偏僻角落发生的事情才能说明有关社会生活的中心问题，这可以从两个层面来理解，一是物理空间地域的，但是在这个层面上，我们千万不要把偏僻角落一定理解为不发达的地区，初民社会或农村；其实生活是在每一块地方发生的，而每一块地方相对世界而言，相对于人们认为的社区生活的中心问题来说，都是偏远的，都是一个角落。偏远和角落都是相对于人们的关注力而言。在这个意义上，世界没有中心。另一层面是关于更为抽象的理论知识的空间。在这个层面上，我们只能从首先获得具体的知识，地方的知识，然而这些知识并不因为其产地在某个地方就不可能回答理论世界的某个中心问题了。在这个意义上，在理论

---

[1] 《明史》卷 310～319《土司传》。

[2] 清朝凡“改土归流”地方均称“新疆”，“新疆”为普通词，作“新辟疆域”意。如，云南乌蒙府（今昭通、永善）新疆；贵州古州（今榕江）新疆；贵州西部（今安顺和镇宁）新疆；四川大、小金川新疆。乾隆二十四年，改西域为“新疆”或“西域新疆”。而新疆作为一个固定名词，一个固定地名并正式成为一个省，是光绪十年的事情。

世界中，也没有固定的中心，因此无所谓偏远和角落。对于学者来说，真正的问题不在于你从何处入手，而在于你能否从生活世界中有所发现，发现对于你是否有意义以及你有无能力将这个在偏远的物理世界角落中发现位于偏远理论世界中的某些问题转化为一个对于中心也有意义甚至有普遍意义的东西。”[1]

清水江苗族侗族地区人工林的形成有其独特的历史原因、社会基础和优越的自然禀赋及长期养成的精湛的育林技术，同时，苗族、侗族和汉族的传统农耕文化对清水江流域林业发展起到了至关重要的作用。森林是土地的宝物，林业是经济社会可持续发展的基础产业；林区是国家生态环境形象的主体。今天，如何从生态人类学角度来看待“清水江文书”？从国家林业建设的作用和生态保护功能上来说，这些文书在生态学意义上足以颠覆现在人们的一些观点。以前我们总是以为生态的维护要让山林封闭起来，甚至将居民赶走，才能得到生态的维护。就像保护古镇，就得把世代在此居住的居民迁走一样。但是在对“清水江文书”的研究中渐渐得出的结论却与此相反，从清代到民国，在苗族、侗族、汉人共同繁荣的经济背后，黔东南的生态却得到了最佳的保护。现在这里也是全国森林覆盖面积最大的地区，与日本和我国福建、江西的水平接近。黔东南砍树砍了三四百年还是郁郁葱葱，正所谓：“砍不完的树，杀不完的猪。”（前者指生态，后者指民族节日）。清水江流域人民是怎么样让林地得以重复利用，怎么样发展人工林业等等诸多问题，都需要作出回答。此前我们把“保护”和“利用”割裂开来的看法和做法实际上是一种机械唯物主义的看法和做法，缺乏辩证的思维。其实最佳的“保护”也是为了最好的“利用”，两者兼得，才会民富林丰，这正是“清水江文书”提供给我们的最好的经验。研究这些经验的目的是有序地开发和利用现在清水江流域林业资源，在广大林区现有林地上形成新造林、中幼林、成材林、过熟林和经济林的多层次、多林种层林景观的“复合林业”，形成“青山常在、永续利用”的良性循环机制，实现人们常说的林业可持续发展。这就是黔东南今后强劲的物质基础和生态基础。前述，苗族、侗族至少有几百年植树造林的历史，在长期的

[1] 苏力：《波斯纳及其他——译书之后》，法律出版社 2004 年版，第 238 ~ 239 页。

生产和生活中对森林资源的可持续利用有着较深的认识，森林的利用和种植作为一种社会的行为，早就受到各民族相应习惯法的调整，苗侗民族在长期的林业经营活动中形成的一些良好的林业技术规则和社会行为规范无疑在新的形势下加以利用。今天，黔东南地区林业的复兴，虽然不可能建立在恢复旧的传统上，然而这一地区林业的进一步发展，还应该认真总结传统经验并有效地加以利用。

本课题将以实践与理论相结合的基本思路出发，将文化人类学、法人类学与生态系统、生态学相结合，致力于探索黔东南清水江流域苗侗人民林业生产和社会活动对所处生态系统产生的影响。综合应用文化人文类学、民族学、生态学以及现代生物学等学科的研究方法，拓宽了民族生态文化、生物多样性和民族生态学新领域。因此本课题对“清水江文书”的解读具体落实到以下路径和方法上面。

1. “林业契约”的文化生态学解读。如林业契约中的买卖契约、租佃契约，常常有“限至五年成林”、“修理蓄禁”、“种粟栽杉”等内容，可以反映出林业生产经验和技术；一个家族在相对长的时间里买进多块山地做不同的规划种植，会反映这个家族生产和生活的布局；同一山林地块的前后两次砍伐杉木后的分银单的时间跨度，同一块山林地块的前后连续两份的佃契的时间跨度，可以大体反映出林木生长周期；从同一地块的分银单和佃契，可以反映“伐栽填补”平衡的理念和实践；“四至”、“内批”、“外批”中寻找“混农/混林”系统的形成及传统技艺；在没有落户的情况下，签约人的籍贯（自报家门）可以反映外省、省内来此“种粟栽杉”栽手的流动情况和人口的变化，等等。这需要就不同问题对不同种类的契约做细致的研究和解读。

2. 村寨“禁约碑”的民族生态学解读。黔东南清水江流域地区林业碑刻特别丰富，不下几百通。其中有代表性的，比如“六禁碑”（文斗寨）、“小江放木禁碑”、“彦洞严禁碑”、“高增禁碑”、“九南水口护林碑”、“大同章山禁碑”、“裕和中山林碑”等几十通碑刻最有林业生态资料价值，从森林生态学、民族生态学、生态人类学的角度，对我们收集到的大量村寨林业“禁约碑”进行分析，同时将其与都柳江沿岸的“林碑”和外省“林碑”进行比较，从中可了解苗侗群众森林养护、抚育、采运环节在人工林与天然林不同情况下，清水江、都柳江、潕阳河以及外省不同河流环境下的环保意识与林业行为方式。

3. “款约碑”、“榔规榔约”中的生态、环保传统知识解读。“款”是古代侗族相邻几个村寨联合的民间自治组织，有小款、大款、联款之分。款有款场、款首、款脚、款条。款组织以侗族为主，也有附近苗族、瑶族村寨参加。款约的效力大于村寨的“禁条”。黔东南地区的许多侗寨至今还保留着“款约碑”，所记载的“款约”，有不少关于防火、禁伐林木的内容。苗族“议榔”是苗族村寨处理村寨公共事务、调解处理纠纷的一种组织，“榔规榔约”是苗族传统的乡规民约。其中的一部分涉及森林保护以及对滥砍乱罚行为的惩治，两者多蕴藏于苗侗民族丰富的生态、环保传统规范，需要认真研究。

4. 理词、款词、古歌、故事、神话和谚语中的生态、环保传统知识解读。苗族、侗族历史上一直没有文字，故而口传文化特别丰富。侗族、苗族口头文化传承形式多种多样。侗族“款词”、“款歌”，苗族的“理词”、“古歌”主要是习惯法口承文化传承的一种形式，并能用于解决民间纠纷，也涉及山林田土纠纷，有很多反映苗族、侗族对森林的认识和生态理念的内容。故事、神话和谚语是两个民族历史上生产和生活景象折射的反映，其中的生态、环保、林业传统知识丰富，也需要进行深入的解读。

5. “清水江文书”中的生态、环保传统知识综合解读。“清水江文书”种类很多，如家谱记载着一个家族发展的历史，有很多涉及林业的内容，其中关于一个家族在一段时间内林地买卖契约的签订次数的记录，既反映了这个家族的家境、生计情况，也客观介绍了林地流转和林业经济情况，其中也会记载不少传统知识，这些传统知识具有历史的权威性，具有文化的本根性。传统知识中合理、科学成分也应该进行挖掘、整理和重新诠释。

6. 广阔视野下“清水江—沅江文化”解读。这个问题很重要，也代表以后研究的拓展度，“清水江现象”只是清代和民国时期我国林业商品经济的一角。当时江西、安徽、福建等省也是杉木产地，林业商品经济发展早，清水江流域的“水客”也主要是这几个省的木材商人，林业经营和林木贸易经验很多是由这些商人带入的，这些地方发生的事项和清水流域有很多相似之处。在西南地区，广西、湖南、四川都有木材的经营，很多历史资料均可以比照利用。再往小一点说，仅在湘黔边界一隅，清水江—沅江流域木材生产运输也有很多渠道，[1] 清水江水道只是其中之一。由于这一带长期兴盛的木材和桐油贸易，使洪江成为当时西南地区的商业贸易中心，从锦屏到洪江沿岸兴衰更替的木材贸易商埠及各地木材文化的交流也都值得认真解读。

[1] 在湘黔边界杉木产地分苗木、州木、广木、溪木四大类："苗木"产于黔东南锦屏、清江（今剑河）、天柱、黎平四县，质量最佳，以锦屏以下15里的茅坪为最大集中点，沿清水江下沅江。"州木"产于湖南靖州、通道及其毗邻的黔湘边陲，以靖州为集中点，故称"州木"，质量略逊于"苗木"，沿渠水河汇入沅江。"广木"产于湖南会同县西部及与天柱接壤的广坪，堪与"州木"媲美，沿渠水河入沅江。以上三地杉木通称"大河木"，均为上品。故民间历来谈及木材，便有"一苗、二州、三广坪"之排名。"溪木"又称"小河木"，产于湖南城步、绥宁等地，由巫水沿岸流入洪江。

第一章

清水江流域林业开发中的民众生活与文化生态环境

迨光绪以来，得升平之世，普用宝银，女嫁男婚，不得六礼，舅仪勒要纹银数十余金，你贫我富，屡次上城具控。

——锦屏瑶白碑文序

苗族和侗族分布的黔东南和毗连的湘西地区，皆崇山峻岭，层峦叠嶂，既有山谷、丘陵，又有一些小块平原地带，气候温暖，降水充沛，适宜林木生长，是一个纵横千里的大林区。苗侗人民历史上就与林业生产结下了不解之缘，但在自然经济占绝对优势的封建社会，苗侗等各族人民对森林资源的利用，仅是就地采伐以用于日常生产和生活所需。森林的自然生长蓄积量一直超过人们的采伐量，森林资源有增无减，越蓄越多。在自然经济条件下，清水江流域没有工业，自身对林木的需要很少，只是简单的住房和柴薪使用等，林业不能形成为人们重要的经济范畴。而在当时当地，林业要变成重要经济来源，只有外部对林木形成大量的消费才有可能。从明朝开始的“贡木”征派，推动了此地林业商品经济的发展。

早在宋朝，清水江—沅江流域地区的林木等资源就被不同程度地开采利用。因为这一带有着丰富的林木资源、矿产资源和生物资源，但缺少食盐和日用品，因此此地人民只能开采矿产资源和输出林木产品，其后果是造成了山地丛林植被的破坏。宋朝周去非所著的《岭外代答》说：（杉木）“瑶峒中尤多，劈作大枋，背负以出，与省民博易，舟下广东，得息倍称。”说明从宋朝开始就有民间的杉木贸易了。《溪蛮丛笑》“野鸡班”条有如下记载：“枋板，皆杉也。本身为枋，枝梢为板。又分等则：曰出等甲头，曰长行、曰刀斧，皆枋也。曰水路，曰笏削，曰中杠，皆板也。脑子香以文如雉者为最佳，名野鸡斑。”❶ 这一记载提供了一些生态信息，凭借对杉木枋材和板材等级的严格划分，可以看出从沅江流域输出的优质杉木数量很大，贸易十分频繁，这就说明当时山地丛林中的巨型杉树遭到大面积砍伐。其中提到的质量品节名称，可以看出当时砍伐出售的杉树直径超过 1 米，这样的杉树在纯杉林中不可能长得如此高大，只有在混交林中才能保持数百年的生长。尽管杉树被大量砍伐，但原生植被的树种结构尚未发生不可逆转的变化。文中还提到“脑子香”和“野鸡斑”两个顶尖级枋材的名称。这两个名称所指的枋材出自所谓的“阴沉杉”，这种杉树树干被泥土埋住，但树并未死去，缓慢生长而形成的特殊杉材，据说这种木材木质致密，重得可以沉入水底。至于“野鸡斑”则是树干多次被泥土填埋而长成的顶尖级杉材，有这种优质杉材产出，说明杉木生长地段的上方已经发生了频繁的人为造成的水土流失，这是山地丛林原生植被受损的间接佐证。❷

元末，清水江“三寨”（卦治、王寨、茅坪）就曾在民间进行小规模零星交易，这是清水江林业市场的萌芽阶段，而清水江流域林业的开发滥觞于明王朝在贵州的皇木征派。据载，明朝洪武三十年（1397 年）朝廷在锦屏设卫，屯军占地 354 顷，引发了黔东南各少数民族的起义。同年十月，朝廷派兵镇压农民起义，明军主力“由沅州伐木开道二百里抵天柱”❸。说明当时今贵州天柱、锦屏一带，还是漫山遍野的森林。也就是在这次用兵的过程中，朝廷了解到了这一地区的森林资源情况，便开始在此地实行皇木征派。明朝永乐迁都北京以后，由于建造宫殿和陵寝，一些官员或有官方背景的商人来清水江流域采购木材；郑和下西洋所造船只等所需木材也有购进此地木材的，特别是船只需

---

❶ （宋）朱辅：《溪蛮丛笑》，《说郛》本第六十七，清顺治四年刻本，贵州省图书馆藏。

❷ 符太浩：《溪蛮丛笑研究》，贵州民族出版社 2003 年版，第 12 页。

❸ （清）俞渭修，陈瑜纂：光绪《黎平府志》，光绪十八年黎平府志局刻本。

要坚韧、挺直的桅杆，此地所产的杉木是制造帆船桅杆的最佳材料。[1] 此外，还有许多长江下游、淮河流域的城市兴建也需要大量的木材，所以对清水江林木的需求不断扩大。

明嘉靖、万历年间在贵州大批征派皇木。万历三十六年（1608年）贵州巡抚郭子章说："坐派贵州采办楠杉大柏枋一万二千二百九十八根，该木银价七万七千二百七十一两四钱七分六厘，计作四起查给。"[2] 在明朝末年以后，原征收木材由"官办"改为"商办"，但数量有增无减。《皇木案稿》记录清代清水江流"商办"的树木品种和要求尺寸："桅木二十根，长六丈，径头四尺五寸，尾径一尺八寸；断木三百八十根，长三丈二尺，头径三尺五寸，尾径一尺七寸。架木一千四百根，长四丈八尺，围圆一尺六七寸；槁木二百根，围圆八九寸一尺不等。清代尺式与今基本接近，在各种规格的皇木中，以桅木最难寻觅。单求20米（6丈）长度之杉木，尚不易多得，况头尾直径均有严格要求，若尾径60厘米（1尺8寸），则必截下长若干米的树梢，一般非高达30米左右之树，必难取材成桅木。"[3] 正如乾隆十二年（1747年）七月湖南巡抚的奏文所说："桅断二木近地难觅，须上辰州以上沅州及黔省苗境内采取。"[4] 应该说采于黔省边远偏僻的少数民族地区。当时木材品级要求之高、数量之多，对清水江流域传统生态的破坏可想而知。由于杉木的采伐活动日益频繁，甚至出现了过伐现象，生态安全受到威胁，明朝中期，面对日渐稀落的青山，清水江流域苗侗百姓开始尝试用栽杉造林来加以补救。

清乾隆、嘉庆时期木材商品化程度加强，这对清水江流域经济产生了重大影响。也就是在这一时期中国人口急增，大量毁林开田，作为建筑、手工业原料和燃料的林木消耗程度也不断加快，导致北京周边和长江下游等地的山林迅速被砍毁，森林面积日益减少，直隶、山东等地已没有木材出产，北方林木危机日益严重。东北大小兴安岭虽有大片森林，但"白山黑水"乃清政权祖宗

---

[1] ［日］唐立、杨有庚、武内房司：《贵州苗族林业契约文书汇编（1736—1950）》第3卷"研究篇"，第19页。

[2] 《明实录·神宗万历实录》，卷443。

[3] 贵州省编辑组：《侗族社会历史调查》，贵州人民出版社1988年版，第10页。

[4] （清）道光七年《皇木案稿》，载贵州省编辑组：《侗族社会历史调查》，贵州人民出版社1988年版，第9页。

“龙兴”之地，不能断了“龙脉”，政府不准砍伐。前述，明初湖南沅水流域和清水江下游的天柱县也有大量木材，然而到了清雍正年间，天柱一带的林木已经砍伐殆尽。当时坌处（现为天柱县的镇）正行“当江立市”之请，希望借“三江口坌处系”的地理优势取得“当江”的权力。然而这一诉求并没有得到地方官府的支持和认可，理由是“坌处”地方系镇远府天柱县所属汉民村寨，素不出产木植，本与茅坪苗疆地绝不相干，[1] 可见天柱一带的生态破坏之严重。这时锦屏县人工林业生产的杉木作为主要特产的价值便显现出来了。这里人工杉材生产周期短，市场周转快，种植技术先进，品质又好，所以苗侗人民充分利用土地不断植树造林，杉木成材后又被大量采伐，通过交易运至京城和其他地区。由此清水江流域的锦屏等县便成为重要的林木生产基地，“苗木”之名享誉天下。该流域大规模的木材商品贸易兴起是在清朝中叶，此前此地尚属苗疆，鲜与外界往来，彼等在此纵横百里之林区中，仍安度其部落之生活。高坡、山高气寒，谷收寥落，赖将木植运售楚吴诸省，得银自赡，并以供加重之征收。然木材一项，即在彼时，已成为苗疆的主要产物，为交换盐布之需，通称苗木，久负盛名。[2]

清水江流域传统林业模式的形成依赖于林木市场化基础，而且在结构上是两个市场，一个是外部市场，即清水江流域以外对该地林木的需要和产生的交易，具体主要有封建王朝征用采购，还有外地木商购木形成的民间交易。如清代民国时期，常德、武汉的竹木市场等，其木材大量来自清水江流域；另一个是内部市场，即流域内部形成的林木、林地以及相关物质的交易流转。清水江流域林木市场属于资源型的贸易，最初的发端起源于外部市场，不是内部市场，并且内部市场对外部市场的依赖很大，是由外部市场推动而形成的，外部市场环境不佳，则内部市场随之衰微。当然，两个市场有区别，外部市场交易仅限于林木，而内部市场则有林木、林地买卖以及与此相关的林地租佃活动和中介服务等，这些通过民间大量林业契约可以资证。

清水江沿岸的木材交易中心从明末湖南的托口（已被新建电站水库淹

---

[1] 《卦治木材贸易碑》，载姚炽昌选辑点校，锦屏县政协、县志办编：《锦屏碑文选辑》，第 42 页。

[2] 王启无：《贵州清水江流域之林区与木业》，《贵州企业季刊》1943 年第 4 期，转引自吴述松：《清水江流域幸于明清“木政灾”的五因素》，载《苗学研究》2012 年第 3 期。

没），到清初天柱远口、三门塘、坌处，再到清朝中期的卦治王寨、茅坪，这些商埠都是因为全国各地木商追逐木材而形成的，可以说商埠是根据木材的有无或兴或衰，总之是木材市场的需要。由于外地大批木商的涌入，推动了清水江内部林木、林地等资产的市场化，使大家族的公山不断“均股”，发生私有转化，林木、林地都能自由买卖，与此相伴随而生的是地主出租宜林荒山给林农经营，发生了经营权的市场化，这种生产关系的出现在当时是比较先进的。

既然外部市场的形成与国家对木材的需要有关，那么清水江下游林业市场的形成便与国家权力的介入有了很大的关系。虽然在中央王朝经济监管深入清水江流域之前，这一带已经形成最初的集会市场，但在国家权力进入该地区后，经济模式才发生本质的变化。从国家角度来看，清水江流域的经济活动不能不介入也不可能全面地介入，政府也没有精力和资源面面俱到，管得过死，而只能进行面上的调控，现在我们把它叫作“宏观调控”。清政府对清水江流域的经济开发主要集中在两个方面：一是雍正年间开辟“新疆”以及以后的疏浚清水江，张广泗大量募征民夫，排除上自麻江下司，下至湖南沅江黔阳一线的礁碍，以利木材流通，从而为木材采运贸易的繁荣创造了有利的交通条件，使一个经洞庭湖水系与全国连成一体的市场网络得以形成；二是建立各种行之有效的市场制度，使清水江流域木材贸易的秩序得以建立。本章试图探讨清水江流域木材商品市场的形成与社会经济、人文生态及人们生活方式的转变过程。

一、林业经济的兴起

清朝乾嘉时期，国势昌盛，经济呈现高涨趋势，随之而来的是商业的逐步兴隆，反映在清水江流域的木材交易上出现了乾隆、嘉庆、道光年间的鼎盛时期，也是清水江流域林业开发史的一个高峰期。据这一时期的史料记载，每年来此经商的商贾不下千人，年成交营业总额超过百万两白银。明清两代，外地到清水江流域做木材生意形成了专门的“行帮”，清朝最早到茅坪、王寨、卦治等地经营木材的商人有“三帮”和“五勷”等。[1] 商人们来自全国各地，而

[1] （清）道光七年苗族商人李荣魁在《皇木案稿》中记述：“三帮者，即安徽、江西、陕西；五勷者，即湖南常德、德山、何佛、洪江、托口。”

以安徽（徽州的徽帮）、江西、陕西（西安的西帮）等组成的“三帮”和以湖南常德府、德山、河佛、洪江、托口等组成的“五勷”（一说是天柱县的远口、坌处为一勷；金子、大龙为一勷；冷水溪、碧涌为一勷；托口及辰沅为一勷及贵州天柱与湖南木商合称“五勷”）等商帮最为著名。清水江边的王寨（今县城）是清政府专设的总木市，这里终日商旅不断，街市熙熙攘攘，江边码头沸沸扬扬。[1]

外地来锦屏采购木材的商人，皆溯江而上，并沿长江流域销售，故称“下江客”，亦称“下河客”、“水客”。“水客”以汉族居多，侗族和苗族次之。因来自地区和时间前后不同，组建成各自的封建地区性的商帮组织。“三帮”、“五勷”都建有各自的会馆和停泊木排的码头木坞（系沿江能避洪水冲刷之储木处所），并以沿途的会馆为基地，组织“公会”，公会费用由木商捐款资助，设置专人主持公务，负责调解内部纠纷，协助木商解决、处理木材在运输途中发生的意外事故。在“三帮”、“五勷”中还有不少是兼具皇商特殊身份的大木商。商帮都订有严密的帮规，帮规是林木买卖、转运等经济习惯法，用以调整帮会内部及外部由于木材运输而产生的各种经济利益上的纠纷。继“三帮”、“五勷”之后，下河木商有汉口帮、汉阳帮、大冶帮、黄岗帮、武信帮、宝庆帮、长沙帮、衡州帮、益阳帮、祁阳帮、永州帮、长州帮、沅州帮、德山帮、常州帮、宿松帮、闵帮、金寿帮、花帮等十九帮。

锦屏县的卦治、王寨、茅坪扼清水江下游，河面开阔，水流较缓，宜泊船筏，又地近湘省。良好的自然条件，使之成为天然的木材集散地。自卦治、王寨而上的清水江林区，凡经营木业者皆是当地以苗族、侗族为主的各族商人，但他们只能在山上放木而下，运销木材至“三江”（前述王寨等三寨），谓此类商人为“山客”、“山贩”或“上河山客”、“上河山贩”；所以，山客和水客间不可直接交易，必须经由三寨之木行中介，方可成交。[2]

至乾隆年间，随着木材贸易的空前兴旺，本土商人中便涌现出富甲一方的“山客”。如苗侗民族杂居的瑶光（今河口乡）在嘉庆、道光之际，就出现所

---

[1] 廖炳南等：《清水江流域的木材交易》，载《贵州文史资料选辑》第 6 辑，贵州人民出版社 1980 年版，第 4～6 页。

[2] 贵州省编辑组：《侗族社会历史调查》，贵州人民出版社 1988 年版，第 30 页。

谓的“姚百万”家族，“姚百万，李三千，姜家占了大半边”的家资巨富的木材商人，他们都是大地主“山客”。与此同时，地主和奸商以及不法经营者的掠夺式的开发和武力兼并，加重了当地苗侗人民的负担，造成严重的贫富不均现象。在该流域的木材交易活动中，真正获利的还是小部分木材商人，广大林农和排工还过着贫困和危险的生活，所以在清水江林业开发中利益各方都有稳定的社会环境和竞争秩序的强烈诉求。

二、经济生活与社会的变化

随着林业开发的不断深入，导致了苗族和侗族社会在经济、社会、文化结构上的变化。传统苗侗社会发生的变化主要表现在以下几个方面。

（一）传统农业向林业转变，出现行业分工

明末清初，清水江流域经济还基本处在自给自足的状态中，苗族、侗族人民一直从事传统农耕、林木种植或兼营狩猎。当林业开发潮流涌入并不断蔓延时，清水江流域居民与外地交往日趋密切，经济和社会也随之发生了变迁，形成了“林粮并重”的生计模式，林业资源得到了开发，林业经济不断地发展起来。

人工营林的情况在《百苗图》中有所记载：清江苗，“男人以〈红〉布束发，项有银圈，大耳环，宽裤子，男女皆跣足。广种树木。与汉人同商往来，称曰‘同年’。”[1] 该书成于清嘉庆初年，可以看出当时的人们已经“广种树木”，说明清水江人工营林已经达到了批量生产的水平，而且有人还参与木材贸易。“与汉人同商往来”是把木材投放市场后再卖给汉族地区，这样既满足了林木产品市场的需求，又给当地居民民带来了巨大的经济利益，确保了人工营林的正常进行。随着林业的开发，大批木商进入，“木行”的设置推动了木材贸易，带动了整个清水江流域经济的繁荣，也推动了文化变迁，直接改变了清水江居民的生产、生活格局。在木材开发贸易以前，农业收入几乎是经济收入全部；木材开发后，林业生产以及与林业相关的活动便成为主要的经济手段。林木多的地方形成了“上河苗民，全靠卖木为依。苗民得以售木，即少受一日饥饿”。“木商一日不至，穷苗一日无依。”“黎平、镇远、都匀三府地

[1] 李汉林：《百苗图校释》“清江苗”，贵州民族出版社2001年版，第165页。

方，山多田少，赖蓄杉木以度民生”的局面，也就造就了清水江居民懒于种田、勤于伐木。还有些人甚至不种田，不栽杉，专门为木商放木排为生。林业生产和木材贸易也在苗族和侗族人民内部拉开了贫富差距，行业分工急剧变化，社会阶层变化很大。这些主要表现在山客、行户、水夫、旱夫和佃户等行业的出现。当林业开发进行时，传统社会组织式微，从事林木生产和买卖的人不断增多，有专为山客上山砍木、运木下河的旱夫，有专门为山客和水客扎木放排的水夫（排夫），专门靠佃地种粟栽杉为生的栽手，他们大多数是来自湖南和与锦屏相邻各县的农民，当林业开发时他们自然就成了林农；在阶级分化时，有的就成了地主的雇工。清朝中期，随着木材采运贸易的繁荣，挖山栽杉更为普及，不仅本地人热衷，湖南、江西、江苏、福建等地的手工业者和破产农民也纷纷弃家而至，争相租地造林。从事各种行业的人中不少是有来自上述省份的汉族人，这些汉族人民经过多年与当地人民生活在一起，逐渐地被同化为当地的苗族和侗族。

从清康熙年间起到雍正十年（1732 年），贵州人口以黎平为最多，每平方公里 86 人，居全省之首。人口不断流入，加剧了人地之间的矛盾。人口流入除王朝拓殖外，主要是经济诱因，清水江流域有蜀郡人刻的石碑，有南昌府人代笔的文书，还有大量逆流而上的湖南“栽手”，现今仍有来自湖南三锹（地名）的移民“三锹人”等。[1] 黎平府紧靠湖南，自然环境虽差，但受战乱影响小，社会安定，经济发展吸引人口流入，清水江虽“八山一水一分田”，但大自然却赐予了能营造速生人工林的禀赋，这是外地人流入黎平府辖境的重要原因。

由于清水江的便利交通运输条件，清乾隆之后，居民“以种树为业，其寨多富”，尤其是清水江下游沿江地区，种粟栽杉、伐木放排、当江贸易，已经成为当地居民生活最主要的经济来源。“清水江文书”中的山场的买主大多是当地殷实人家，如文斗的姜述圣，在嘉庆十五年至道光二十一年（1810—

[1] “三锹人”为贵州省二十三个“未识别族称”之一。三锹人的先祖可能是清朝康熙至乾隆年间由今湖南靖州西南迁居到当时黎平府一带，最初的移民来此多以佃种山场营生，其中一部分人通过购买山场而定居下来，进而形成今日之村落。参见邓刚：《“三锹人”与清水江中下游的山地开发——以黔东南锦屏岑梧村为中心的考察》，《原生态民族文化学刊》2010 年第 1 期。

1841 年）先后买进山场 166 块的股份；[1] 也有外省木商，如江西唐太显在道光二十四、二十五年（1844 年、1845 年）两年间就购进平鳌、张化两地山场 40 块。[2] 活跃的林地股份的流转，连带出现了诸如山林土地的权属、对山林的经营管护等一系列问题，而要解决这些林林总总的矛盾，最简便易行、最规范有效的方法就是签订契约。这样契约文书便走进寻常百姓家，也见证了清水江流域人工林的变化发展。这些文书的内容涉及人民群众生活的方方面面，见证了当地人民生活的变化和发展。

清水江流域苗族、侗族传统的社会原多是以头人、寨老等为自然领袖进行自治管理，并以血缘家庭为基本社会单位。人工林业兴起后，林业经营的特点和市场的规律很快就对林地"家族共有制"形式进行了挑战。[3] 清江水流域地区苗族、侗族的家庭结构从传统的"同居共财"的"家族共有制"开始向"家族共有制"下的"个体房族股份占有制"转变。在传统自给自足的自然经济环境下无商人阶层，同时在苗族、侗族的传统文化中本来就有"耻于经商"、"恐于经商"的观念。在汉族商人影响和丰厚利润的吸引下，苗族和侗族中也开始出现了自己的商人，"山客"中的部分人随着收益的增多，业务范围不断扩大，有的进入偏僻山区采购木材卖给"水客"，从中获得更多利润。当然，林木这一商品的利润取决于是否能销售出去，因受制于很多客观因素，风险很大。当地绝大多数木商用赚得的钱购置田产也是为以后避免风险而考虑。在国内贸易渠道阻隔中断，当木材市场供过于求时，"山客"因卖不出木材，只能重归田园，从事农业，而众多水夫、旱夫和佃户因无田可耕，还会重返山林，进行刀耕火种或以打猎为生。坝区的人们这时也因木材卖不出去而转为农耕。而原来从事林业经营的苗族、侗族人民，当他们回归到本民族社会中时，仍属于某一血缘家庭的成员。

（二）货币流通加速了林业市场形成，丰富了人民生活

木材商品与人工造林面积成正相关。1943 年，民国交通农林部勘查员王

---

[1] 杨有庚：《清代清水江林区苗族山林租佃关系》，贵州省民族研究所、贵州省民族研究会编：《贵州民族调查》（之七）1990 年（内部印刷）。

[2] 单洪根：《绿色记忆——黔东南林业文化拾粹》云南人民出版社 2012 年版，第 4 ~5 页。

[3] 罗洪洋等：《清代黔东南文斗苗族林业契约补论》，《民族研究》2004 年第 2 期。

启无在勘查林业时发现，越是木材贸易活跃的地方，人工造林就越好，森林覆盖面积也就越大。清水江流域自上而下的林业分布是：树木杂生的“花山”—天然原始的“老林”—成片分布的人造林，“而且黔省东南，素以人工杉林著称，当清水江折入锦屏县境后，此项杉林即形显著，自瑶光以下，杉林最密”。表明市场要素的产权与市场交易的关系，无产权、无市场，也就无地方人民繁荣了；无商品、无市场民众则无以生。❶

清水江流域在“改土归流”以前木材交易是物物交换。起初汉族商人奉官指令，到清朝尚未直接管辖的“生苗”地区购买木材时多以黄牛、水牛来交换，因为此时苗族地区货币尚未流通，苗族人获得黄牛、水牛后，用牛皮做成护身的铠甲，所以需要量也比较大。林业贸易开始以后，人们已经开始感受到林地、林木的重要性，林业贸易使人们知道木材除了供自家建房外，还可以作为商品买卖变成金钱，换来人们需要的粮食。此前木材交易中的这种物物交换曾发挥过很大作用，以后以“三寨”为中心进行木材贸易制度的起源可能与上述交易习惯有联系。❷ 清水江流域林业开发的早期，木材交易中开始使用白银交易，1730 年以后，随着木材的商品化，物物交换的形式已不多见，各民族木材商人阶层的出现。对商人来说，白银货币既不便于携带，又容易造成资金积压。人们在长期的交易过程中深感必须改变以这一货币形式。于是汉口、洪江的钱庄所发行的“汉票”和“洪兑”便逐步代替了白银而流通于清水江市场。“下河木商”便以期票形式的汉票和洪兑按低于票面价值 10% 的兑换率出售给山客，❸ 山客用此收购木材或林产品。商人们又持期票往汉口、洪江购进布、皮及百货转而销售给苗侗人民。

清水江支流纵横，构成了一个林业经济网络，如瑶光河、小江、亮江等，皆流经莽莽林区，后交汇入清水江，各地杉木就通过这些支流运集于“三江”，转而运销长江沿岸诸城镇。清水江木材贸易带动了长江沿岸木材市场网络的发展和繁荣，从锦屏到武汉沿江各商埠都有“苗木”的踪迹。欧阳钟英以天柱、靖

---

❶ 王启无：《贵州清水江流域之林区与木业》，《贵州企业季刊》1943 年第 4 期，转引自吴述松：《清水江流域幸于明清“木政灾”的五因素》，《苗学研究》2012 年第 3 期。

❷ 唐立、杨有庚、武内房司主编：《贵州苗族林业契约文书汇编（1736—1950）》第 3 卷“研究篇”，第 26 页。

❸ 《贵州文史资料选辑》第 6 辑，贵州人民出版社 1980 年版。

州、黎平、锦屏、绥宁、通道、会同七地为内容撰写长联："溪山如锦列屏藩，看波靖沅浒，绥士女，宁边陲，泰运宏开风物美；殿阁擎天支柱石，喜商连黔楚，通故旧，道款曲，同人毕会梓桑恭。"陬市有灵义宫，其木坞沿江，西帮木坞之下直至汉阳，长达四十余里，坞阔水深，便于停泊巨筏大排。[1]

木材交易总市建立后，这里的木材贸易就是以特定的方式进行，"当江制度"带来的是对清水江木材采运经济利益和社会资源的更高层次分配的某种特权。如大的行户的木号内部均设有经理一人，经理若非开行者自任，而是对外聘用，聘用者月薪一般为30两银或银元。木号设文、武管事各一名，文管事掌管内部事务，武管事管外部事务，月薪均为20两银或大洋20元。雇有围量手（检尺）、杂役、厨司、学徒等，多则十余人，少则六七人，工资每月10~15两银或银元不等。[2] 他们工资之高，可称得上是当时的"白领"。嘉庆六年（1801年）卦治人镌刻于石碑的一则官府公告，即该年12月27日后，兵部侍郎兼都察院右附都御史巡检贵州等处地方提督案务加节制通省兵马御兼理粮饷长官的判词[3]中对"三寨"木行有这样的描述：

照得黔省黎平府地处深山，山产木植，历系附近黑苗陆续采取，运至茅坪、王寨、卦治三处地方交易。该三寨苗人，邀同黑苗、客商三面议价，估着银色。交易后，黑苗携解回家，商人将木植即托三寨苗人照夫。而三寨苗人本系黑苗同类，语言相通，性情相习。客商投宿三寨，房租、水火、看守、扎排以及人工杂费，向例角银一两给银四分，三寨穷苗借以养膳，故不敢稍有欺诈，自绝生理。

"主家"是木材贸易的中介，特别是在为买卖双方"劝盘"并最后"喊盘定价"的环节中，主家起着至关重要的作用。民间有"一口喊断千金价"的说法，这正好反映了买卖双方在交易过程中，主家可能对他们各自经济收益产生巨大影响。因而在实际的木材交易活动中，当江的三寨主家具有相当的权威

[1] 《贵州文史资料选辑》第6辑，贵州人民出版社1980年版。
[2] 刘毓荣主编：《锦屏县林业志》，贵州人民出版社2002年版，第209页。
[3] 《卦治木材贸易碑》，载姚炽昌选辑点校，锦屏县政协、县志办编：《锦屏碑文选辑》，第42页。

性，而且这种权威从交易延伸到了市集社会生活的其他方面。[1]

从清代到民国，由于清水江流域林业商品经济的兴盛，人民的生活发生了很大的变化，这里已成为比较富裕的“经济特区”，出现了因木材致富的“殷实之家”。由于林业贸易顺差，白银大量流入黔东南地区，给苗侗民族的生活带来巨大影响，据官府的一道告示称：“迨光绪以来，得升平之世，普用宝银，女嫁男婚，不得六礼，舅仪勒要纹银数十余金，你贫我富，屡次上城具控。”[2] 婚姻彩礼的数额较大。请看民国时期的一份退婚文书：

> 立退婚清白字人锦坪人张翠清，情于姑母太第先年嫁于岑拱村罗承先为室，生有一女名唤揞。劳请欲许字女性固执不从，互控在县月数。幸赖吴品清、吴连有、吴登明、杨卯正（正卿）、陆应邦等不忍坐视，入中排解，言妥财理（礼）二百三十四元整。其光洋即回缴清，其女解适与柱属刚龙显乾为室。自今议妥不得内外翻悔生端。况世道不同，人情各异，抑不得以挟嫌赀（滋）事各情，今凭在场诸亲立有退婚清白一纸付与龙姓为据是实。
>
> 乡证　陆应邦
>
> 凭亲　杨正卿　吴连有
>
> 凭戚　吴品清　吴登明
>
> 亲笔
>
> 民国乙亥年六问初十日　立退[3]

这份契约是说张翠清的女儿唤揞已与他人订立婚约，男方已下了聘礼，但唤揞可能是自己不中意，固执不从，张翠清与男方家打官司数月，幸得乡里从中排解，退回彩礼 234 圆（光洋）。这个聘礼的金额可谓不小。据学者研究，苗侗妇女爱戴银饰，姑娘以银饰代表自己的身价，这种习俗可能来源于林业贸

[1] 张应强、胡腾：《锦屏》，三联书店 2004 年 1 月版，第 90 页。

[2] 《彦洞定俗碑》“瑶白碑文”，载姚炽昌选辑点校，锦屏县政协、县志办编：《锦屏碑文选辑》，第 74 页。

[3] 天柱“柳寨侗族契约”，第 890 号，2010 年 8 月“小江文书整理与研究”课题组收集，藏于凯里学院图书馆。

易顺差所获得的白银，❶ 这反映了当地人民生活方式的巨大变化。由于出卖木材给汉人得到大量白银，他们便给家中女子做服饰，一套完整的服饰需要白银100多两。在平时，女子戴有银耳环、手镯、银簪；节日穿盛装，头戴银丝花草、银琉、银座、项戴项圈、银链等。汉族地区的服饰也被他们买了过来，有些人穿上汉族人演戏时穿的旧锦袍。《百苗图》就记载清江苗："喜著戏箱锦袍，汉人多买旧袍场卖之，以获倍利。"❷ 这说明文化活动相对贫乏的苗侗地区，人们对娱乐生活的向往。当时放排到洪江的排工几乎都是戏迷，后来，洪江的辰河戏班经常被邀请到清水江各地演出，再后来高腔戏又陆续传到苗乡侗寨。❸ 侗戏正是产生在清水江木材贸易最发达的清嘉庆、道光年间，黎平腊洞的侗族歌师吴文彩在侗族琵琶歌、侗族大歌的基础上，参考花灯剧、湘剧、桂剧的程式和表演方法，综合编制而成。❹ 清乾隆五十五年（1790年）成书的《镇远府志》卷九"风俗"载："苗人于五月二十五日亦作龙舟戏……是日男女极其粉饰，女人富者盛装锦衣，项圈、大耳环，与男子好看者答话，唱歌酬和，已而同语，语至深处，即由此定婚，甚至有时背去者。"由于在银饰服装上攀比之风形成，雍正以后在清水江、亮江沿岸地区进行了主要针对妇女的服装改革，规定了头饰和服饰的标准。

木材贸易促民致富，连清水江支流"巴拉河自河口曲折而上，约近百里，沿河苗寨相望，颇为殷实，久为著名产木之区"。但社会动乱时也给人民带来灾难，"粤匪倡乱以来，江湖道阻，木积如山，朽烂无用，苗人穷乏，至有挖亲尸取殉葬银器，以输官府者；联名呈请轻减，俟江湖平定，木可畅行，仍复旧例"。❺ 这说明当时清水江流域居民对木材贸易的依赖程度。

三、教育、文化的变迁

从清朝初期开始，政府对清水江流域各民族的教育、文化渗透，与对此地

❶ 张应强：《木文明与社会发展：木材与清水江下游区域文化的型构》，http//woodculture - cn. woodlab. org/thread. cfm? Therad = 5203。

❷ 李汉林：《百苗图校释》"清江苗"，贵州民族出版社2001年版，第165页。

❸ 李怀荪：《苗木·洪商·洪江古商城》，《鼓楼》2011年第5期。

❹ 《余秋雨黔东南纪行》，贵州人民出版社2008年版，第145页。

❺ （清）韩超：《苗变记事》，《中国野史集成》第四十三册，第349页，巴蜀书社。

的林业开发和政治统治、军事镇压、法律管辖相伴而行。顺治十一年（1654年），清朝建立乡约制度，规定由乡民选出约正、约副（值月），建立“约所”制度。每月望朔两天讲读。康熙年间“约所制度”在清水江流域各县普遍实行。乾隆五年（1740年）又规定：约正免其杂差，以便专心从事教化，如果教化有成，三年内全乡无斗殴命案，朝廷给匾奖励；各地方官则须轮流下乡，督促乡约教育的实施。清代的“乡约”活动以讲“圣训”为主，用朝廷统一颁发的教材，康熙朝编定的《上谕十六条》、雍正二年（1724年）颁发的《圣谕广训》成为乡规民约的基本教材，后者是对前者的逐条解读，且通俗易懂，主要宣传“以孝为本”、“以和为贵”的道德观念，提倡尊老爱幼、礼让谦和的社会风气，这些和苗侗民族传统道德是一致的。“讲约教育”是中国封建政府进行社会管理的一种教育形式，它是由官府倡导的，目的是“彰明甘棠勿剪之意”，以明辨是非善恶，强化治安，也是处理地方内部矛盾的一种形式，它具有乡规民约的性质，与侗族、苗族的“讲款”、“讲理”有些相近，但又不同。“讲款”、“讲理”是侗族、苗族民间组织的习惯法宣传教育形式，而“讲约”则是官府组织的国家法的教育形式。约所内置“善簿”和“恶簿”（也称“正册”和“另册”），将所辖范围内的民众，按“德业可劝者为一籍，过失可规者为一籍”归类，即将奉公守法、敬老尊贤、热心公共事业，言行符合社会公认的准则者列入“正册”，将偷鸡摸狗、好吃懒做、欺老凌弱、卖淫嫖娼、赌博斗殴、言行危害地方风化者入“另册”，以达到惩恶扬善的目的。

每当每月农历初一，值月以木铎和锣鼓为号，召集所辖范围民众到所，待约正、里正（基层行政人员）和60岁以上的长老到齐，大家相对三揖之后，“众以齿分左右立，设几案于庭中，值月向案北而立，宣读《圣谕广训》，值月哼声宣读，众人鹤立悚听。然后约正推说其意义，剀切叮咛，使人警语通晓，未达者许其质问”。[1] 约正讲毕，众人讨论，依次发言。“此乡内有善者，众推之，有过者，众纠之。约正质其实状，众无异词，乃命值月以记，记其善籍，当众宣读；记其恶籍，当呈约正、里正、长老默视认可，然后宣读，事

[1] （清）俞渭修，陈瑜纂：光绪《黎平府志》，光绪十八年黎平府志局刻本。

毕，众揖而退。”“善簿”和“恶簿”都由值月妥为保管。农历年底，值月将本地男女善恶情况选择汇总交约正报给县官，县官以两簿为根据拟定奖惩之法，凡“从善如流，知过能改，一体奖励，使之鼓舞不倦”。乾隆十三年（1748年）起，每次讲约时加诵《大清律例》，并由约正逐条讲解。同时每月农历初一、十五各讲约一次，其对象开展到所在地文武教职各官。凡无故缺席者均记入“恶簿”，以示对不接受公德教育、法制教育者的惩罚。而且，每年农历正月十五和十月初一，县城讲约在学宫明伦堂举行，县城所有文武教职各官、县学生员、书院师徒都必须参加，其内容和基层讲约基本一致。

清水江流域苗族、侗族地区文化教育从此开始普及，大大促进了这一地区文化的发展。顺治十六年（1659年）贵州巡抚赵廷臣奏请皇上：“乘此遐荒开辟之初，首明教化，以端本始。”他在奏文中提出：“今后土官应袭十三年以上者，令入学习礼，由儒学起，送承袭族属子弟愿入学者，听补廪科贡，与汉民一体仕进，使明知礼义。”顺治十七年（1660年）朝廷议准“贵州苗民照湖广例，即以民籍应试，进额不必加增，卷面不必分别，土官土目子弟仍准一体考试”，又议准“贵州各府、州、县设义学，将土司承袭子弟送学肄业，以俟袭替其族属人等，并苗民子弟愿入学者亦令送学，各府、州、县复设训导躬亲教谕”❶。康熙十三年（1674年），时任贵州巡抚的于准以《苗民久入版图请开上进之途》疏奏朝廷，主张把开放少数民族教育面扩大到一般的苗民子弟。“奏疏”开宗明义：“苗民久入版图，苗族宜沾圣化，请开上进之途，以宏文教，以变苗俗。”他还指出：明朝以前对苗疆只是羁縻，及至明始置布、按二司，定为贵州省。然而郡县少而卫所多，武弁不谙教化，只会对苗民逞威，“故迄数百年，习俗犹未变化”。自清以来，设郡县、置学校、敷教化，“遐荒天末，莫不仰沾德化，唯独苗民未沐均陶”所以“应将土司族属人等，并选苗民之俊秀者使之入学肄业，一体科举，一体廪贡”，“汉民因有苗民进取益加奋勉，苗民以有一体科举之优渥莫不鼓舞，行之既久，苗民渐可变为汉，苗俗渐可化而为淳。边末遐荒之地尽变为中原文物之邦矣”。他又建议：“倘若文人蔚起，乡试、岁试再请增额，以罗真才。”❷ 这份奏疏表达了政府

❶ 转引自吴军：《侗族教育史》，民族出版社2004年版，第222页。

❷ 转引自吴军：《侗族教育史》，民族出版社2004年版，第222页。

"以宏文教"、"以变苗俗"、"以苗变汉"的同化政策。清朝在该地推行文化教育上也有独特的保障措施，如光绪元年（1875年）十二月九日黎平袁姓知府奉贵州巡抚曾碧光为出示严禁事宜所定"免夫碑记"就有："嗣后除主考、学院过境照旧派夫迎送外，无论何项差役，不准派苗民应夫供役，一切供应陋规概行革除，有仍前勒派索扰情弊，或被告发，即行照例分别参处究办，决不稍宽，勿谓言之不预也。"❶ 这从侧面说明了官方对教育的重视和对教育官员的尊重。

以锦屏文斗苗寨为例，明英宗以后林木逐渐变成与外界交换的商品，邻地中仰、羊告之苗族居民始迁文斗，经营着"开坎砌田，挖山栽杉"的农林生产活动。清初，官方的主流意识形态开始拓展到"归化"后的清水江流域民族村寨。清顺治年间苗族姜春黎自铜鼓迁居文斗后，以移风易俗为己任，他"大义率人，约众延师，劝人从学，求婚令请媒妁，迎亲令抬乘舆，丧令致哀，必设祭奠，葬须择地，不使抛悬，蒙天深庇，得人顺从"。自姜春黎倡行教育以后，文斗苗族知识分子并不少见。《姜氏家谱》中有乾隆十二年（1747年）姜文撰写的"序"，有嘉庆时文之第四代孙撰写的"记"，有道光二十年（1840年）姜载渭撰写的"祠堂序"，还有光绪二年（1876年）姜佐卿撰写的"世系纪略"。作者皆系姜春黎后裔。浏览诸文，叙事简要，文辞流畅，具有较高的写作水平，无论内容与文笔，在黔东南少数民族家谱文书中属列上乘之作。当时林业生产的另一个重要基地瑶光寨，大地主商人姜志远的两个儿子中举，全寨前后考中秀才20余人，由民间出资建立学校，均有现存碑文记载。❷

在锦屏平鳌寨还保存一块"安民告示碑"，是康熙三十六年（1697年）三月十五日黎平知府发平鳌寨晓谕："尔等既归版图，倾心向化，亦皆朝廷赤子，每年输火烟钱粮，务宜亲身赴府完解。每逢朔望，宣传圣谕，则孝悌日生，礼法稍知矣。今尔等愿归府辖，凡一切斗殴、婚姻、田地事件，俱令亲身赴府控告，不得擅行仇杀，倘故违，责有所得。各宜遵府示。"❸ 可见清水江

---

❶ 锦屏县政协、县委办编，姚炽昌点校：《锦屏碑文选辑》（内部印刷）第111页，碑存河口乡塘东村。笔者曾在2000年11月于黎平县坝寨乡青寨村抄得与此内容相同碑文。光绪《黎平府志》也有大体相同的记载。

❷ 杨有庚：《清代黔东南清水江流域木行初探》，《贵州社会科学》1988年第4期。

❸ 该碑存偶里乡平鳌寨，收入姚炽昌选辑点校：《锦屏县碑文选辑》，第109页（内部印刷）。

地区随着教化的开始，法律制度也就开始从原来具有处理村寨各种案件功能的习惯法，向大量的民事、刑事案件须由国家法处理的转变，起码从国家司法角度是这样要求的。清朝初期对刚刚“归化”的平鳌寨即采取“礼法并用”的治理措施，同时表明国家欲对此地使行司法管辖的明确思路。

苗族、侗族群众使用汉字书写林业契约文书，乃是吸取汉文化的显著标志。汉文化对清水江民族地区的影响有着一个较长的历史过程。明代以前，由于黔东南少数民族地区与内地汉族地区的政治关系松弛，经济关系塞滞，文化吸收过程很缓慢，因此受汉文化的影响较小。明朝在贵州建省之后，加强了中央与地方的政治联系，特别是施行军屯中有部分汉族军民的迁入，使汉文化与苗侗民族文化的交流有了明显的增强。清朝初期“改土归流”过程中消除了对清水江贸易的人为阻碍和自然阻碍，[1] 清水江下游的木材商品经济蓬勃发展，“徽州帮”等大量汉族商人涌入锦屏地区，使各民族之间的文化交流显现突进势态。内地汉族文化进入该地区，汉字在当地普遍使用，受教育的人越来越多。少数民族积极投身商业活动中，也认识到了掌握汉语汉字的重要性，刺激了他们的求知欲望。所以，在清水江下游地区出现了兴办学校之风。根据地方志和碑文资料，清代清水江下游一带建立的学馆有20多所。

清水江流域各县古往今来以天柱县的教育水平最高。天柱在明嘉靖年间就设有社学，有兴文社学、宝带桥社学、钟楼社学和聚溪社学四所，均置有学田产业。社学设在城镇和乡村，是以民间子弟为教育对象的一种地方官学。天柱县在清光绪三十年（1904年）就成立“劝学所”，应该是现代教育的开始。天柱民间有捐资教育的传统，民国初年，“外三江”（清浪、坌处、三门塘）赞助白银三千两，还以坌处木捐作为天柱县高等小学的常年经费。此外还规定木客每根木头抽钱一文半，每对卦（木排）抽钱二十四文，除交杨公庙（祭

---

[1] 根据《朱枇奏折》记载：“改土归流”以前苗疆地区“伏草捉人”，即绑票商旅的情况比较多，政府在军事上严加镇压。到乾隆年间，国家刑法《大清律》明确对此类行为进行惩罚。参见中国第一历史档案馆、贵州省档案馆、中国人民大学清史研究所编：《清朝前期苗民起义资料》（上册），第1－120页。

自然阻碍是疏浚清水江水道的突出问题。在排除清水江水面的自然障碍上，只有政府有行政能力和经济能力，而苗侗村寨并没有这个财力。前述，为了规范管理市场，促进木业发展，地方政府在朝廷工、户两部的支持下，开始疏浚清水江河道。张广泗大量募征民夫，排除上自麻江下司，下至湖南沅江黔阳一线的“礁碍”，以利木材流通。

祀江神的场所，为木商会馆）香灯各费外，多余部分则提作天柱中学常年经费，从此时开始天柱捐资办学蔚然成风。在民国“开江”诉讼中“三帮”、“五勷”反驳“八帮”的重要理由之一为：“客所买放下木均系主家保险，所得劳动力费每头仍须纳天柱中学一两五分……”可见当时天柱的中学的教育经费主要是靠木材贸易税收。由于该县具有较好的教育基础，所以直到今天该县在贵州省都属教育质量较好的县。

清水江流域民间保存有如此大量的清代民国契约文书，有的家里有一捆一捆的土地契约及各种文书，这既是地主经济和林业商品经济发展的产物，也是苗乡侗寨受汉文化熏陶的结果。卦治、王寨、茅坪三个“特殊贸易村寨”，每年有上千名外省木商和数以万计的本地木商在此进行木材交易。交易中汉语汉文则成为各民族商贾共同使用的一种工具，这便形成了民族经济与民族文化齐头并进的景象。[1] 关于当地的苗族、侗族人民普遍使用汉文情况也在大量的民间汉文诉讼文书中得以体现。契约文书均以毛笔写成，很多字迹端庄，部分俊秀挺拔，很有功力，体现了书写者较高的文化素养。说明人们汉文化水平的普遍提高和“代笔”这一文书书写群体的存在。

契约文书的实质是体现了土地的所有权和使用权的受法律保护的私人文书。契约虽存在于我国天南地北，但都根植于具有自由买卖性质的封建地主私人占有制的基础上，故各地契约的内容与契约格式都具有明显的共性。从发达省份移植进来的土地契约应用在山林买卖、租佃，自然离不开契约的原形，而表现出更多的共性，但也有很多差异，如徽州林契中租佃契约中，栽手多是家仆，而清水江文书中多数是雇工。契约虽然在形式上是双方当事人按照传统习俗订立的私人契约文书，但它却具有稳定社会秩序、保障经济发展的社会职能，所以政府对各种契约是认可的，也被视为具有不同程度的证据效力。为了避免因契文不确切而引起更多的产权纠纷，民间教育把书写契约文书作为知识传播的方式，政府也颁行统一的契约式文，这更加强化了各地契约文书的趋同性。

“清水江文书”也与本地重视文档保存和“敬纸惜字”传统有关。在天柱

---

[1] 杨有庚：《清代苗族山林买卖契约反映的苗汉等族间的经济关系》，《贵州民族研究》1990 年第 3 期。

县中寨保存一座“惜字炉”，又称“化字炉”，是“中寨十景”之一。炉身三层，砖石结构，六面锥形，形同宝塔。三檐滴水，翼角飞翅，凌空矗立，古朴端庄。炉脚有拱顶方口，以焚纸用。两侧楹联为：“水之就下也”，“文不在此乎”；横批：“仰之弥高”。据说清代仅中寨一寨就出举人1名，贡生4名，拔贡3名，这在僻壤乡村是不容易的。与中寨相邻的雅地村还存有两尊“惜字炉”；锦屏平略镇平鳌寨水口山石桥头有16方形“化字炉”，该塔炉高不足3米。另外在天柱瓮洞岑板寨有一个1.6米高的“化字炉”。[1] 这说明外省商人进入清水江流域进行林业贸易的过程中，还带来了江南等地区先进的汉族文化，包括直接为经济服务的契约文化及相关的辅助文化。特别是徽州木商把徽商文化中“纸字神圣，不可亵渎”的观念带了进来，在苗族、侗族民间逐渐形成纸张和文字就像精灵一样让人们具有无比敬畏的习惯。

---

[1] “化字炉”在过去文化较为发达的地区肯定很多，有此物之地，由于教育日隆，重文、科举日盛，会出“文化人”。笔者在贵阳乌当区见到一块“化字炉”，离近代教育家李端棻的故居只有几公里。鲁迅在《琐记》中讲到他就读的中西学堂，曾在原来的游泳池上建了关帝庙，庙旁是焚化字纸的炉子，炉上方横写着四个大字：“敬惜纸字”。（鲁迅：《中国小说史略》，人民文学出版社1976年版，第15页。）

第二章

人工林的营林技术与采运中的生态规则

地方平平像张席，
好像粮仓的屋基。
你撒了种在坡上，
却放心在家里头。
树苗长得像花开，
像田里浮萍一样，
你快快来看吧。

——苗族民歌

一、神话传说中的杉树种植

黎平县大稼乡高稼村，有300来户人家，是一个侗族聚居山寨。这里山多田少，村民世世代代以林业为生。山寨左侧的坡地上挺立着三株昂首云霄的“美班王”（侗语：“杉木王”），又称“仙女杉”。其中第一株树高46.21米，胸径1.15米；第二株树高45.09米，胸径1.11米；第三株43.25米，胸径1.025米，皆为巨杉。据传，这三株巨杉原为人工林木，先祖采伐时因其生长旺盛，高大笔直，形同巨伞，便把它们作为“风水树”和“护寨树”，任何时候、任何人都不得妄自乱动；不然神明不容、山民不富、子孙不旺。因此生长至今，树龄已超过300年。关于栽树种杉的起源，在这一带有一个美丽的神话传说。

300年前，高稼侗寨有一个勤劳勇敢的后生叫巴岩，从小父母双亡，孤苦伶仃度日。一年秋天，巴岩牵着他的大黄牯牛在草坡上放牧，突然，一头大黑牯牛跑来与大黄牯牛相斗，几个回合后，黑牯牛败下阵来，眼看黑牯牛就要被推下悬崖，巴岩即刻向黄牯牛“吁——”了一声，黄牯牛听到口令退了回来，不料黑牯牛性起，反将黄牯牛掀翻在地，欲置黄牯牛于死地。巴岩见势不妙，一个箭步冲了过去，用粗壮有力的双手把黑牯牛的双角抓住，逼着黑牯牛就地转了九圈，使之晕头转向，不得不匍匐在地上喘粗气。这一切，正好被从山中走出的三个姑娘看得真真切切，惊喜万分。

面对手捧山菊微笑而来的三位姑娘，巴岩不慌不忙地擦了一把汗，大大方方即兴唱了一首山歌：

秋风过岭又过岩，
仙姑姐妹何处来？
莫笑巴岩无才貌，
山上放牛又砍柴。
莫笑侗寨人家穷，
宝山千座锁难开。
何时寻得金钥匙，
再约姐妹上歌台。

其中一位姑娘对中间的姑娘说：“仙杉姐，你的歌最多最甜美，瞧这小伙子心地善良，就还他一首吧。”仙杉将手中山菊花一抛，那系在花束上的丝线像长了眼似的，正好挂在巴岩的胸扣上，然后唱道：

云里来呀雾里来，
姐妹最爱侗家寨。
又爱哥哥人品好，
为牛解交宽胸怀。

更爱哥哥有志气，
要把宝山锁打开。
侗家讲情又讲义，
今朝有幸上歌台。

就这样，巴岩和姑娘一唱一和，共唱了999首山歌，最后来到了一座黄花遍地的山冈。“仙杉姐”伸手从头上的盘龙髻中取下一根银簪，含情脉脉地送给巴岩。巴岩接过银簪，银簪马上就变成了闪闪发光的金锄。“仙杉姐”接着深情地说：“巴岩哥哥，你不是寻找金钥匙吗，这就是金钥匙。你又有一颗黄金难买的心，心诚就会灵，你会成功的。”于是三个姑娘唱了第一千首山歌：

高高苗岭无云彩，
弯弯清水没木排。
荒山秃岭空荡荡，
无树无林锁不开。
金钥金匙在手上，
年年挥锄把杉栽。
满山杉木满江排，
你我再来登歌台。

唱完，三个姑娘突然不见了，在巴岩面前却出现三株高大挺直的“仙女杉”，杉树蓬蓬勃勃，枝繁叶茂，类似青春少女的长发，飘逸而洒脱，树上结满了成热的果球。巴岩惊喜交加，又情不自禁地唱了一首首山歌，果球随歌声纷纷落下。巴岩捡了一袋又一袋，把它带回侗寨，认真整土、精心培育。第二年春天，一块块苗圃里的杉苗嫩翠翠、绿油油地茁壮成长。巴岩和山民们从此年年育苗，岁岁栽杉，于是千山万岭就长出了茫茫油杉，终于打开了宝山的大锁，仙女杉的故事传说也世世代代流传下来。[1] 这个神话故事是典型的“仙女

[1] “仙女杉故事”整理者白云，讲述者杨明山、吴滚兴，流传地区黔东南林区。资料转引自黎平林业志办公室编：《黎平林业志》，贵州人民出版社1989年版，第257～259页。

种子”型，带有浪漫的爱情色彩。从内容上可以推定是在天然林被砍伐殆尽，“弯弯清水没木排，荒山秃岭空荡荡”的情况下，人们开始探索人工造林，并把人工造林与“仙女种子”神话相联系，同时交代了选种、苗圃育苗、种树栽杉的过程。

在明朝初年，清水江流域基本上已是苗侗等民族的分布地。他们或耕种或狩猎或耕猎兼用并，以此为主要生计方式，因此这里多被汉文史籍记为“未开化”的“生苗”地区，或“蛮荒”之地。这里地广人稀，所以明朝初年才对这一地区实行“调北征南”和“调北填南”，以充实该地区的人口和保证社会稳定。在明末清初黔湘桂及其他省份各族先民迁移到清水江流域，当时荒地较多，谁先到这里就可先“标占”，地界划分也有很多偶然情况。根据传说，锦屏文斗村和邻村韶霭人的祖先定居后，为村界闹起纠纷，最后两村村民决定在两村内各找一身强力壮者，骑木凳各自从村中心向相对方向走，走到哪里那里就是村界。文斗那位被选中的人脑筋比较活泛，途中见没人看见，便扛起木凳就大步向前跑；韶霭村的选手老老实实地骑着木凳慢慢地“摇”，结果文斗村的面积大，韶霭村的土地少。这为以后争地留下口实和话柄，韶霭村民到现在还说文斗人奸猾。各族先民在清水江流域占有土地以后，户与户之的土地也以山脊、山冲、河流为界；土地相连处就以界石为边界，当地人也把它叫“栽岩”，作为土地权利的标识物。如果土地所有权划分不清楚，双方有时会寸土必争，户与户会打架，村与村会群斗。所以在苗族、侗族习惯法中对“偷移界石”的行为进行严厉的刑罚。

直到清初的“改土归流”时，这里仍被称为“苗蛮”住地，因此雍正年间张广泗对这一地区征伐时称之为“新疆”，称“新辟苗疆”。[1] 当林业开发开始时，苗侗社会生活方式才开始变化。据锦屏县清水江边魁胆寨的老人回忆，他们的祖先到这里来开山拓土，至今已繁衍生息了22代人，约有五六百年的时间。魁胆寨旁，坡度较缓，土质肥沃，溪水川流，很适宜于农业生产，因此被选为定居地。在当初，这里的人口较少，人们以种田为生，后来人口增多，口粮不能全部自给，朝廷以及下江人来买木材的越来越多，他们才开山造林，

[1] 《清史稿》卷297《张广泗传》。

既种粮又栽树，砍杉木去卖，用钱买米以作补充。[1] 这段口述史恰好说明了清水江流域苗侗人民在林业开发过程中由农业向"林农并重"转变。同时几百年前苗侗人们通过他们的智慧和勤劳，创造了一套适合本地的杉树栽培技术适应了这个转变。

二、"实生苗"技术与传统农林知识

清朝中期以后清水江流域培植的林木以杉木为主，张广泗向朝廷汇报营林计划时称："杉木宜多行栽种，令民各视土宜，逐步栽植，每户垦田种树木，竹箐荆榛之悉以治，得实熟地五六百顷，沟塍间缭以桑桐诸树，三年后悉成行列可观。"人工造林规模随木材贸易发展而扩大，至乾隆后期，锦屏县内每年平均造林数千亩，从光绪六年（1880 年）至宣统元年（1909 年）黎平等地的个人造林不下数十亩。[2] 光绪十六年（1890 年），黎平知府俞渭饬令："举署中隙地遍植杉木，冀加倍护，数十年即作桅材，事半功倍计。"[3] 据黎平县茅贡乡腊洞村《永记碑》载说："吾祖遗一山，土名跳朗坡，祖父传冷（吴姓）曰：'无树则无以作栋梁，无材则无以兴家，欲求兴家，首植树也。'……"长期以来在清水江流域居民养成了植树传统，苗村侗寨旁都种有风景林，还种有寺庙林、桥头林、护寨林、祭祀林等，同时民间将林木神圣化，致使人们不敢随便索取砍伐。

杉木是我国特有的速生商品材树种，生长快，材质好。我国杉木育苗历史由来已久，最早创造"萌条杉"、"插条杉"繁殖技术的是南方古越人（侗族、水族的祖先）和荆蛮（苗族、瑶族的祖先），春秋战国时这项技术才引进黄河流域，大体自东晋才开始栽植杉木。五代至宋元，国家经济中心南移，苗瑶等少数民族深入山区种植杂粮，并结合林粮兼作，实施插条杉或育苗植杉，以求以短养长。[4] 在内地，大体上南宋以前大多零星栽植杉木，自南宋开始出现成

---

[1] 转引自石开忠：《明清至民国时期清水江流域林业开发及对侗族、苗族社会的影响》，《民族研究》1996 年第 4 期。

[2] 黔东南州志编委会编：《黔东南苗族侗族自治州志・林业志》，中国林业出版社 1990 年版，第 64 页。

[3] 刘毓荣主编：《锦屏县林业志》，贵州人民出版社 2002 年版，第 95 页。

[4] 林幼丹、张晨曦：《杉木在中国的栽培历史简述》，《自然辩证法通讯》2007 年第 1 期。

片造林，朱熹有“好把稚杉沿径插，待迎凉月看清华”的诗句。我国主要杉木产区早期在皖赣等中原腹地，后来转移到闽湘山区。在栽培技术方面，初期多用野生苗移植，后来少数民族地方育苗造林，而大部分地方用插条方法造林。经长时期演化，形成了以炼山、插条、稀植间作为特征的一套栽培制度。在方法上有育苗造林、分蘖造林和插条造林等。其中育苗造林盛行于湖南会同、贵州锦屏、广东乐昌等地。分蘖造林局限于两广部分地区。在闽赣浙皖湘广大杉木产区，历史上均广泛实行插条造林。这些造林方法及由此演绎而成的各具特色的栽培技术制度在分布上具有明显的地域性。❶

清水江流域是人工栽杉的重要基地，也是全国最适宜人工杉木栽培的地方。黔东南素有中国“杉木之乡”的美誉，这里的杉木一直被誉为“苗杉”。清水江流域的杉木“干端直，大者数围，高七八丈，纹理条直”，“有赤、白二种，赤杉实而多油，白沙（即杉，黔东南发音为 sha。笔者注）松浮而干燥。有斑纹为雉尾者，谓之野雉斑，入土不腐，作棺尤佳，不生白蚁”。❷ 如当地的民歌唱道：“干千年（用作建造房屋称为‘干’），湿千年（用作堰坝地梁称为‘湿’），半干半湿几十年。”❸ 此地杉木有时外部看似腐烂内部却不变质，黔东南苗族侗族干栏式建筑的民居多以杉木作为房屋支柱和枋材，在较为潮湿的环境下，不生虫，也不易腐烂。苗族侗族很多房屋建在水上很多年，杉木立柱长年浸泡在水中也不腐烂；在一些村寨，各户的粮食都集中建在水塘上，形成一座一座高脚的小房，人们称之为“水上粮仓”。如雷山苗族的大塘黎平地扪的“水上粮仓”，即可以防火、防鼠，也可以防盗。就杉木如此多的优良性能，清代黔东南文人龙绍讷赞杉木：“其性直，其品端，其节坚，其材美；杉之为木，有直无曲，一茎独上，凡六七寻不等，有昂霄耸汉之势，无卑躬折节之形盖严正性之君子也。”❹ 在历史上“黎平郡遍山皆杉，大约栽植二

❶ 黄宝龙、蓝太岗：《杉木培植利用历史的初步探讨》，《南京林业大学学报》1988 年第 2 期。20 世纪 60 年代以后陈植、俞新妥等学者对古农书和方志中有关杉木培植的历史进行过系统的研究。

❷ （清）道光二十五年版《黎平府志》卷十二“食货志”（贵州省图书馆馆藏）。

❸ 廖耀南等：《清水江流域的木材交易》，《贵州文史资料选辑》第 6 期，贵州人民出版社 1980 年版，第 2 页。

❹ （清）俞渭修，陈瑜纂：光绪《黎平府志》“食货志”三下“农桑物产”，第五册。

三十年，即可作屋材”，[1] 生产速度和平均单位面积产量在国内针叶杉中居首位，由于生长周期短，产量高，在林木市场交易中处于有利地位。黔东南“苗杉”之所以有名，不仅得益于这里优越的自然环境，更与当地苗族、侗族人民几百年来积累的杉木培植和传统农林知识密不可分。

黔东南杉树的栽种方法有三种：一是野生杉苗；二是杉树砍伐后的桩（本地人称为“蔸”）萌芽再生苗（本地人称“发蔸木”或“替蔸木”）；三是用杉树种子生长出的“实生苗”栽培。

（一）清水江居民传统林木抚育技术

最早记载杉木育苗的是《便民图纂》（1502 年）中的“三月下种，次年三月份栽”，说明当时已有播种育苗，并用一年生杉苗造林。以后，《三农记》（1760 年）有：“择黄壤土，锄起，以草叶铺面上，火焚之再三，然后作畦。”讲到了圃地选择，烧垦整地方法。同时还记载：“将种子均匀撒畦上，以佃粪薄掩之，溅水洒苗生，”进而谈到了幼苗的管理方法。在明末以前，在清水江流域世居的苗侗民族对森林资源的利用，仅是就地采伐以用于日常生产和生活所需。森林的自然生长蓄积量一直超过采伐量，天然的杉木资源有增无减，越蓄越多。这时没有必要专门植树造林，也就没有必要培育“实生苗”。从清初随着林业市场的形成，有时杉木供不应求，所以清水江流域培植的林木主要以杉木为主，此时根据传统的杉木栽培经验，发明了“实生苗”技术既有必要又有可能。新中国成立前实生苗培育仍只限于西南少数民族山区如会同、锦屏、黎平。[2]

清水江流域有“七刀八火冬腊挖，来年入春栽嫩杉”的说法。[3]《贵州苗族林业契约文书汇编》中虽没有“实生苗造林”记录，却有“其山内有等处发兜杉木畅茂者，有登二三十根，不得妄戕，留作山主。若等株勿论”（C－0087）[4] 的叙述，即以萌芽更新或者用萌芽插条来造林。说明在锦屏平鳌寨，

---

[1] （清）道光二十五年版《黎平府志》卷十二“食货志”（贵州省图书馆馆藏）。

[2] 吴中伦主编：《杉木》，超星电子书，第 278 页。

[3] 刘毓荣主编：《锦屏县林业志》，贵州人民出版社 2002 年版，第 121 页。

[4] 唐立、杨有庚、武内房司主编：《贵州苗族林业契约文书汇编（1736—1950）》，第 2 卷，日本国立亚洲非洲语言文化研究所（AA 研）2001—2003 年内部出版。

除实生苗造林外，同时也进行插条造林和萌芽更新的造林方式。根据《黔东南州志·林业志》记载，苗侗人民当在清水江林业开发前就形成了一套林木的培育和作业方法。较早的传统技艺是在杉树砍伐后，靠自然生长，发蔸木又生长起来，因此创造了杉木再生技术。即在寒露以后，立春以前，将要用的杉木砍下，树桩要留下50厘米以上，砍伐后用米浆浇凝创口，[1] 树桩在来年就会长出一圈幼芽来，一般都有6~7株，将长得最好、最壮的一株幼芽留下来，其余的割掉。这支树芽生长速度极快，3年后就能长到5米高，有了这项技术，他们就可以做到砍树不毁林。在黎平县黄岗村，砍杉树不能用锯子锯，必须用“攀刀”砍，否则就不能再生。这一做法很有科学道理，因为用锯去锯杉树将会撕裂形成外层细胞组织，树桩当然不能再次发芽了。[2] 因为砍树的需要，人人出门都得带“攀刀”，所以明朝人江进《黔中杂诗》有“耕山到处皆凭火，出户无人不带刀”的诗句。这种专用工具同样是自然性适应的结晶，是山民护林的好办法。

黔东南苗族、侗族人们针对所处的生态环境形成了自己特有的抚育林木的技术，这些技术既能修复当地生态脆弱环节，防止灾害的发生，又能确保森林资源的有效利用。清水江居民在种植旱地作物的同时，根据日后的需要对自然长出的幼树实施有针对性的管护，需要利用的就精心管护使其成材，不需要的就彻底清除掉，一旦树木长大后就立即退耕，森林也就随即恢复了。他们种植杉木科、壳豆科的乔木、采摘果实的杨梅，但是不育苗，只是将森林和草地中自然长出的所需树苗或者旱地中自然长出的树苗移到合适的位置定植使之成林。通过这一做法抚育出来的树苗在当地很有适应能力。更重要的还在于，人在森林的种植结构上始终发挥着能动调控作用，能在修复脆弱环节的同时又满足人们利用的需要，而不是单纯地为恢复森林而种树。[3] 他们的技术可以称为“以抚代育，以伐代护”。所谓“以抚代育”，是指人工育苗植树技术发明以

---

[1] 这种方法用现在的专业名词叫作“愈伤组织再生植株法”，此法，再生植株的分化与移栽成活都比较容易，但从愈伤组织分化出芽以及腋芽的萌发较慢，很大程度上影响了快速繁殖的速度。

[2] 崔海洋：《试论侗族传统文化对森林生态的维护作用——以黔东南黎平县黄岗村为例》，《西北民族大学学报》，2009年第3期。

[3] 崔海洋：《试论侗族传统文化对森林生态的维护作用——以黔东南黎平县黄岗村为例》，《西北民族大学学报》，2009年第3期。

后，仍对自然长出的树苗加以认真地管护，确保其长大成林。森林更新和培育往往与旱地农耕相兼容，在育林空地上，只要条件许可，都采用游耕手段混种各种旱生农作物，蔬菜有黄瓜、南瓜等，粮食用有生薯、小米、玉米等，此外还混种蓝靛、烟叶等经济作物以及药材等，种植这些作物的关键是为了育林。做法是耕种前实施火焚，目的是抑制森林虫害和有害微生物，还能加速腐殖质的降解。种植旱地作物能深翻土地，加速土地熟化，给林木种子的发芽创造条件，有利于林木日后顺利成长。在定型的森林和草原生态系统中，由于存在种群竞争，成熟林结实的树种自然落地或经动物搬运落地后，一般都不能萌发成苗，绝大部分被动物吃掉，少数霉烂在土中。有的种子虽侥幸发芽，因幼根不能着土而干死；有的出芽后由于杂草和森林的郁蔽，因见不到阳光而闷死，能够长成乔木的概率很小。清水江居民的旱地种植却不一样，由于土层被挖翻后，落在土壤上的树种大部分能成活，所以该地居民种植旱地作物其实是在无意中提高了树木的成活概率。

所谓“以伐代护”是指清水江居民对达到使用规格的乔木，会毫不吝啬地砍伐，以便腾出空间让其他树木顺利成长。苗族侗族领用的林区除了特意保留做母树用的百年古树外，乔木大部分处于中幼林阶段，这种做法很像是森林游耕，实施随种随收、随收随用。尹绍亭教授认为：人工植树造林调适方式与轮作调适方式有异曲同工之妙，轮作是通过延长耕种年限来节约土地，而人工植树则是通过缩短休闲地年限来达到节约土地的目的。人工植树造林除了可以大大节约土地之外，还具有培肥地力，增加经济收入的显著效益，因而其调适的功能就更为突出。[1] 清水江居民在利用林木过程中森林面积不减少，但树种的结构却处在不断的调整过程中，什么地方长着什么树，该树何时成熟，派上什么用场，居民们都能做到胸中有数。什么地方的森林需要更新，什么时候实施更新，当地人们都很清楚，相关的技术技能也能达到配合，[2] 在人工林业展开以前，这些传统的技术在维护生态和生活用材方面已经足够了。

在“实生苗”技术发明后，“发兜木萌芽再生苗”技艺同时运用，传统林

---

[1] 尹绍亭：《云南山地民族文化生态的变迁》，云南教育出版社 2009 年版，第 156 页。

[2] 崔海洋：《试论侗族传统文化对森林生态的维护作用——以黔东南黎平县黄岗村为例》，《西北民族大学学报》，2009 年第 3 期。

业知识对定植树苗技术有很大影响。清水江人工林是在低山丘陵山区地理环境下进行的，居民观察到自然形成的天然乔木长势形成高低不同层次，因而他们在定植时也尽力模仿这一特点：（1）定植杉木苗的位置是根据地形地貌而定的，并不是机械地要拉直，这就可以根据山体的结构沿等高线定植苗木，层层地减缓地表径流的速度，有效地抑制了水土流失；（2）主伐后留下树墩不加清除，而是用米浆浇来保护树桩，用火焚给这些树墩消毒，让其来年萌发新的树苗，这样形成的树苗，不仅能减少定植苗木的投资，还能使林相参差错落，郁闭速度明显提高，[1] 特别是活着的树根能较好地扣住表土，足以抵御地面径流的冲刷；（3）山坡上自然长出的杉树树梢均朝向山谷，于是林农在定植杉树苗时，总是有意将树梢朝向山谷一方；（4）当地的杉树主根均发育不好，而侧根发育却很旺盛，于是他们定植杉树时采用切主根浅植，由于没有全面翻土和深挖洞穴，地表的土层结构没有遭到破坏；（5）根据坡地栽杉特点，每栽一株杉苗就在苗的一尺上方钉一小木桩，以防碎土块落下砸坏树苗，[2] 必要的土障设置减缓了地表径流的下泄速度，也收到较好地保持水土的实效。

较早清水江流域进入市场的"苗木"都产自天然林，随着林业市场的开发，"苗杉"在中国木材市场名声大噪，各地对苗木的需求量增大。天然杉木多是砍伐树后的萌芽条长成的杉树，这样连续几届过后，便变得生长缓慢，木质也随之下降。山地往往要撂荒50年形成灌木林，土壤才能自然恢复。如在天柱远口移栽杉为"子木，长大快，少中空。代后自然分蘖苗为'替蔸木'，长得慢，多中空，木曲不直"。[3] 锦屏、黎平、天柱一带苗侗林农为了寻求出路，开始将野生杉苗用于造林栽种。由于野生杉苗稀少，因此根本不能满足大面积造林的要求。

（二）"实生苗技术"的发明与输出

"实生苗技术"是清水江居民适应林业商品经济的需要，在生产实践中慢

---

[1] 罗康智、罗康隆著：《传统文化中的生计策略——以侗族为例案》，民族出版社2009年版，第117页。

[2] 贵州省编写组：《侗族社会历史调查》，贵州民族出版社1988年版，第97页。

[3] 1941年"森林测勘团"：《黔东杉木分布情况》（上），载《农业通讯》1941年第3卷8期，转引自吴述松：《清水江流域幸于明清"木政灾"的五因素》，《苗学研究》2012年第3期。

慢总结出来的“核心技术”，对杉木苗床的整理、杉树出苗和定植则借鉴了自身农业精耕细作的技艺。清朝乾隆年间贵州巡抚爱必达就杉木“实生苗技术”以及培育杉木成材采伐的全过程有较详细的记载：

> 山多戴土，树宜杉。土人云：种杉之地，必预种麦及苞谷一二年，以松土性，欲其易植也。杉阅十五六年始有子，择其枝叶向上者，撷其子，乃为良，裂口坠地者弃之，择木以慎其选也。春至则先粪土，覆以乱草，既干后而焚之，而后撒子于土面，护以杉枝，厚其气以御其芽也。秧初出，谓之杉秧，既出而复移之，分行列界，相距以尺，沃之以土膏，欲其茂也。稍壮，见有拳曲者则去之，补以他栽，欲其亭亭而上达也。树三五年即成林，二十年便供斧柯矣。[1]

贵州省图书馆藏俞谓修、陈瑜纂《黎平府志》（光绪十八年黎平府志局刻本）“食货志”卷三下“物产”所载与前者基本相同，只是改动了几个字，大的意思没有变。

另吴振棫所撰《黔语》中说：

> 种之法，先一二年必种麦，欲其土之疏也。杉历十数寒暑乃有子，枝叶仰者子乃良，撷其蓄之；其罅而坠者，弃之；美其性也。春至，粪土，束刍覆之，温火芮之，乃始布子，而以枝茎午交敝之，固其气，不使速达也。稚者曰杉秧，长尺咫则移而植之，皆有行列，沃以肥壤，欲其茂也。壮而拳曲，即付剪刈，易以他栽，贵在直也。[2]

“实生苗”是从秋后砍伐的杉树上采摘杉果，获得杉籽，人工培育出杉苗用于栽种，清代这一多年尝试在清水江流域获得巨大成功。“实生苗”培育出来的杉木，不但生长迅速，而且木材质地优良。[3] 从这时起清水江流域的“苗

---

[1] （清）爱必达、张凤孙修撰：《黔南识略·黔南职方纪略》卷二十一，道光二十七年罗氏刻本。
[2] 《黔南丛书》，第2集第10册。
[3] 李怀荪：《苗木·洪商·洪江古商城》，《鼓楼》2011年第5期。

杉”的人工种植，不但育苗精细，栽种更为讲究。从选种开始，优选良种，培育壮苗，育苗地垦翻新土，堆以杂柴杂草，通过“三挖三烧”，春至时放上底肥，播种后覆盖树枝等细致的流程方能完成。

1. 苗床选址。地址选在老林空地段。这里既有巨大的树木遮阴，地表又有厚厚的落叶层，杉种萌发后易于自然成活；苗床地往往是设在水源较好的林间平地，坡度不大，排水灌溉条件良好，多在向东或向东北方向的地段。

2. 精耕细耙。首先要对选好地段上的杂草灌木进行彻底清除，干后焚烧，深挖土块随即捣碎；浇入粪肥，然后铺上从林间搜集得来的细碎枯枝败叶，厚达 3 ~ 5 寸，烧后翻挖；复浇入粪肥，再敷以枝丫杂草，再次翻挖。如此反复三次。这样做后，杉床上土壤极松、极肥。再清灭草籽和虫卵。

3. 铺垫杉皮。选用宽厚无漏洞的杉木皮，将整理好的杉床土料腾出，以木皮垫底，再将烧炼过的泥土覆盖其上，土层约 6 ~ 7 寸，开沟筑床整平。

4. 播撒树种。将精选后的杉树种子像撒稻谷种一样，直接播撒在杉床上，撒种时还要拌以草木灰，每亩用种量在 5 ~ 7 公斤。撒种后，还要在其上覆盖一层约种子层面三倍厚并用筛子筛过的细泥土。

5. 搭建凉棚。有时还要在杉床上搭建尺许高的凉棚，凉棚上覆盖新鲜的杉树枝，杉树是针叶树，既能遮挡阳光直晒，保证秧床的温度，又能透些气进来，不致树苗闷气。以后每隔三五天需在凉棚上洒水。以营造和维护杉苗的特殊环境，对杉树苗起到催芽的作用。对杉秧床的维护起码要持续一年以上，树苗长出嫩嫩的叶芽后，才逐步扯掉凉棚上的杉树叶，以增加光照，加速杉树苗的生长。

栽杉地选在坡脚，择其土壤肥沃处，可不连片，俗称“虎皮山”。先把造林地上的杂草藤灌砍倒、晒干，炼山清场，俗称“火闹地”，头年种小米、第二年种玉米，腐熟土性，第三年打穴植杉，所谓“一丈两头栽”，这种做法就是“稀植间作”。清水江流域有“三年锄头两年刀”的农林经验，这种“林粮间作”的技术延续至今。即前三年，用锄头栽杉种杂粮，杂粮有小米、玉米、红薯、豆类等；后两年以柴刀修枝定型促进林木生长。人工造林与“林粮间作”在林木郁闭前三年是同步的，锦屏县魁胆具体技术环节如下：

1. 整苗床，育杉苗并移栽，深挖地细碎土。移栽杉时，等高线距 6 尺打窝（实际上林农是根据经验估摸距离。笔者注），苗身要直，复土要碎，松紧适度。“栽顺山木”，杉苗的弯曲方向下，与山坡斜度一致。

2. 苗移栽后，于林地苗行之间间种小米、苞谷各一季（如果两季都种小米，第二年长得不好。笔者注）。注意行距，勿使苞谷根须伸入杉苗窝。薅苞谷除草，亦为杉苗松土，加复表土于根部。秋收苞谷，将茎叶敷于杉苗侧，待其腐烂为肥。

3. 定型抚育管理，苗长到三岁，约高四五尺，不宜种粮；第三、第四年里，四月除草、七月松地，覆盖表土，五年后杉木幼苗郁闭，每年修枝一次，并薅除杂树野藤。❶

这里，魁胆的做法也代表了整个清水江林区的情况，传统做法中有很多技术和操作规范都需要人工来完成。所谓“以耕代抚”主要是指人工，林农一次上山就把两件事都做了，人工林在前几年要经过人的精心管护，清水江契约中就经常使用“薅修管业”等语都是非常具体的说明。

人工杉林虽然种植在山坡上，看来却横竖成行。苗侗林农创造了“山上孔雀开屏，山下见缝插针”的杉苗定位种植方法，使人工杉林成为山水之间的艺术品。苗族《古枫歌》在叙述整地、撒种、育苗时说：“地方平平像张席，好像粮仓的屋基。你撒了种在坡上，却放心在家里头。树苗长得像花开，像田里浮萍一样，你快快来看吧。”❷ 有学者在民国三十五年（1946 年）《湖南经济》上撰文称：“苗民经营杉木，已具悠久历史，一切育苗、栽培、砍伐、运输，靡不熟练。苗民持此为生，刻苦经营。满山遍岭，普遍种植，登高远眺，一片青葱，树身整齐，排列有序，人工种植，叹为观止。”❸

清代，锦屏一带人工杉苗增多，自用之余进入市场销售，苗木市场开始形成。那时每到春天，平略、王寨等地，每逢集市（当地称“赶场”）均有苗木出售。民国时期，政府号召和鼓励育苗，并下达育苗计划，发放育苗经费。（详见本书第 8 章）。到 20 世纪 50 ~ 90 年代，锦屏、天柱等县一直承担着杉种外调任务，主要调往广东、湖北、四川、河南、江苏、陕西、山东、山西、福

---

❶ 贵州省编写组：《侗族社会历史调查》，贵州民族出版社 1988 年版，第 97 页。

❷ 覃东平、吴一文等：《从苗族大歌看苗族传统林业知识》，《贵州民族研究》2004 年第 1 期。

❸ 周维梁：《湖南木材产销概述》，《湖南经济》1946 年第 1 期。

建等省区。尤其是调往广东、福建的杉种每年育苗高达1米以上。1955年天柱县开始采收调销杉种，当年采收杉种5527公斤，调销4861公斤；1958年采收杉种84127公斤，调销82108公斤。到20世纪80年代，平均每年调销2万多公斤。[1] 值得一提的是，清水江流域先进的杉木人工林育苗技术，在清朝中晚期传播到邻近的湖南会同县广坪一带，在此以前，该地区虽然自然条件好，但当地人却并不懂得如何栽好杉树，不知道栽前要垦山，栽时还要行对行，棵对棵。《会同县志》有载：清咸丰年间（1851—1861年），杉木育苗技术从贵州锦屏传入会同广坪西楼、羊角坪、疏溪口一带后，当地便有以育苗为业，世代相传的农户。[2] 他们育出的优质杉苗出售给邻近的乡民，用于“实生苗”造林。此后，广坪一带（包括附近的炮团、地灵）也大面积地开展人工杉林种植，并形成了以种植杉木为生计的农户群体，人们称这群人为“打山佬”。以前渠水流经靖州城，这一流域（包括通道、靖县、会同）出产的杉木为“州木”。会同之广坪虽同属渠水流域，但因为这一带种植着数量可观的杉木人工林，所产木材数量巨大，且品质上乘，便脱颖而出，脱离“州木”，另立名号，独称“广木”，是因在广坪地名上取一“广”字而得名，民国时称“广坪木”，成为仅次于“苗木”的又一个知名品牌。“广木”树干圆满通直，头尾大小均匀，节痕稀少。新中国成立后，该地杉木以材质优良、速生丰产著称，经济参数比中心产区杉木高10%～30%，一般25～30年成熟。亩蓄积在20～25立方米之间。据1988年测算，最高亩蓄积94立方米，立木单株材积10.4立方米[3]。1954年前后《新湖南报》多次报道“广木”，还有“广木之乡”的通讯，林业部多次组织专家和各地林业工作者来“广木”的腹地广坪疏溪口一带考察参观。1956年上海电影制片厂在广坪拍摄《广木》，潇湘电影制片厂也拍摄纪录片《广木之乡纪行》。1957年广坪蒿圮坪的大杉木在中国农业展览馆展出。1959年，林业部以广坪、炮团的杉木速生丰产林为现场，在会同召开全国林木丰产会议。苏联、美国、新西兰、瑞典、德国、越南的林业专家也

---

[1] 秦秀强：《侗族地区传统林粮间作模式初探》，纳日碧力戈、龙宇晓主编：《中国山地民族研究集刊》2013年第1期，第58页。

[2] 湖南会同县志编委会编：《会同县志》卷十一“林业”第三章“采种育苗”，三联书店1994年10月版，第403页。

[3] 这个数字可能不准确，可能是误字。笔者注。

先后来此考察。国家把“广木”样品作为“国木”赠给很多国家首脑。1950—1988年，年平均有6万多立方米“广木”和5万多公斤“广木”树种（杉木种子）销往外地。湖南诗人万千有诗赞曰：“广木称王高百尺，天生丽质坚且直，扬名四海做栋梁，引领千山迎晓日。”[1] 说明此时“广木”与“苗木”竞争之势已经形成。

据《人民日报》2012年12月24日发表的《情系杉木林的候鸟》报道：从1960年开始，中科院沈阳应用生态研究所为解决国家逐年增长的木材需要，开始着手进行速生丰产林的生态基础研究，经过扎实的前期调研，陈楚莹等首批科研人员来到了“广木之乡”会同县，在广坪林区创建了“会同森林实验站”，到现在已坚持研究了50多年。会同站的科研人员对速生的杉木长期监测和研究，在广坪镇开办实验林场。科研人员每天忙着打样桩、做实验，采集土壤与凋落物样本，经过数十年的林木生长的对比实验，研究人员们总结出杉木连栽生产力下降的三大机理，即土壤养分流失、土壤生物机能破坏和土壤中有毒物质的积累。在这个结论的启发下，科研人员决定在连栽三代后实行杉木与阔叶林按8:2的种植比例混交种植。据陈楚莹介绍，因为杉树是针叶树，早期落叶少，枯枝落叶不易腐烂分解，不能给土壤补充营养，也影响到土壤中微生物的生长，而混栽上阔叶树之后，这些阔叶树木每年都会有很多的凋落物，可以及时给土壤提供营养素，也利于土壤微生物的生长，同时还可有效避免单一树种对土壤结构和微生物的破坏。在种植密度上，过去学习苏联，造林密度是每亩440株，但经过实地调查和分析，每亩240株的密度更科学。[2] 经过长期研究和调查后，会同站向国家建议将我国林业区域战略重点由北方转移到南方，转移到亚热带和热带；商品用材林由依靠天然林转向人工林；树种由单一树种逐渐转向多树种，林业结构逐渐由纯林转向混交林，这些建议得到了国家有关部门的高度重视。

（三）民族传统农林技术的活用

前述，“萌条杉”、“插条杉”繁殖技术就与苗侗等民族的先民有关，历史

---

[1] 湖南会同县志编委会编：《会同县志》，三联书店1994年版，第394～395页。

[2] 2013年9月29日，笔者对中科院沈阳应用生态研究所陈楚莹研究员、汪思龙研究员作了调查笔录。同年12月，笔者在现任站长汪思龙研究员陪同下，到会同森林实验站参观学习。

上清水江流域的人工林业是苗族、侗族农林文化交融的产物。清水江流域人工林基本格局是：清水江与都柳江上游为苗族生息的原始森林带，主要是为市场提供大规格的用材，但木材的漂运都得通过当地沿江居民转手，从森林带的结构看，苗族领有的高山原始森林带，是侗族领有的中低山区人工林带的天然庇护，是不可缺少的水源储养林，也是水土保持的屏障，直接维护了清水江人工林的正常生产，在经济上又是人工林优质树种的来源。[1]

苗族、侗族传统人工营林的经验是两个民族传统文化创造力的集中表现。两个民族都是山地临水民族。直到今天仍然高度重视水产品的生产和利用。鱼和大米是两个民族文化生活中的物质基础，保持着“火耕水薅”的生产习惯和“稻饭鱼羹”的饮食习俗。两个民族在构建人工营林业这一特有的经济生产方式过程中，正是采用了稻田耕作的办法和传统的农耕知识。即在实行封林前“林粮间作”，采用人工控制下的“烧畲”去开辟或更新林地。烧畲与“刀耕火种”虽然有区别，但原理上还是一致的。尹绍亭教授认为：刀耕火种人类生态系统是人类对于森林生态系统进行干预、控制和利用的生态系统。人类通过砍伐和焚烧植物，使植物变为物质代谢材料无机盐类，即把固定于植物中的太阳能转化投入土壤，然后播种农作物，农作物吸收无机盐类进行光合作用而茁壮成长，实现了太阳能的多次转化，森林生态系统于是成为人类利用的农田生态系统。[2] 而清水江流域的“烧畲”，创造的是更新后的林业系统和农作物系统的结合。当地的苗族、侗族居民在主伐后，大多采用传统的整地办法，即将残存的枝叶和杂草一并就地焚毁，定植杉木苗时根本不挖树穴，也不整地翻土，而是将火焚后的表土按地形地貌相机堆成土堆，就在这些土堆上直接定植杉木苗。特殊的操作仅在于，在每一个陡坡段的杉木苗上方，都用木料横放加木桩锚定，制成土障防止来年水土下泄。在普遍推行这一山地经营模式时，苗族、侗族对整个宜林山地进行整理和分片规划，以确保旱地作物和用材林的产出，既有连续性和林业效率，又保证每年必须有一定数量的旱地粮食作物的产出，以基本满足因农田不足所造成的粮食供应短缺，以此来扩大苗

---

[1] 杨庭硕：《相际经营原理——跨民族经济活动的理论和实践》，贵州民族出版社 1995 年版，第 448 页。

[2] 尹绍亭：《云南山地民族文化生态的变迁》，云南教育出版社 2009 年版，第 150 页。

族、侗族生息地的自然资源的利用范围。

清水江流域苗侗民族的稻田农作先于人工林业，很自然人民在发展人工林业的同时，也大量地借用了稻田耕作的技艺，并经过加工改造、消化吸收，发展了苗侗民族特有的育林技术链条。其基本特点是按照稻田育秧的方式集中地构筑秧床；培育杉树苗，借用稻田插秧的方式移栽杉树苗育林；杉树的出苗和定根是在自然状况下需要的“老林地”完成。因为“老林地”既有巨大的乔木遮阴，地表又有深厚的落叶层，其相对湿度高而稳定，温度起伏甚小，杉树萌芽后容易自然存活。著名林学家吴中伦先生认为：老杉木产区（指湘黔交界一带）多在造林地附近就地开辟小块平地作临对苗圃，面积不大，但因与林地环境条件相近，所育苗木适应性强，病虫害少，管理省工，成本低廉，造林成活率高。新中国成立后，由于造林面积扩大，原来各地群众盛行传统的插条造林，因插条来源有限，便普遍推行实生苗造林，所以育苗面积迅速发展。20世纪50年代中后期，南方各省普遍设立国营林场和国营苗圃进行杉木育苗。但当时因经验缺乏，特别是病害和旱害问题没有解决，不少地方育苗失败。[1] 说明“实生苗”技术在清水江苗族侗族地区长期使用与病虫害的解决有关系。由于解决病虫害问题是“实生苗技术”中的“核心技术”，随着研究的深入，开始有学者关注这个问题。如杨庭硕先生认为：“清水江流域，特别是低海拔区域，在不甚遥远的历史时代，并无成片的杉木林，而是呈现为以常绿阔叶林为主的亚热带季风丛林，在考虑到杉木自身的生物属性更适合于高海拔疏松肥沃土壤的种植，足见种植范围的下移，理应与当地各民族的杉木育林技术密切相关，只需要对观察的角度稍加改变就不难发现，各民族相关育林技术，必然包含着对杉木生长营建有利生存背景这一内容，其技术指向聚焦于如何控制有害微生物对杉木构成的危害”。[2]

两个民族的杉树育秧则是模仿天然林区去构筑杉床，杉树苗木的移植也与水稻插秧的操作相近。杉木的定植地都需要经过反复的耕种，在定植前的农业耕作中，林地杂草已经得到了有效控制，土地疏松，肥料充足。杉树苗定植按照严格的行宽距移栽，同时还栽种非蔓生性的旱地粮食作物，以保证在炎热季

---

[1] 吴中伦主编：《杉木》，超星电子书，第278页。

[2] 杨庭硕、杨曾辉：《清水江流域杉木育林技术探微》，《原生态民族文化学刊》2013年第4期。

节能形成一个类似林地高湿阴凉的环境，确保杉树苗木的迅速定根和帮助杉树苗木度过危险的存活期。苗族、侗族传统人工营林操作技艺是与两个民族稻田插秧的农作技术一脉相承的，但又根据旱地农作物的需要和杉树耐阴的特性作了变通性改进。吴中伦先生说：贵州锦屏等老杉区群众，在杉木造林密度确定后，还考虑种植点的配置，决定着林木之间的相互关系，具有一定的生物学意义。老产杉区植杉多采用长方形配置，为了便于间种农作物，多顺山成行。考虑山区保持水土十分重要，十分强调横竖成行，并主张宽行密栽（即行距大，株距小），这样有利于间伐作业。[1]

清水江流域的人工林是以低山区和丘陵区速生杉树种植为主要的经营对象，这种人工林在技术上兼容了苗族、瑶族“斯威顿耕作”的因素和侗族农业精工细作的要素。清水江流域杉木种植采用育苗移栽方式，从选种育苗、苗床整理，到出苗管理都十分精细，近似于水稻育秧。林地清理表面上十分粗放，但借用苗族、瑶族的“烧畲”方式进行，在林地上种植旱地作物，杉树苗定植初期与旱地作物一道混合生长，减少了地面径流的冲刷，有利于杉木的定根，同时靠旱地作物挡住了阳光的暴晒，减弱大风的风力，有利于杉木的成活，而农作物的干蒿腐烂后，有利于增加土壤的肥力。这种兼收两个民族耕作技术规范之长的营林模式在当地完全行之有效，而且农林收益不小。[2] 靠这套营林技术，在个别土壤条件好的、人工管理比较好的地区甚至可以实现18年成材。20世纪50年代培育成“18年杉”比一般树木45～50年一个周期短了一半以上，而且这种杉木不因速生而改变理化性质，且坚而耐腐、韧而不脆，是为当今世界上很多国家营林技术无法达到的水平。

清水江流域田少山多，历来林粮争地矛盾突出，所以苗侗人民创造了“杉农间作”的生产方式，而且多采用“先粮后杉”的种植方式，这一农林技艺应该也有几百年的历史了。林农在长期人工营林中掌握了清水江流域生态系统的情况和杉木生长的特点，摸索出了有本地特色的“林粮间作”的营林技术，在种植杉木的前两年通过种植小米或苞谷可以解决部分缺粮问题。吴中伦

---

[1] 吴中伦主编：《杉木》，超星电子书，第367页。

[2] 杨应硕：《相际经营管理——跨民族经济活动的理论和实践》，贵州民族出版社1995年，第448～449页。

先生认为：贵州锦屏等老杉区群众，历来就有在杉木幼林中间种农作物的习惯，用作物暂时填补幼林株行间空隙，以耕代抚，促进幼树根系及树冠充分发展，取得林茂粮丰效果。这套适合杉木生长特性的疏植间作造林经验，至今仍为杉区群众广泛应用，这是发展杉木生产的成功经验，值得进一步总结提倡。❶

在清代时，清水江流域还保持部分天然林，当时的天然林应该都是混交林。如果是在纯天然杉树林的情况下，杉树原木在单位面积的成活率不会超过15%。因为在自然竞争的状况下，比杉木生长力更强的其他乔木，甚至是藤蔓类植物，都会以很强的生命力大大地抑制杉树的生长。自然状态下生长的杉树一般要35~45年才能成材，可是在苗族、侗族技术文化的干预下，单位面积的杉树活林木存在率可以接近85%。而杉树活林木从定植到成材，如果管理得好，只需要15年时间。两相比较，结果不难看出，苗族、侗族人工林技艺及林粮兼营的本土知识，可以提高杉树单位面积原木产出水平的18倍，即比纯自然环境下多出17倍。❷ 这些正是黔东南清水江流域苗族、侗族传统文化和本土知识的贡献。

清水江林农们也依照诸多天然林种林木混生的规律，在营造杉木林时还按15%的比率定植了其他树种，如杨梅、麻栎、清柑、樟树、油茶树等。杉木主伐后，这些杂生树种一般都不加采伐，而是任其生长以增加地表的草木覆盖率，从而降低直接降水对地表的冲刷。“混林作业”多是针叶树与阔叶树种混种的，这是植物学不同树种特性上的要求。杉树是针叶树，油性大，叶子落在地上长久不会腐烂，对土壤也不好，在针叶林中间种15%~20%比例的阔叶树最好。❸ 阔叶落地后就能促进针叶的腐烂，增加土地的肥力。林农们在长期的实践中清楚地知道杉木生长和各种乔木生长相为依托，相互补充，他们不会只在一块林地上种杉木这一单一林种，在林地更新中有意识地培育阔叶树，而且不低于一定比例，这样，人工混交林支持了多种动植物的生长和繁殖，保

---

❶ 吴中伦主编：《杉木》，超星电子书，第366页。

❷ 这些结论是如何得出的，是否有科学的依据，还有待进一步探讨。详见杨庭硕、田红：《本土生态知识引论》，民族出版社2010年版，第260页。

❸ 吕永锋：《清水江地区人工林经营中的水土保持手段述评》，《贵州民族学院学报》2004年第1期；《人民日报》2012年12月24日《情系杉木林的候鸟》的报道。

持林地生物群落的物种多样性，增加了地表草木覆盖率，从而降低直接降水对地表的冲刷，不至于造成人为的生态灾变，使当地生态系统结构得以维持。

清水江流域苗族、侗族居民传统的育林技艺具有很强的生命力，这个已有几百年历史的农林技艺，至今在苗族、侗族的人工林业中仍发挥效益。苗族、侗族人民以他们传统的自然价值观和农林技术为起点，探索出一条既能增产粮食，保持水土，又能发展林业的经营模式，这种经营模式直到今天仍在林业生产的环节中全部或部分运用，一些传统的林业技术在林木生产周期的缩短和水土保持方面还具有优势地位。

三、清水江支流木植运输中生态保护规则

清水江流域木材被大量采伐，通过“清水江水道”运至京城和其他地区。以木材种植、采运业兴起为核心的经济发展与社会历史过程，反映出以杉树为主的各种林木的种植与采伐，成为清水江两岸村寨社会最为重要的生计活动，杉木采运收益分成以及地方社会对采运环节的依赖是清水江干支流经济生活的重要线索。

每当下雨时在树下仔细观察，一棵大树拢住雨水是从树叶开始的，无数片树叶接住降雨，然后顺着枝杈流到大树枝再从这流到树干、树根，树木、森林就是这样保持了水土。清水江好比一棵树的树干，它的支流乌下江（瑶光河）、小江（八卦河）、亮江等就像大的树枝，流入支流的无数条溪水如同这棵树的枝杈，而枝杈周围的树叶就是一片片生产杉木的林地。

木材采运也是这样的程序。首先要将一片片林地上的树木砍倒，去枝去皮，晒干后，通过“洪道”运到小溪边，这些工作由“旱夫”来完成。在采伐时相邻的林地间认错了地界，就会造成乱砍；有时树木倒下时没有按砍伐者的预计方向跑偏了，压倒、压坏了别人家的木植，必然都会引起纠纷，这类纠纷一般当事人双方都能协商解决，解决不了的便请寨老调解，“清水江文书”中有因错砍或压倒别人家树木的“认错字”文书。

请看这份“错放认错字”文书：

立错与□后字人本寨姜朝英自砍木一□，始与姜生龙光委、应生、世齐、开相、世运、开贤、开庆众等乡人，由古至今各有老洪路，无故拉过姜开明之山，将山由之木植打坏，并开新洪路。古人云：新路不开，旧路不灭。无故开些新路，情理难容，故请房族理论。他众等自愿错过错放。欲想将酒水赔礼，我等念在村寨之人，岂有不知各有老洪路，我本系良善，一不要培（赔）正木植；二不要他们酒水，现有房族可证。今姜超英众等木放坏我之木并开新路，恐日后我又放坏他众等之木并开新路，依照旧变不要培（赔）理培（赔）还。现凭房族立此错字并包字永远存照。

凭中房族　姜朝弼、姜世培

道光十四年三月十三日　立[1]

这是一份“私开林道，毁坏别人木植”的认错文书。林业采伐时要有林道运至山下，每家都有自己的老山林道（洪道），文书中侵权者新开林道，毁坏了别人木植。林权所有者便约请房族理论，侵权一方也承认自己是“错过错放”，并表示要“赔酒服礼”。木权所有者念及本寨之人，开新林道乃属正常，自己林木损失也不大，以后自己开新道时也可能出现此类问题，所以不须赔偿木植，也不须“赔酒礼”。

所谓“洪道”就是山坡上将木材运下来的槽道，不能利用“洪道”或离江边较远地方就只能搭设棚厢，将木材用人工拖出来，棚厢分高、低、平三种，五尺以下为低，六尺以上为高。因地势而定，平厢紧贴地面，用圆木竖着接铺，上面横着架上树枝用绳捆紧，如同铁道铁轨。几个木夫用杠子拖着木材从上面经过，高的要搭起离地面一两米高的木架，将木材拖过。“巨材所生，必于深林穷壑，崇岗绝岭，人迹不到之地，当砍伐之时，非若平地易施斧开，必须找箱搭架使木有所依，且使削其枝叶，多用人夫缆索维系，方无坠折之虞，此砍木之难也。拽运之路，俱极陡窄，空手尚其难行。用力更不容易。必须垫低就高，用木搭架，非比平地可用车辆，上坡下坂，辗转数十里或百里，

---

[1] 张应强、王宗勋主编：《清水江文书》第1辑，第1卷，广西师范大学出版社2007年版，第351页。

始至小溪，又苦水浅，且溪中怪石林立，必待大水泛涨漫石浮木，始得放出大江。然木至小溪，利于泛涨；木在山陆，又以泛涨为病。故照例九月起工，二月止工，以三月水涨，难于找箱。是拽运于陆者在冬春，拽运于水者在夏秋，非可一直而行，计日而至，此拽运之难也。”[1] 这是四川林区的情况，清水江流域拖木也是如此。

厢道是用木材架设的专用旱运木头的拽道，构筑厢道叫“架厢”，由伐区集材外运木材至外水或公路旁，若遇悬崖路陡、肩木难行时，普遍采用架厢拽运，长者几千米，短者百来米。用“板厢”为单位衡量厢道的长度，一板厢即一根条木有效用于厢轨的长度，平均每板厢约10米长，厢运木材极其艰巨，架厢设道尤为困难。断小木以“马脚”，铺条木以厢轨，双轨平列，相距1.5米许，横设小杂捧以厢檩，两两间隔2米。采野藤、破竹篾捆扎连接处。木夫架设的厢道平稳、蜿蜒，或绕山麓，或盘溪间，飞渡悬崖。厢有平、低、高之外，亦有旱厢、水厢之分，往往于悬崖陡峭处架高厢时，设一层、二层或多层厢。厢过转弯处需加宽厢面，架密轨木并横檩。断木架厢损材耗木，一般运距较远，则分段架厢，分段拉木。每拉完一段遂即腾厢，“马脚”等用料可得重复使用。厢架好后，依厢长和夫数均分当日每杠应拉几板厢，短则5板，长则10～20板不等，抓阄轮次，依次来回输运。抓阄全凭运气，若抓到头阄和尾阄，自认晦气。头阄发堆、尾阄上堆，均要硬抬方能上厢和归堆，非身强体健者所不能。体弱不胜任者，可恳请他人换阄换工，但晚饭时必备酒肴以慰劳。同样当夫必然同工同酬，往往有不胜劳者弃夫归农，中途退出的，前费工日不可取酬。解放以前，锦屏境内旱运木材历来架厢拽运。1959年时全县架高厢道还有59条，累计长百余里，架厢运木至今仍有少量使用。[2]

在托运木植时有人不顾他人的利益，生拉硬拖，破坏别人的林地和生态环境。锦屏县圭腮寨就有一块刻于清道光五年（1825年）禁止搬运木材毁坏农田的《公议禁碑》，[3] 对此作了专门规定。

---

[1] 《四川通志·食货志·木政》。
[2] 刘毓荣主编：《锦屏县林业志》，贵州人民出版社2002年版，第246页。
[3] 王宗勋主编：《乡土锦屏》，贵州大学出版社2008年版，第16页。

公议禁碑

为公私两便事。缘奎腮溪一道水田，因匪徒等砍伐木植拖厢，低处将田间打樟架马，高处将田坎掘坏，只图伊便，不顾国课民生。是以先年先人曾经保甲阻止，随溪拖出，不许过田，历年无异。道光元年有禹姓贩木，经保长李洪德。三年戴姓贩木，经保长阳老四等劝请妥议，爰立禁碑。嗣后贩木，务要随溪架厢，不许损坏田坎。倘有仍蹈前辙，当即呈官究治，并将木植充公。为此禁约。

道光五年二月二十日　立❶

木材运出通过之处，如果都是自家的林地就没什么问题，若过别人家的林地就会出现借道问题，这种情况两家或多家地主都习惯上安排了出路。有人在采运时为了自己方便，破坏别人田地，纠纷就会发生。这就要有相应的“禁约”加以规定。此外“小江放木禁碑”就是调整此类问题的规则。规定：“凡放木拖木，必虑畛坎，务在溪内，不许洪水放进田中，不许顺水拖木，故犯照木赔偿，恃强不服，送官究办无虚。”❷

新中国成立前，杉木的运输主要靠水运，随着清水江木材交易的繁荣，江河通道的运输价值也显现出来。从产区到下游城镇有一整套流送程序和技术，比如，随河水量的增加会变换扎筏（木排）规模，从单漂、小筏、中筏直到大筏。从清水江流域的锦屏，经湖南沅江，入洞庭湖到长江下游的流程，就可以看到杉木扎筏水运工艺环节的具体变化。杉木扎排有一整套技术，在杉条近基部凿一孔，用青冈栎等硬阔叶材木棍串联。编扎杉木筏和串引用的拉索是以毛竹篓为原料。竹篾很长，在特定的亭楼上织成长长的竹缆绳，犹如人的小臂，拉力极强，用于木筏可承受大江风浪的冲击。木筏的航行驾驶，有严密的

❶ 王宗勋、杨秀廷点编：《锦屏林业碑文选辑》，锦屏地方志办公室印（内部印刷）。该碑立于圭腮村大水沟头，高110厘米，宽55厘米，厚8厘米。

❷ 如“小江放木禁碑”：立禁碑人小江众田主等。为严禁乌（吾）邦，本食为民，为田者食所由来。今豪猾之辈，只图肥己，不顾累人，乘水势俾田坎堤障，撞击崩坏，触目惊心。动合田主严禁，凡放木拖木，必虑畛坎，务在溪内，不许洪水放进田中，不许顺水拖木，故犯照木赔偿，恃强不服，送官究办无虚。田粮有赖，为此立禁。嘉庆十七年五月吉日众田主立（该碑现立于锦屏县三江镇小江瓮寨村圭球溪口）。

组织和一系列指挥信号，如解缆起航、停靠、加速、减速、转递信号等。

杉木在产地小支流以单根漂流到小河，这叫“赶羊”，从此木材漂流的规则就开始发生作用了。木材到卦治后，开始扎成5～8根原木的小筏，称为“挂子”。到锦屏县的茅坪，江水稍大，林农把单个原木收集起来，扎成中型木排（三层大排），由排工筏运到下游，到湖南的托口改扎成较大的木筏，统称为“苗头”或“苗排”。“苗排”大约由300根杉条扎成，再向下进入湖南沅水至洪江。和前面讲到的4个杉木产地相对应，以前进入洪江的木排主要有“苗排”，来自清水江；“州排”（“州”指湖南靖州）来自渠水；“广排”也来自渠水流域，会同广坪一带；“溪排”来自巫水，这些木排统称为“挂子”，除“苗排”挂子有三层以外，其余的“挂子”都只有一层。到了洪江后，改扎成为“洪头”，每一“洪头”的杉木材积，折算约合50立方米（合龙泉码价300两），要编扎成三层、五层，乃至七层，排排相连。“洪头”顺沅江而下，飘流到桃源陬溪、常德河洑，再编扎成更大的木排“蓝筏”。“蓝筏”由多节木筏连接而成，长约200米，然后进入洞庭湖，经洞庭湖到岳阳再改扎成大筏，筏身加宽到10米以上，尺度缩短到100～120米。巨大的木筏顺江而下经过洞庭湖，驶向汉口鹦鹉洲，甚至远至南京的上新河。上新河是过去长江下游的木材重要集散地，1924年前这里每年杉木的贸易额达到1000万元，正所谓：“长排十里，白镪遍地。”

锦屏县山谷纵深、溪河较多，山上的木材借以漂流集运，林农多以拽运“客木”微取“水力银”（运木劳力费）来维持生计。所以在各溪、各河形成画地为牢、分段把持的木材运输格局。支流的规则形成起于开浚河道伊始。“江步”一词，指河段，或指水路运输木材的一段江河或溪流，是锦屏县内旧时木材运输的专有名词。“河通顺流，遂与上下沿河民分段放运客木，以取微利，江步之所由来也。”[1] 雍正、乾隆年间朝廷命清水江干流、支流人民疏浚河道，以利于木材水运，干流疏浚经费和人力由政府统一调度，问题并不突出，而支流疏浚的费用和人力由于政府力量有限而难以顾及，由沿河各寨出钱出力来疏通，以后在木材通过该段河道时各寨就有了分成的利益要求。疏通河

[1] 《永定江规》碑，载姚炽昌选辑点校：《锦屏碑文选辑》锦屏地方志办公室印（内部印刷），第54～55页。

道时由于各寨距江远近不同，出钱、出力的多少不同，对利益的要求自然也不同，如何平衡这些关系，让各寨都能满意，经过大家磋商、争论，甚至诉讼，由官府裁定等不同方式，最后形成了各寨都能认可的规则，甚至通过合款立约，刻碑明示，以期勉各寨共同遵守。

亮江这条河长约百余华里，曾被分为20段，长者五六里，短者有二三里。清乾隆、嘉庆时期，清水江流域木材贸易十分火爆，沿江各寨人等竞相揽运客木，滋生异端，相持不下者只好在府署堂上对簿公堂，以求府署公断。嘉庆十六年（1811年）鬼鹅寨（今向家寨）向宗开等在黎平府呈控高柳寨向国宾等，即所谓“江步”纷争。历史上高柳寨族众人多，距亮河十里而居，而鬼鹅寨不满20户，人力单寡，却紧临亮江而栖。乾隆九年（1744年），黎平知府令沿河居民整理河道，高柳和鬼鹅共同整理了亮江河道长15华里。由于高柳离河较远，这段河道历年的客木水运均由鬼鹅承运，年交租银四两二钱给高柳，“后因结讼和息”，认纳三两八钱。以后高柳寨以人口多、利益少，要求放运木材作九瓜分运，高柳八瓜，鬼鹅一瓜，并向木商们申明，流经这段河道的木材即由高柳放运8年，再轮到鬼鹅放运1年。鬼鹅村民向宗开等不服，酿成争讼。官府经一番查询后，根据两寨人口多寡，黎平知府徐立御审断：“着分为六股，鬼鹅运一年后，高柳接运二年，周而复始，永定章程。现存高柳下寨锁口桥头的《永定江规》碑，镌刻的就是黎平知府对高柳、鬼鹅作出裁定的“江步”碑。❶

培亮《拟定江规款示》碑调整的范围包括培亮、罗闪、孟彦等26个村寨。培亮村位于乌下江西岸，其他各寨也在乌下江中游和下游地区。清代锦屏林业贸易兴盛，对乌下江流域这一盛产杉木地区的木材需求量加大，根据木材采运过程中山间拖木、江河排运分段进行、互不侵犯、利益均沾的传统原则，各寨在乌下江中、下游均应占有“股份”，但一些地势有利的村寨对经过所管江段木材行使放运“专权”，为争夺木材放运专利，各寨之间经常发生纠纷，一些纠纷不得不打到官府解决。为协调各寨之间的利益关系，传统的款组织发挥了作用，咸丰元年（1851年）四月二十二日众寨头人同心刊立这一“款示”，规定：“爰因约集各寨头人同申款示，永定条规，上河只准上夫放，不

---

❶《永定江规》碑，载姚炽昌选辑点校：《锦屏碑文选辑》锦屏地方志办公室印（内部印刷），第54～55页。

可紊乱江规；下河夫只准接送下河，须要分清江界。”试图通过明确界分上下河，来达到保障自己村寨经济利益的目的。

从前述纠纷和具体解决方案及订立合约中可以发现以下原则。

1.“利益均沾”的原则。木材贸易就是为了获利，在林木的种植、采运、买卖过程中，林农、木夫、排夫、山客、水客都要获利，以维持生计。培亮在《拟定江规款示》中说：“我等乌下江沿河一带烟火万家，总因地密人稠，山多田少，土产者惟有木植，需用者专靠江河，富户贩木以资生，贫者以放排为业。”高柳和鬼鹅曾同样付出了整理河道的义务，但由于住地原因，所获利益却相差悬殊，所以高柳必然会提出新的利益要求。本来鬼鹅是从高柳寨分出的小寨，两寨之间有很近的血缘关系，但在利益面前仍互不相让，闹到官府，最后由官府作出了利益大体相当、两寨都能接受的判决。

2.“定分止争”的原则。在利益面前有些人就会破坏规则，而法的功能是定分止争。培亮在《拟定江规款示》中说：“尝思江有规而山有界，各处各守生涯，或靠水，或靠山，随安本业，是以乡村里巷恪守成规，……自迩年人心刁恶，越界取利，下江夫属之上来包揪（撬）、包放，上河客沿江买卖即买即卖。……即不顾万户之贫，惟贪一己之利息。彼是以逸待劳，我等坐以待毙。由是人人疾口，个个伤怀。”所以须要分清江界，“上下游久久账目，各有契约为凭。如有争论，不准阻木，只许封号银两，问清底实。”

3. 维护稳定原则。侗族地区（也包括部分苗族地区）款组织是为了某种目的而结成，不只是为了达成联合军事防御，有时却是为了某种经济目的，这一点且不可忽视。其中“小款”有时就是由同一河流的数十个村寨组成，沿河的各村寨试图通过这种“合款”形式来维持了当地的经济秩序，同时政府也鼓励这种合款，来稳定当地的社会秩序，并能满足款组织对严重破坏当地经济秩序的犯罪者的“送惩”要求，如培亮的《拟定江规款示》第七条写道：“如议□优设故生端油火（欺诈行为）等情，各寨头公论，自带盘费，捆绑送官。”如有还敢重蹈前辙被拿获者，秉公罚处，不服者送官究治。

4. 保护农业生态原则。在平略地芽寨内还有一块刊于乾隆五十四年（1789 年）严禁拉运木材毁坏田埂和水沟的《水坝禁约》，结合前述圭腮《公议禁碑》、《小江放木禁碑》可以发现其中蕴含的保护生态原则。《水坝禁约》

的内容如下：

每年客商全不体恤，遇水自放，或自拖运过坝，屡被过后，亦不当整砌。而有田之家，候水退抬石整砌，非一朝夕。而成带田丘尽成干涸，国课无归，老幼嗟叹，莫可如何。今找众公同人：所过木植，不许自放，亦不许请别村人托运，毋论放水托运，先说定必要众运送，扶木过坝，坝坏亦在放木人，当即照旧整理。[ ]（不）肯整砌，罚银三两以为整砌，急需之费。……后载举凡过木植，众人议定由黄莲洞至响水坝止。

乾隆五十四年六月初六日　众等立

黔东南山多沟深，但存不住水，修筑水坝以便灌溉由来已久，当木材漂流到水坝前受阻，需要人工拖过。但托过木材后，损坏了水坝，稻田干涸，客商也不修砌，更不赔偿，所以水坝所在地平略地芽寨以公约形式发布“水坝约示”，众人议定由黄莲洞至响水坝止必遵守此规矩。

对支流江面上妨碍商船、木排通行的违章搭建、捕鱼设施，政府根据地方头人和商号的要求，明令予以清除，以保护木材、商品运输的顺利进行。

如《亮江疏通河道碑》：

功德不朽

特署镇远府天柱县正堂加五级纪录八次潘：为

亮江小河鱼梁，河埠俱不准岸边砌搭，恐碍一切船行。如违，该保长、客总、乡约等公同禀请拆毁。是以客总邹三星、信士海、化首吴昌鳌、吴朝佐等，因见上下客商船桿装载货物，屡被鱼梁，受害非少。奉宪潘主示谕，募化各省客商士民人等，各捐钱资，请农工拆毁，以便船行，庶乎妥然太平矣。

今将众姓金名列于后：

刘老大一百文，曾聚发一百二十文

客总：邹三星　信士海

乡约：吴增武　吴昌鳌

保长：王先和　李文富

化首：李文富　杨秀兰

大腮兴顺号　乾太号　荣盛号　源盛号　德大号　太吉号等商号和个人三十九家（从略，笔者）

道光十六年六月吉日　立[1]

[1] 王宗勋、杨秀廷点编：《锦屏林业碑文选辑》，锦屏地方志办公室 2005 年 12 月（内部印刷）。

第三章

家庭经济环境下“混林/混农”生计构成

高山松树低山杉，阴山油桐阳山茶。房前花草房后竹，环境优美人舒服。

——锦屏农谚

一、关于“混农”问题

清道光二十五年（1845年）贵阳大诗人、大学者郑珍（子尹）到黎平府古州（今榕江县）厅任训导一职，他看到黎平府属县遍山皆杉，满目苍绿，赞叹不已，并把杉木这一特产称为“黎平木”。由此他联想到家乡遵义毁林开荒、重粮轻林的情景，转而对黎平植杉兴林大加赞许。他在《黎平木赠胡子何》[1]一诗中写道：

遵义竞垦山，
黎平竞树木。
树木十年成，
垦山岁两熟。

[1] 胡长新，号子何，郑珍的得意门生之一。

两熟利诚速，
获饱必逢年。
十年亦迁图，
绿林长金钱。
林成一旦富，
仅忍十年苦。
耕山见石骨，
逢年亦约取。
黎人拙常饶，
遵人巧常饥。
男儿用心处，
但较遵与黎。
我生为遵人，
独作树木计。
子黎长于遵，
而知垦山弊。
手持不及书，
未是救眉睫。
以我老橐驼，
求者经用法。
此法信者难，
庸更望真行。
似子实难得，
所要用力精。
勿拔千岁根，
贪取百日稻。
送老垦山人，
汝材看合抱。

该诗虽为劝学诗，但主要用比较方法指出遵义人乖巧，但却短视，因垦山种粮而使山见“石骨”，用现在流行的生态名词就是“石漠化”，造成水土流失，导致自然灾害；垦山种粮虽一年两熟，可以果腹，但地力逐年下降，取之却少，免不了山民“常饥”。而黎平府人看似愚拙，植杉忍却多年苦，树木十年成，绿林长金钱，林成一旦富，所得“人常饶”。郑珍是关心民瘼的基层官吏，他也曾总结了遵义种槲养殖山蚕经验，写成专著《樗蚕谱》流传于世。此时黔东南也大量种植栎林以养柞蚕，“纺织之声相闻，槲林之阴迷道路”。郑珍又以黎人植杉“获长利”作示范，自比柳宗元笔下老橐驼（古代善植树者），拟回遵义推广黎平兴林“常饶”的经验。这里值得一提的是，郑珍在160多年前就提出了“退耕还林”的主张，难能可贵。林粮争地问题在我国古代就很突出，清朝乾隆、嘉庆以后随着人口压力的加重，各地毁林开田情况比较严重，不用说遵义，就连与锦屏交界的天柱县，由于人口增多，林木砍伐以后都变成田地，被人误解为“素不产杉木”，到嘉庆年间除该县与锦屏相邻的一些地段外，已经无林可伐了。解决林木种植和粮食问题就显得尤为重要。

清朝乾隆年间贵州巡抚爱必达所著《黔南识略》就杉木采种育苗以至培育杉木成材采伐的全过程有所记载，而开头一句话则是：

> 山多戴土，树宜杉。土人云：种杉之地，必预种麦及苞谷一二年，以松土性，欲其易植也。[1]

另，吴振棫所撰《黔语》中说：

> 种之法，先一二年必种麦，欲其土之疏也。[2]

《黔南识略》这句话开宗明义谈的是种杉，并没有详细提及“林粮间作”

[1] （清）爱必达、张凤孙修撰：乾隆《黔南识略·黔南职方纪略》卷二十一，道光二十七年罗氏刻本。

[2] 《黔南丛书》，第2集第10册。

的方式。但种杉一般与“林粮间作”有联系。中国南方林区杉木主要产区如福建、江西、浙江、湖南等省在历史上都曾有过“林粮间作”的耕作技术，《齐民要术》等农书早就提到在植树的同时栽培农作物有促进林木生长之效。明人徐光启的《农政全书》载：江南教县等地插杉，先将地耕过，“种芝麻一年，来岁正、二月气盛之时，截嫩苗一尺二、三寸，先用撅春穴，插下一半，筑实，离四五尺成行，密则长，稀则大，勿杂他木，每年耘锄，至高三四尺，则不必锄；如山可种则夏种粟，冬种麦，可当耘锄”。这段文字给我们提供了杉木造林技术和“杉农间作”的情况。清水江流域虽有种芝麻的记录，但较少，多是通过种小米或苞谷进行间作，以耕（农作物）代抚（林木）。

从中国各地产杉地区的情况看，“杉农间作”都有年限安排。过去习惯上有三种情况，即先农后杉、杉农同时、先杉后农。一般情况下应该在造林当年同时间种农作物，连续三年左右，效果较好。“先农后杉”由于间种时间较长，增加地力消耗和水土流失，对杉木生长不利，而“先林后农”的情况更少。[1]《黔南识略》与《黔语》告诉了我们一个信息，即杉木种植的前两年，必先预种麦及苞谷一二年，以松土性，让杉树更容易栽活，其目的是为第三年种杉提供土壤环境。到了第三年才种杉，其他就没有交代了。但从实际情况看，有的地方会单独种杉，有的地方种杉同时还种农作物，后者才是真正意义的“杉农间作”。从行文上分析，爱必达没有亲眼看到栽杉的过程，因此才特意写明“土人云”（“听当地人说”）的。这是民间长期种植杉树实践中经验的总结，关于这一点《贵州通志》说得比较清楚：“种杉之地选就后，不得立即种杉，须先在这片土地上种植一两年庄稼后方能栽杉，小季种麦、大季种苞谷。作用在于以松土性，利于杉树的种植和生长。”[2] 从《黔南识略》的记述和“清水江文书”的大量资料及我们田野调查资料看，在清水江流域主要实行的是“先农后杉”模式，主要原因是林粮矛盾特别突出，所以在清水江流域凡是实行“先农后杉”都是粮食非常紧张的地方。因此林农根据山地的地形、土质、日照以及距村落距离的远近情况，种植不同的农作物，以解决自己

---

❶ 吴中伦主编：《杉木》超星电子书，第437页。

❷ 贵州通史编委会：《贵州通史》第3卷“清代贵州”，当代中国出版社2002年版，第163页。

的口粮和副食问题，越是缺粮的地方，“杉农间作”的耕种方式越明显，技术使用得越广泛，品种也比较多样。

爱必达的记述忽略了之前的关键环节，他是听到哪儿就写到哪儿，或者是听漏了。忽略的环节就是栽杉之地要“烧畬”。清水江流域一般在耕作前，采用人工控制下的烧畬去开辟或更新土地。烧畬与“刀耕火种”虽然有区别，但原理上是一致的。尹绍亭教授认为：刀耕火种人类生态系统是人类对于森林生态系统进行干预、控制和利用的生态系统。人类通过砍伐和焚烧植物，使植物变为物质代谢材料无机盐类，即把固定于植物中的太阳能转化投入土壤，然后播种农作物，农作物吸收无机盐类进行光合作用而茁壮成长，实现了太阳能的多次转化，森林生态系统于是成为人类利用的农田生态系统。❶ 而清水江流域“烧畬”创造的是更新后农田系统和林业系统的结合。“烧地”简单地说有两个好处：一是为土地增加肥料，增强了地力；二是杀死了虫卵，减少害虫。烧过的田地种植农作物长得非常好，在严重缺粮地方的人们还舍不得将这样好的地直接种杉树，而是先种粮食解决吃饭的问题。虽然杉农同步最好，但要先解决吃饭问题，其他只能退而求其次了。

《侗族社会历史调查》在谈到锦屏魁胆历史上林农关系时，第一个步骤是“开荒备地”：春砍草木，烧灰作肥，四月垦地，种植小米，秋后翻地过冬，次年春整地碎土以栽杉（这里可能忽略了还有一年种苞谷的过程，或是例外情况。笔者注）。这是几百年前清水江流域民间经验的总结，是林农群体智慧的结晶，仍然为现代民间所承袭，这一点为我们大量田野工作所证实。爱必达《黔南识略》“以松土性，欲其易植也”只说到了客观效果，但事实上不全是这样，由于间种时间较长，增加地力消耗和水土流失。所以真正的目的还是获得粮食。农民的口粮不济，要进一步发展林业生产是不可能的，“由于林业生产周期长，获利于木材是缓不济急，如果口粮不能解决，农民是无心从事林业生产的”❷。

但从资料分析，由于栽手要先解决粮食问题，在种杉之前出现了一个“粮林转换”环节。清代清水江流域的林农常向山主租佃荒山或杂木山地，先

---

❶ 尹绍亭：《云南山地民族文化生态的变迁》，云南教育出版社 2009 年版，第 150 页。

❷ 贵州省编写组：《侗族社会历史调查》，贵州民族出版社 1988 年版，第 97 页。

开垦种植粮食作物，在收获一二年后“退耕还林，栽杉抵租”❶。清末徽州《建德县志》也载：“建德山居十八，田居十二。山则惟植松、杉，植杉者，先募贫民开种杂粮，不取租。三年后，业主以牲酒劳之。”❷ 这说明栽手先使用地主的土地种植粮食两年，解决口粮问题，第三年才开始种杉，从这时才开始订立租山契约，否则租山契约中约定的“限三年成行”、“五年成林”在时间上是不可能的，也可以说从这时起才开始了实际意义上的“林粮间作”。清水江流域佃山栽杉可能有很多类似情况，还待以后的研究中加以发现。

接下来才是“林粮间作”环节。有点“杉农间作”意思的记载当是道光年间《黎平府志》（贵州图书馆藏）卷十二记载：“栽杉之山，初年俱种苞谷，俟树盖地方止。”据吴中伦教授在20世纪三四十年代的实地考察，在贵州东部栽树后第一年到第四年之间种苞谷、甘薯、糖子、高粱，第四年除种高粱之外，同时种植油桐。❸ 现在一些缺粮地方仍在郁闭之前的杉木幼林地中套种二三年小米、玉米、马铃薯、红薯等粮食作物，既收获了粮食，又抚育了幼林，促进了杉木的生长，实现林粮同产，现在民间农谚还在说：“林粮间作好，林下出三宝。当年种小米，二年种红苕。三年未郁闭，再撒一年荞。庄稼施了肥，林子除了草。林粮双丰收，林农哈哈笑。”因为人多地少，为了解决无粮可食的窘境，人们只能多想办法，故而“林粮间作”品种丰富。

“杉农间作”确有它的好处。庄稼长起来后，可为杉树遮阴，同时人为增加幼林地上的地表覆盖率和粗糙程度，雨季时依靠植物的茎叶削减地表径流速度，同时依靠盘根错节的群落根系留住表层肥土，从而可以有效地抑制幼林区地表的水土流失。既促进了幼树生长，又获得林茂粮丰的效果，有一举两得之利。❹ 以上看法虽有些道理，但未免过于简单，好像林木和粮食是相互促进，其条件是自然而然形成的。实际上“林粮间作”是在“人工林”环境下种植

---

❶ 杨伟兵：《清代黔东南地区农林经济开发及其生态——生产结构》，载《中国历史地理论丛》2004年第3期。

❷ 转引自黄宝龙、蓝太岗：《杉木培植利用历史的初步探讨》，载《南京林业大学学报》1988年第2期。建德县现属浙江省池州市。

❸ 中国林业科学研究院《吴中伦文集》编委会编：《吴中伦文集》，中国科学技术出版社1998年版，第142～194页。

❹ 沈文嘉：《清水江流域林业经济与社会变迁研究》，北京林业大学2006年博士论文。

条件许可的农作物，所以自始至终离不开“人工”的作用，但人们在计算生物量时却不计算人工成本。试想如果土地多，谁都不愿意搞“林粮间作”，拿一大片地做人工林，一大片地种庄稼多好，但清水江流域山多地少，没有这个条件。首先要解决人口日增所需的粮食问题，还要通过人工林经营获得经济利益，“杉农间作”便是解决这个问题的不得已采用的办法，特别是对于从外地到林区佃山种杉、缺少粮食的佃农十分重要。清水江文书中的佃山契约一般反映的是租佃者对“林粮间作”的迫切要求。

清水江流域有“三年锄头两年刀”的农林经验，这种林粮间作的经验一直延续至今。即前三年，用锄头栽杉种杂粮——小米、玉米、红薯、豆类等；后两年以柴刀修枝定型促进林木生长。人工造林与“林粮间作”在林木郁闭前三年是同步的，具体过程是：1. 整苗床，育杉苗并移栽，深挖地细碎土。移栽杉苗时，等高线距六尺打窝（实际上林农是根据经验估摸距离。笔者注），苗身要直，复土要碎，松紧适度。苗一尺上端，竖木桩，既做标志，又挡坠土损苗。“栽顺山木”，杉苗的弯曲方向下，与山坡斜度一致。2. 苗移栽后，于林地苗行之间间种小米、苞谷各一季（如果两季都种小米，第二年长得不好。笔者注）。注意行距，勿使苞谷根须伸入杉苗窝。薅苞谷除草，亦为杉苗松土，加复表土于根部。秋收苞谷，将茎叶敷于杉苗侧，待其腐烂为肥。3. 定型抚育管理，苗长到三岁，约高四五尺，不宜种粮；第三、四年里，四月除草、七月松地，覆盖表土，五年后杉木幼苗郁闭，每年修枝一次，并薅除杂树野藤。[1] 这里，魁胆的做法也代表了整个清水江林区的情况，传统做法中有很多技术和操作规范都需要人工来完成，如“勿使苞谷根须伸入杉苗窝”，说明苞谷的根须蔓延是对幼木有害的，要注意种植时的距离；又比如说苞谷的叶子不会自动落到幼苗的根部，要由人将苞谷茎叶敷于苗侧，才能渐渐地腐烂为肥，此外，留住表层肥土，防止水土流失，这些都是在人工干预下完成的。所谓“以耕代抚”主要是指人工，林农一次上山就把两件事都做了。“人工林”在前几年经过人的精心管护，有些契约中就有“薅修管业”等语说得非常具体，同时这也是山主有时担心栽手只顾种粮种菜，不能保证杉苗在三年或五年内管护成林的原因。谢晖、陈金钊主的

[1] 贵州编写组：《侗族社会历史调查》，贵州民族出版社 1988 年版，第 97 页。

《民间法》第3卷中载有“蒋景华、仲华叔侄立佃字合”，外批：“不准种菜”。[1]在山主与栽手在签订契约时约定栽手不能在林地中种菜，说明栽手在林地上种菜的情况是有的，一般是在离居住地近和土质比较好的地方。唐立、杨有庚、武内房司主编的《贵州苗族林业契约文书编（1736—1950）》（以下简称《汇编》）所载的租佃契约中有“林粮间作”事例，其中粟有六例，苞谷有两例，瓜菜有一例。

从“清水江文书”租佃契约内容看，间种的粮食大多为粟，也就是小米，也有麦子和玉米等，另外也有经济作物，如烟叶等。进入“林粮间作”阶段后，“栽杉”是和“种粟”一同开展，由于小米播种容易，又耐旱，投入劳动力较少，第一年种小米的情况较为普遍，所以“清水江文书”租佃契约中常用“栽杉种粟”这一词组。但也有其他情况，如锦屏平略镇岑梧村过去则是造林第一年在林地间种叶烟，第二、三、四年栽种红薯、苞谷等杂粮。“林粮间作”给林农提供足以果腹的粮食，到杉树成林枝叶茂盛后才停止粮食作物种植。锦屏现在的农谚还这样说：“种地又种粮，一地多用有文章，当年有收益，来年树成行”；“林粮间种好，办法实在强，树子得钱用，粮食养肚肠”；“栽树又种粮，山上半年粮”，这些谚语反映了林农对“林粮间作”的基本认识及其在人工营林综合经营中的地位和作用。“林粮间作”可以说是林农在人工营林生产过程中无法承担长周期生活压力的具体表现。林农借此达到“以短养长”，以缓解林业生产长周期性与日常生活之间的矛盾。说到底还是粮食问题。前面说到栽树前种两年粮食，造林后又可获三年杂粮，这使笔者想起“备战、备荒、为人民”年代时常说的一句话：“手里有粮，心里不慌，脚踏实地，喜气洋洋。”“加上杉树成材比一般树木少需大半时间，售林与运木都将给林农带来一些利益，聊补无米之炊，在一定程度上增长了农民兼营林业生产的积极性。”[2]租佃者也可以在杉木成林后卖掉与地主约定好的“栽手股”，获得一些现金贴补家用，再重新找主家在新地上“栽杉种粟”，保持总有活干，就会不断地有经济收入。地主当然也可卖掉中幼林这一“期货”，即所谓“卖青山”。

清水江林地土壤大多来源于石灰岩和页岩的风化产物，土壤多为黄红壤，

---

[1] 谢晖、陈金钊主编：《民间法》第3卷，山东人民出版社2004年版，第544页。罗洪洋收集整理：“贵州锦屏林契精选”（附《学馆》）568件。

[2] 贵州省编写组：《侗族社会历史调查》，贵州民族出版社1988年版，第97页。

为粒状结构，而且土壤基质的颗粒度十分细小，因而土壤的透气、透水性很差。杉木是浅根型树种，主根发育不好，而侧根发育旺盛，以侧根横向伸展为主。一年内，其根系扩展不深。杉树还是中性略偏阴的树种，幼年阶段喜光但又经不起强光的照射。第四年开始，幼杉才进入速生期，杉树之间的枝叶相距1米左右，其根底也基本接拢，因此林农在育林前三年的"林粮间作"有四个优点：一是农作物能为幼杉遮光，使幼杉生长既能有适度阳光照射，又能保证合适的土壤温度，保证幼杉的成活率；二是有利于增加幼杉林地的覆盖率，避免林区地表的水土流失，防止土地板结；三是套作的粮食作物分泌出的抗生素，有益于防止有害于杉树生长的微生物的蔓延，粮食也可以引来各种鸟类觅食，保证危害杉树的害虫有足够的天敌加以抑制；四是农作物枯萎腐烂后，其原有根系形成众多孔道，这种孔道既有空气又有养分，成了杉树侧根延伸的通道，以便杉树的侧根迅速蔓延，确保幼杉苗能茁壮成长。可见清水江流域的苗侗人民在与当地生态系统互动的过程中，充分地了解了生态系统特性，在人工营林中建构起"林粮间作"这种地方性知识，加快了杉树的增长速度，提高了人工林的积材量。[1] 笔者以为这只是学理性的研究，没有充分的田野调查资料作支撑；即使有田野调查资料，也会由于各种因素影响其数据的科学性。[2]

---

[1] 吴声军：《锦屏契约所体现林业综合经营实证及其文化解析》，载《原生态民族文化学刊》2009年第4期。

[2] 据《黎平林业志》载：1978年10月贵州省林业勘察设计院、黎平县林业局联合调查组对《幼林地间作促进杉木速生的调查》记载："黎平县乡、村林场，认真贯彻'以林为主，多种经营，以短养长，长短结合'的经营方针，在新幼林地广泛开展多种经营活动，实行林粮（小麦、玉米、红薯、木薯），林油（油茶、花生、芝麻），林药（当地适宜的中草药），林菜（各种豆类、蔬菜、水果，如辣椒、萝卜、西瓜）间作，扩大山区土地利用率，以耕代抚，促进了杉木快速生长。一般只要连续套种三年左右，杉木高度都能长到4~5米，林相整齐美观，促进速生成林。为了总结幼林地套种各种作物促进杉木生长的规律，调查组到部分乡、村林场开展调查研究，并作出实地观察记录，证实凡是间种作物的幼林，林木茁壮成长，与只作一般抚育的幼林比较，长势有明显的悬殊。树高、胸径、冠幅差异达3~7倍。如水口区东郎乡林场于1974年春，造杉林143.5公顷，树龄4.5年，其中20公顷连续进行林粮间作2~3年，经实地测量，平均树高6.25米，胸径14厘米，地径18厘米，树冠3.45米。而只搞一般抚育的同期杉木，平均树高1.55米，胸径2厘米，地径4厘米，树冠1.26米。将两者比较，经间种的杉木树高增长4倍，胸径增长7倍，地径增长4.5倍，冠幅增长2.7倍。在其他乡、村林场调查点的观测数据也大体相同，充分说明幼林地间种作物，是加快林木速生丰产的重要措施。"笔者以为在20世纪70年代那个特殊的年代里，这项调查的科学性、可靠性值得怀疑。所谓"只搞一般抚育的同期杉木"的林地情况如何，抚育情况如何，施肥了没有、除草了没有都没有交代，参照系的对等水平值得怀疑。如林谚所说："种子饱满，苗木壮，一代更比一代强"；育苗不施肥，辛苦化成灰，若要苗木长得好，多施肥料勤薅刨"；"育壮苗，早薅刨，不薅刨，草吃苗"，这些比照条件是否对等。

在山地条件下，不同整地方式、不同抚育管理、林地连作（连栽次数）等各个培养环节上的不同，杉树生长效果就有明显差异，特别是对初期生长的影响更大。吴中伦主编的《杉木》一书是根据贵州三都县拉揽林场资料，比较全垦林粮间作三年和带垦、未间作抚育三年的年龄均为 12 年的杉木，前者密度为每亩 54 株，平均高 16.8 米，平均胸径 21.5 厘米，平均冠幅 4.2 米，每亩蓄积量 17.83 立方米；后者的密度为每亩 69 株，平均高 13.6 米，平均胸径 17.9 厘米，平均冠幅 4.1 米，蓄积量每亩 14.34 立方米。[1] 这个应该是比较科学的。

二、关于“混交林”问题

我国杉木栽培广泛，广大林农在杉木与其他树木混交方面积累了丰富的经验，如应用杉木与油桐短期混交（套种），个别地区有套种山雁皮等经济灌木的习惯，基本上是营造杉木小块纯林，选择山腰以下的肥沃土壤栽杉，山顶处保留松树、阔叶树等天然林或次生林。这种造林方式历史上表现为杉木单位面积产量较高，病虫害很少发生。[2] 由于杉树的特性决定了必须进行“混林”作业，单一种植杉树是不行的。在清水江流域人工营林中，林地营造主要的树种是杉木，林农同时还在林地中兼种其他树木，如松树、米黎树、黄木、樟树、檀木、油茶、油桐、杨梅、板栗和楠竹等，如种油茶可以解决食用油问题，种油桐可炼成桐油出卖获利。林农在生产生活中，本地是什么土壤，适合种什么树，哪些是经济树种，哪些是风景林，经济效益如何，怎么安排，他们都很清楚，就是我们现在所说的“适地适树”。每当林木采伐后可调整，可以改变林种结构，但要科学、合理，利益也要平衡，在林区就有因种哪种树发生冲突的事例。请看《归固风水林禁碑》：

立禁石碑，为此振顿玄武山以保闾里事。

窃思鼻祖开基故村以来，数百年矣。先人培植虫树（马尾松），兹生荣荣秀蕊、茂茂奇枝。远观如招福之旗，近看似□罗之伞，可保一

---

[1] 吴中伦主编：《杉木》，超星电子书，第 171 页。
[2] 吴中伦主编：《杉木》，超星电子书，第 367 页。

枝人人清泰、户户安康，亦能足矣。谁知木油就树而生，如井泉之水。今有人心不古，朝严夕砍，难以蓄禁，众等奈何。前而岁同心商议，将虫树一概除平。众云千古不朽莫若米黎，树之则更基矣。念乎一人之所禁，奈何独立难持，故今众等设同较议复旧荣新，所栽米黎树今已成林，不准那人妄砍。杉虫木者不准修培，开茶山者远望满地朱红，就龙身无衣一般。人人见之心何以忍哉？今禁之后，务宜一村父戒其子，兄免（勉）其弟。若有人犯者，具有罚条开列于后，勿谓言之不先也。

一议：后龙命脉之山，不准进葬。倘有横行进葬者，众等齐众挖丢。

一议：后龙不准放火烧山。如犯者，罚银钱三千三百文。那人拿获者报口钱壹千叁百文。

一议：后龙不准砍杂树、割秧草两项。如犯者，每项众等罚钱壹千三百文。那人得见报者口钱叁百三十文。

光绪叁拾三年正月初八日众等公议立❶

清代民国时期黔东南清水江流域林区在大家族所有制度下，一般家庭（房族）所分得的份地可能只是维护其基本生活的一部分经济来源，单靠份地种植杉木，要经过二三十年的时间才有收益，这么长一段时间靠什么生活？一般家庭不能仅仅靠种杉维持长期生活。大家族公地中其他经济林，如桐树、油茶树、五倍子树、漆树等树木所产桐油、茶油等经济作物也是家庭生活的重要经济来源。所以在家庭经济上就有个算计和安排问题。资料显示：清同治、光绪年间，茅坪著名商号“杨义泰木行”在黄哨山、姊妹岩一带营造或购买用材林，活立木共千余亩；在同步溏河对面的麻栗山有薪炭林几十亩，每年烧十几窑麻栗炭，除自用外还部分出卖；属经济林的，在老德山会馆山上、大平冲口等处的油桐林、油茶林、果木林共百余亩，自食或上市都绰绰有余。茅坪山多田少，田显得更为宝贵，杨启义从茅坪买到天柱，田产至少上百亩，❷ 从中可以看出家庭经济的平衡分布。

---

❶ 王宗勋、杨秀廷点编：《锦屏林业碑文选辑》锦屏地方志办公室印（内部印刷）。该碑高123厘米、宽30厘米、厚6厘米，现于归固村小学校边一村民仓库前。

❷ 单洪根：《绿色记忆——黔东南林业文化拾粹》，云南人民出版社2012年版，第77～78页。

明清时期，黔东南苗族侗族地区 80% 左右的山林财产为各姓家族中各房分股占有林地的使用权。清代这里就出现过许多人口众多的大家庭，这些家庭的家长治家有方，几代和睦相处而不分家，人口少的四五十人，多的有上百人。文斗苗寨也大体如此，相传姜佐卿家拆分时人口达 107 人。据文斗寨民间文献《万宝归宗》抄本记录：自嘉庆十五年至道光二十一年（1810—1841 年），文斗姜氏家族姜述盛以其族长名义买进山林总计 166 块，这些山林都为其家族共有。[1] 在张应强、王宗勋主编的《清水江文书》（以下简称《文书》）第 1 辑中，可以看到乾隆年间以文斗下寨姜富宇名下订立契约有 28 份；在陈金全、杜万华主编的《贵州文斗寨苗族契约法律文书汇编——姜元泽家藏契约文书》（以下简称《姜家文书》）可以发现从雍正到嘉庆时期姜映辉买进林地的契约不下 50 份。这些契约可以说明大部分山主并不只是在一个山场内持有股份，而是在复数山场上拥有。和每年持续收获的粮田不同，山场在砍卖时利益高，但并不是每年都能衍生利益。不仅如此，每年维持、管理山场需要一定的费用。如果一个山主的股份都在同一块山场内，虽然砍伐出卖时利益高，但其他年份却没有现金收入。反之，如果山主若在复数山场上都有自己的山主股，虽然每一次砍卖时利益较低，却可以从一个接一个年年砍卖的山场中获得利益，因此山林经营比较稳定。还有，需要现金时可以在族内融通买卖自己拥有的山主股。[2] 所以从“清水江文书”看，林地和林木的买卖契约中买卖的金额多不很高，地块也不大，有时树木也不多，四五棵、十数棵也卖的情况比较普遍，加之杉树不适宜单独树种植、大面积造林等因，[3] 在杉木经营中我们很难看到大家族、大面积、大规模封闭造林的情况。[4] 另外根据《侗族社会历史

---

[1] 转引自吴声军：《清水江林业契约之文化剖析》，《原生态民族文化学刊》，2009 年第 4 期。

[2] ［日］相原佳之：《从锦屏县平鳌文书看清水江流域的林业经营》，《原生态民族文化学刊》2010 年第 1 期。

[3] 林幼丹、张晨曦：《杉木在中国的栽培历史简述》，《自然辩证法通讯》2007 年第 1 期。该文认为：新中国成立后由于过分强调集中连片，比重过大，造林时不易做到适地栽杉，差的立地也栽上杉木，且杉木迹地多次连续栽杉，地力衰退，杉木生长不良，病虫害蔓延。

[4] 杨庭硕先生在谈到侗族人工林业与汉族地区纯粹的稻田农业相比，形成的四个条件：一、人工营林业是长周期的产业；二、人工营林业是一个大规模经营的行业；三、人工营林业是多项目的综合产业；四、人工营林业必须实行全封闭式的作业。参见杨庭硕：《相际经营管理》，贵州民族出版社 1995 年版，第 202 ~ 207 页。

调查》，从魁胆一带林区的收入来看，耕地收入仍占52%（居优势地位），拉木收入占32%（居中），而林地收入仅占16%（最少），❶ 由此可见，林木收入占的比例并不高，说明山主不可能采用大面积、大规模经营林木的模式。

我们在“清水江文书”林业契约中发现了几十份有关杉树与阔叶林混种的文书。《汇编》中有一则油山买卖的契约（A－0037），而契约上另外注记：“油山杉木在内。”从这些记述中可以看到在一块山场中同时栽种杉木和油茶的情况。还有在邻接山场中进行栽培油茶的例子，如“右边上凭水沟，下抵油山”（A－0078）。❷ 在《文书》第1辑中我们可以多次看到林农的杉木林中套种油茶和楠竹等其他经济作物，实行“混林”作业的实例。如第12册第328页：“姜廷珍立卖茶油山契约。”业主姜廷珍把自己一块油茶山股份出卖给姜映辉等三人，但在契的“外批”中特别注明：“此有杉木在内。”转让对象除油茶外，也包括杉木。《文书》第12册第245页：姜廷珍的另一份立卖茶油山契约，姜廷珍只出卖苞谷董（地名）的一块茶油山给姜映辉等三人，其山界：“上凭顶、下凭杉木、左凭岭、右凭保富。”契约中的“外批”还注明：“此有杉木不卖。”可见在这次买卖中卖主只出卖油茶的经营权，不出卖杉木。以上两份契约证明了两块林地中杉木和茶油树是混种的，出卖的林地股份可能只是出卖油茶或杉木，也可能同时出卖油茶和杉木，真正属于混合种植。另，文斗“岩湾寨范宗尧卖杉木字”外批注明：“卖木不卖地，地归原主。”又批：“杂木在内。”❸ 说明林地中除种有杉树外，也有不少杂木。在《姜家文书》第92页所载：“姜廷干卖田契”，其“外批”：“此田内田角水沟杉木出卖。”❹ 说明在卖田时将田内、田边、水沟处所用杉木一并出卖。再有“姜连卖田契”的“外批”为：“其有砍下杉木在外。”与前一情形相反，在卖田时先将田内

---

❶ 贵州省编写组：《侗族社会历史调查》，贵州民族出版社1988年版，第104页。

❷ ［日］相原佳之：《从锦屏县平鳌文书看清水江流域的林业经营》，《原生态民族文化学刊》2010年第1期。

❸ 谢晖、陈金钊主编：《民间法》第3卷，山东人民出版社2004年版，罗洪洋收集整理：“贵州锦屏林契精选”（附《学馆》），见该书第538页，该条只有“外批”，无契全文。陈金全、杜万华编：《贵州文斗寨苗族契约法律文书汇编——姜元泽家藏契约文书》载有“范宗尧同女梅姑父女卖木契”，买主也为文斗姜映辉，外批与上相同订立日期同为道光三年四月，但前者为20日，后者为26日。

❹ 陈金全、杜万华编：《贵州文斗寨苗族契约法律文书汇编——姜元泽家藏契约文书》，人民出版社2008年版，第229页。

杉树砍下，所以规定砍下杉树不在出卖的范围之内。还有“朱达泗卖田契”的“内批”是：“田坎上下之杉木俱在外。”规定田坎附近所有杉树不在出卖之例。[1] 此外，“姜朝广卖油山字”的“外批”不仅交代了出卖油山的“四至”，还反映了油茶和杉木混种的情况：“油山界限，上凭买主油山，下凭姜连杉木，左凭姜连木，右凭姜光本油山□□□为凭，四至分明，其有油山杉木俱在内。”[2]《文书》第5册第27页载有一则“姜老凤、姜应桥兄弟分拨油山契约”，这是兄弟间请中人来解决林地纠纷的契约。契约称“篼早林地为祖父遗留油茶山内杉木一块”，被姜老凤私自出卖，经过中人寨老的调解后，姜老凤从他们公山内分一块林地给姜应桥，而姜应桥得到林地后，还是种植油茶。

我们在“小江契约文书”调查中还发现了一则“立卖地土麻与杉木字约”：

立卖地土麻与杉木字人柳寨龙昆法，今因家下要钱用度，无所出处，自愿将到土名盘居地土麻与杉木出卖一边，上抵田，下抵龙现朗地，左抵路太来地土杉木，右抵大路为界。四界分清，要钱出卖，自己请中上门问到本寨龙里金承买。当面凭中议定价钱九千零八十文整，其钱亲手领足应用，其地土麻与杉木一边付与买主耕管为业，自卖之后，不得异言。若有异言卖主理落，不干买主之事，恐口无凭，立有卖字为据。

内添一字

凭中：龙昆来

请笔：龙全馗

民国丙寅年六月十四日　立卖[3]

在“小江契约文书”中还发现了一则卖栗木的契约：

[1] 陈金全、杜万华编：《贵州文斗寨苗族契约法律文书汇编——姜元泽家藏契约文书》，人民出版社2008年版，第247页。

[2] 陈金全、杜万华编：《贵州文斗寨苗族契约法律文书汇编——姜元泽家藏契约文书》，人民出版社2008年版，第337页。

[3] 天柱县柳寨契约文书，“小江契约文书整理与研究”课题组2010年收集，藏于凯里学院图书馆。

立卖栗树字人龙荣东名下，今因要钱使用，无所出处，自愿将到土名美良栗二根，东北至田，西至路，南至本主。四至分明，要钱出卖，自己登门问到龙里金父子承买，当面言价钱二千文。其钱亲手领足，其栗木付与买主蓄禁。日后砍伐下河，地归原主，不得异言，空口无凭，立有卖栗一纸付与买主为据。

添四字

讨笔：龙荣财

明（民）国壬戌年正月十三日　立卖❶

谢晖、陈金钊主编的《民间法》第3卷中载有一则租佃山地种梨树契约：

立佃字人高让寨龙文甫、光谓，今佃到文斗下寨姜绍斋、绍熊侄仲泰叔侄三人之土，地名鸠怀山一块，佃与龙姓栽梨木，日后长大，照五股均分，地主占三股，栽手占二股，恐后无凭，立此佃字为据。

道光二十五年三月初九日　文甫亲笔立❷

在文斗寨的人工营林中也实行杉竹混种，如《文书》第13册第124页记载“立佃字栽竹种粟契约”，这份租佃契约中，文斗邻村的范炳义等5人租佃一块叫“刚晚”的林地“栽竹栽杉”，双方商定“其山竹木限定八年成林”，可见此林地实行杉木和楠竹混种。因为楠竹生长快、成材早、产量高、用途广，楠竹的种植是以小楠母竹进行移植，栽植的母竹必须是以竹龄在2~3年生的楠竹，楠竹种植5~10年后，就可年年砍伐利用。而杉树三五年就可以成林，因此在契约中主佃双方商定林地竹木在8年内成林。这样一来就达到了在杉木成材砍伐前林地年年都有出产物，可带来连续不断的经济收入，达到“以短养长”的目的。❸

❶ 天柱县柳寨契约文书，“小江契约文书整理与研究”课题组2010年收集，现藏于凯里学院图书馆。

❷ 谢晖、陈金钊主编：《民间法》第3卷，山东人民出版社2004年版，第525页。罗洪洋收集整理贵州锦屏林契精选（附《学馆》）。

❸ 吴声军：《锦屏契约所体现林业综合经营实证及其文化解析》，《原生态民族文化学刊》2009年第4期。

“混林作业”也是清水江流域林农在长期人工林业生产实践中得出的经验，有时间上合理种植问题。比如油桐，种植后前三年长势快但不结果，林农可以种植其他农作物，三年后林地郁闭，四年后油桐树开始结果、大收，就补偿了郁闭后的经济损失，八年以后杉树逐渐地长大，油桐树也逐渐失去它的生长优势，林农就砍掉桐树，让杉树自由生长，砍伐下来的油桐树用来培育木耳和作燃料。吴中伦先生黔东南考察的情况是这样：第四年除种高粱之外，同时种植油桐。油桐树第七年开始采收油桐子，到第十年砍掉油桐树。[1] 林农这样做不仅解决了杉林主伐前可供养殖、狩猎和采集，确保他们在不同时段均衡地获取一定的生物产品，更重要的是有利于杉木的生长，增加了原木产量。前述，“混林作业”多是针叶树与阔叶树种混种的，这是植物学不同树种特性上的要求。杉树是针叶树，油性大，叶子落在地上长久不会腐烂，对土壤也不好，在针叶林中间种 15% ~20% 的阔叶树[2]。阔叶落地后就能促进针叶的腐烂，增加土地的肥力。林农们在长期的实践知道杉木生长和各种乔木生长相为依托，形成相互补充，他们不会只在一块林地上种杉木这一单一树种，在林地更新中有意识地培育阔叶树，不低于一定比例。这样，人工混交林支持了多种动植物的生长和繁殖，保持了林地生物群落的物种多样性，增加了地表草木覆盖率，从而降低直接降水对地表的冲刷，不至于造成人为的生态灾变，使当地生态系统结构得以维持。

“清水江文书”中林木买卖契约中，自然以杉木为最多，其次就是油茶。清水江居民“混林作业”中与杉木混种的树种以油茶树为最多，说明油茶是该地主要经济作物。

三、清代民国油茶的种植

“茶树经冬不凋，冬开白花，心含露如饴，花卸即结小实。次年三月新叶渐抽，旧叶始脱。七八月遍山扫括令其干净，九十月拾子始无遗藏，然亦有不能尽拾者。十一月任人寻觅，名曰捞茶子……每茶子三斤可得油一斤。其油渣

---

[1] 中国林业科学研究院《吴中伦文集》编委会编：《吴中伦文集》，中国科学技术出版社 1998 年版，第 142 ~194 页。

[2] 《人民日报》2012 年 12 月 24 日《情系杉木林的候鸟》的报道。

可以肥田，可以作薪，烧后亦可作炭，皆农家之利也。黎郡之油产自东北路者由洪江发卖，产自西南路者由粤河发卖，每岁出息亦不小矣。”[1] 据民国政府实业部1937年《关于贵州林业的调查报告》中说：“油茶在清水江流域，以锦屏境内栽培最盛，天柱次之，发育颇佳。㵲水及麻阳江流域油茶栽种亦多，发育良佳，其中以清溪为较多，榕江及乌江两流域，油茶栽植不广，盘江与赤水河两流域更少。全省产茶油约八、九万担。”锦屏是贵州油茶的主要产地，各族人民种植油茶并以其为主要食用油的历史也比较长。被誉为中国环保第一碑的“文斗六禁碑”（立于乾隆三十八年）第3条规定：“四至油山，不许乱伐乱捡，如违罚艮五两。”[2] 这说明在清乾隆时期油茶树就是当地种植的林种。

请看“八瓢封禁碑”：

封禁碑

为封禁地方阴地，靖地方事。缘我处对门山有油山一块，系我处阴山。若有内外人等进葬，必惊地方。是以三村人等公同合议，永远封禁，不许进葬。为此，立碑以垂不朽。

（捐田捐银姓名略）

大清道光二十回年岁次甲辰冬十二月吉日[3]

在我们收集的小江契约文书中，有“合款”涉及油山内容。如，“府主示谕设立款规心解避免于互乡之徒，今我合团等子寨乡村俱约齐于款内，设立款约开如左”，其中第5款：“议油子不准乱□，如山中折胞乱捞，如拿获者照一不二”。[4]

从“清水江文书”看，买卖油山的契约也占一定数量，最早的是嘉庆八

---

[1] （清）道光二十五年版《黎平府志》卷十二“食货志”（贵州省图书馆藏）。

[2] 王宗勋、杨秀廷点编：《锦屏林业碑文选辑》锦屏地方志办公室2005年12月（内部印刷），第1页。

[3] 王宗勋、杨秀廷点编：《锦屏林业碑文选辑》锦屏地方志办公室2005年12月（内部印刷），第10页。

[4] 凯里学院国家重大招标课题“小江契约文书整理与研究”项目组2012年10月收集，原件书写太乱，不好识读。

年（1803年）“立卖山场杉木油山并地字契约”：

立卖山场杉木油山并地字人文斗寨六房姜弘仁父子，为因家下缺少银用无出，自己将到油山一块，土名鸟假者，又将亲手得买生连弟兄本名之山场一块土名两点，又将一假令山场名下占一股，一共三处出卖下文斗寨姜映林名下承买为业。当日凭中议定价银拾叁两正，亲手领回应用。其油山杉木自买之后，任凭买主修理管业，卖主房族弟兄不得异言，今恐无凭，立此断卖存照。

外批：此山堂假令上下两房共九十两，我本名占八钱三分二厘五毛。又两点下凭廷瑾油山，左凭冲，右凭少冲，上凭路，四角为界，油山杉木在内。

凭中 陆云辉 姜绍魁

嘉庆八年九月初一日 立亲笔[1]

据此契，不仅姜弘仁占有油山，并用以出卖，而且此油山相邻处还有姜廷瑾的油山，可见早在嘉庆年间，锦屏已经普遍栽植油茶林。

“姜国祥、姜国顺立典油山树约”：

立典油山树约人姜国祥、姜国顺为因手中缺少银用，无处得出，自愿将祖遗油山三岭，坐落土名眼学诗，界限上凭载谓田塈以过路下为界，下抵化成田，左凭香合田为界，右凭过大路为界，四至分明，作二大股，本名实占一大股，凭中出典与杨承身名下当日三面议典，价银四两正入手领回应用系油山自典之后，任凭限至三年内，二比同挖其紫，议作二股均分。亦不得争多竞寡，今欲有凭，立此典油山为据。

外批：自愿一股东良一钱柒分。

凭中人 姜昌贵 姜荣兴 姜启芬受艮一钱。

[1] 贵州省编辑组：《侗族社会历史调查》，贵州民族出版社1988年版，第26页。

道光元年十一月初六日亲笔国祥　立

得典姜国祥引学诗，油山文契大相占❶

另有道光三年（1823 年）的“卖油山契约”：

立断卖油山字人姜本兴，为因要钱使用，无处得出，自愿将到祖遗油山一块，土名风礼甲，请中出卖与堂叔姜朝瑚、朝琏、朝琦、朝玻、朝璞、朝干、万年和姜连、姜荣、本望等，当面议定价银柒钱正，亲手领回应用。其山自卖之后，任从堂叔众等修理管业，卖主不得异言。其山界限上凭视，下凭盘坡，左凭大路，右凭岭，四至分明，今欲有凭，立此断字为据。

姜本兴亲笔

道光三年五月二十八日　立❷

“姜开良兄弟抵借茶山字”：

立抵借茶油人加池寨姜开良兄弟因家下无从得出，兄弟商议将加池寨祖业油乍一座并屋基屋地今抵到湖南袁有华父子名下，实借茶油八十斤，言定限于十月内将本利茶油归退，如不归退，油乍分为四大股，本名占一大股，作抵袁有华，任凭出卖，开良不得异言，今恐无凭，立抵借纸为据。小咸丰五年乍喜有草请大荣姚姜开良名下还请分厘未欠日后承出后是故之。

凭保人陈申一、范承山

咸丰元年正月廿日

开吉笔　开良立❸

❶ 张应强、王宗勋主编：《清水江文书》，第 1 辑，第 313 页，3 - 1 - 3 - 023 号。

❷ 同上。

❸ 张应强、王宗勋主编：《清水江文书》，第 1 辑，第 169 页，1 - 7 - 1 - 025 号。

2011年我们在天柱县小江流域的柳寨获得300余份契约文书，其中有一份卖油山契约：

立卖油山地土人龙宏举，今因要钱使用无从得处，自愿将到土名高□油山一团，左抵贤举为界，右抵应举油山为界，上抵油山为界，下抵田为界，四至分清要钱出卖，请中问到本寨龙仁瑞承买，当面议定价钱八百四十文，其钱领足，其油山卖与买主耕管为业，自卖之后不得异言，恐后无凭立有卖（契）存照。

凭中、代笔：龙仁全

初二十年十一月初五日　立[1]

还有一张断卖油山的契约：

立断卖油山字人姜桐连、桐儒弟兄，为因要银使用，无处出，自己将到祖遗油山一块，地名皆屡，上凭钧渭田，下凭买主田，左凭大路，右凭岭，四至分明，自己请中卖与本房姜维新叔名下，实承买为业，当日三面议定价银二两六钱正，亲手领清，其油山凭买主修理管业，卖主弟兄房族不得异言，如有异言，卖主理落，不干买主之事。今欲有凭，立此卖字，永远存照。

凭中代笔　姜帮彦

道光十年九月二十二日　立[2]

四、有关油茶的族内纠纷

油山作为家庭财产之一，常会因收益引起家庭纠纷。如道光十年文斗寨姜应桥弟兄因争杉山油山订立了一份分拨契约：

---

[1] 此契年号不明。凯里学院重大招标课题“小江契约文书整理与研究”项目组2011年收集，原件藏于凯里学院图书馆。

[2] 同上。

立分拨油山字人姜老凤、姜应桥兄弟二人。为因先年老凤种卖祖父遗油山内有杉木（地）一块，土名笼早，出卖与姜春发，请中理讲，蒙油山中解劝，老凤分拨笼早路坎脚山土一块，弟应桥全受，应桥栽油，老凤永远无分。此山界至：上凭路凹讲为界，左凭路，右凭冲，四至分明。经今凭中、寨长分拨落弟应桥面分，任从应桥挖种，日后老凤不得异言生端，倘有此情，应桥契约内有名中人、寨长等执字送公，自干不变，今欲有凭，立此分拨字样为据管业。

凭中　姜春发　姜宗德

道光十年九月初二日　立❶

从清水江流域一些诉讼文书看，清朝中期以后锦屏土地和生产资料还是家族公有的。公有制的家族内部常会出现畸轻畸重，分配不均的现象，甚至因多劳少得、少劳多得而引起家庭矛盾。吃了亏的房族成员在经济利益受损和心理不平衡的情况下也会将官司打到官府，要求公平解决。❷ 这里通过曾在嘉庆、道光时期显赫一时的姚氏家族的后代姚廷标具控姚绍襄的两件“禀稿”,❸ 分析清朝晚期家族油茶林地所有制及家族内部经济关系情况。

禀稿一：

为私吞公业，公卖私翻。告恳提究事。缘生等祖继周生父兄弟九人，公业均属九股分占，生祖暨伯父玉坤兄弟于先年二次公卖姜姓地名半党东杉山土股三股，父辈将杉木砍尽。公契先祖概交三房伯父玉坤收管。伯故，仍将契传坤子堂兄廷煊收执。煊为九房之长，公业山场或买或卖，或栽或砍，均由廷煊主事。于光绪年间将公地“半党东”招佃栽植茶树。廷煊欺死瞒生，私约佃户分立合同，声言为三房私业。因得每年捡茶作为伊房六股均分。迨前年廷煊病笃，虑公契

❶ 贵州省编辑组：《侗族社会历史调查》，贵州民族出版社 1988 年版，第 27 页。

❷ 徐晓光：《清水江流域林业经济法制的历史回溯》，贵州人民出版社 2006 年版，第 189 页以下。

❸ 王宗勋选编：《锦屏县范正魁等控告姚百万状词辑选》，《贵州档案史料》2003 年第 1 期。两份“禀稿”虽未标明年代，但从明确记载的代系辈分看，应是晚清时期的。

> 无人承管，面嘱堂侄绍襄等概将公契移交生管。□□□□□清查，始知“半党东”山土股系九家公业，将契并祖父老簿□□□□绍襄等验看，伊横言抵塘，捏称此山土股是伊祖玉坤私业。生请地方乡团再四追契无契。生于去岁捡茶时，又请地方将茶子公捡公分，无吴（误）后，乃公同照契股分，出卖与姜业黼管业，价粮十八两八钱，房房在场。三房绍襄等着伊胞叔廷扬之子岩林当面书字画押领银。公卖公分，并无异论。突今年本月内，绍襄、福保率带伊房妇女将此茶子抢捡，买主当请原中追生理落，生亦请原中追契出质。绍襄不特恃横无契，且要将油树砍尽等语。似此横行，生亦无奈伊何，只得俯乞大公祖台前赏准差提讯究施行。[1]

从以上所述情况中可以得知以下几点：（1）控告人祖上姚继周生兄弟九人，公业均分九股，为九个兄弟按股所有。（2）家族财产由族长统一管理，并执掌公契。公业山场由家族长决定或买或卖，或栽或砍。以前廷煊为九房之长，均由其主事。（3）到控告人姚廷标主事时，接管家业和公契后，发现“半党东”杉山土股3股（此前被祖父将山上的杉木公卖，该地在廷煊主事时种上茶树）被姚廷煊在与佃户订立合同时，划为本户所有，并写明每年所采之茶分为六股在该房内部均分。（4）控告人将公契与祖父的财产记录拿给堂侄绍襄（廷煊之子）验看，强调该地茶山土股应属九家公业，绍襄抵赖，不承认事实。控告人便请地方乡团再三追问，绍襄拿不出契约等证据。（5）控告人在去年采茶时，按照公契所定股分，在乡团的监督之下公采公分，然后将土地出卖给别的家族承买管业，并将所得银两九家均分，绍襄一房也派人到场签字领银。（6）今年采茶季节，绍襄等率本房妇女将本属买主所有的茶子采走。（7）买主自然不让，便请卖地时的中人找控告人理论，控告人也请中人让绍襄出具能证明该地为他房所有的契据和相关证明。（8）绍襄因拿不出契约，还十分强蛮，声言要将茶树砍尽，控告人不得不请县政府提讯姚绍襄追究

---

[1] 王宗勋选编：《锦屏县范正魁等控告姚百万状词辑选》，《贵州档案史料》2003年第1期。文中“俯乞大公祖台前赏准……”，“俯乞”与“台前赏准”连用，是百姓等呈递给地方官府的文书中，尤其是诉讼文书中常见的套语，表示对长官的尊敬并请办理之意，又如“伏乞大老爷台首俯准施行”等。

其企图私吞公业以及蛮横闹事的责任。

这是一件家族主事具控房族成员将公产划为私业，并在家族长纠正后仍然带人闹事，引起与已购买土地的所有权人发生的争议。该房族又无证据，且态度蛮横，在家族内部无法解决，于是请县政府解决的案件。县政府受理这个案件后，提讯绍襄，然而绍襄反控姚廷标暗盗契据，并以他母亲葬在茶山为由证明该山为本房族所有，姚廷标又一次提出具控。

禀稿二：

为藐官抗提，捏同搪塞，续恳拘究事。缘生等前以“私吞公业”等情具控绍襄在案。蒙恩票差提讯，理宜静候，曷敢多渎？惟念此茶山土股原系四股，生等公契得三股，契后股数载明族叔玉林得买一股，现有玉林老簿可验，临审呈电。况玉林之子廷壁早年卖与李姓为业。据绍襄等捏称：生到伊家暗盗公私契约、掳匿等语。窃思伊叔煊故，原系毛妹主丧，因伊叔葬费卖田，毛妹估吞价银，现被伊叔廷扬等控毛妹，有案可稽，何得言生等至伊家主事，暗盗契据？况此公契凭亲族九房子孙公愿交生收管。至于伊房私契，若是暗盗，理宜早为伸鸣地方，禀官追究。至今公卖之后，欲行私霸，反捏以“盗伊□□□，□图掩□□□”。然又称襄母葬于茶地，伊房屡葬无异，独□□□□人选□□如茶地脑顶，先辈俱葬有坟数冢。只有襄母葬于茶山脚，生等书立卖批“除上下坟墓、古木在外”，何得籍此进葬，遂致霸吞公业？种种捏词，难逃恩鉴。今生等俱到城候讯，毛妹虎踞家中，胆敢督令伊妇女阻骂公差，抗提不赴，公差可质。似此无法无天，恶极害极，莫此为甚。惟使伊胞弟滥棍武生绍先在此包搪，以致案延不（结），生亦无奈伊何。迫无得已，只得缕晰，续恳公祖大人台前作主，赏准换票差拘到案，讯明究断施。[1]

这份诉讼文书中，姚廷标又补充了一些新的材料：（1）该茶山土股原来

---

[1] 王宗勋选编：《锦屏县范正魁等控告姚百万状词辑选》，《贵州档案史料》2003 年第 1 期。

分四股，姚廷标对其三股享有所有权和收益权，可能是该房所占公业九股之一的全部或一部分。另外一股为玉林所有，由其子卖与别家族承买为业，都在契据股数中载明，并有玉林老簿记录。（2）由他管理公契是亲族九房子孙一致同意的，不存在到控告人主事、暗盗公私契约的事实。如果说绍襄一房私契果真被盗，为什么不报告地方乡团和官府追查，而该地公卖之后反诬陷于他“暗盗契据”。（3）毛妹在为廷煊主丧之际，为筹葬费卖田，并私吞田价银，被其叔廷扬告到官府，有案可查。（4）此次在官府提讯她时，她甚至督令房族妇女阻骂公差，抗提不赴，指派其胞弟到城搪塞、敷衍，致使案件无法解决。

从这份禀稿中可以得知以下几点：（1）家族公有制下分到各房的股份，经家族同意是可以分部或全部出卖土地收益权的。（2）公契的管理要由家族各房成员一致同意。一般是以长幼为序，先是长房，依次下推以及后辈中有能力者。（3）家族内部对“暗盗契据”、“估吞（田）价银”等名目的民事纠纷可告到官府请求追查和追究，在该家族内已经有过到官府控告的事情发生。（4）官府对此案的批示也表明对家族内部土地财产纠纷是要“立案”和审理的。“候严催原差速将人证拘案讯究，虚实自明，勿庸换票。”说明在清水江下游的开泰县（锦屏）政府的司法管辖是全面的，与中原内地县级政府司法情况无多大区别。

从以上所列举的诉讼资料看，当事人显然不会在非正式的制度与正式的制度之间只作一次性选择；在这两者中间，他们可作一系列的抉择。清代民事法律是一个矛盾多发而又多层次的制度，其中包含了一个基本法律的正式制度，一个基于妥协的调解制度，还有一个介于这两者之间的第三空间。[1] 琐细的民事纠纷就让社会本身的民间调解系统而不是由官府的司法制度去处理，对家庭和宗亲的纠纷特别是如此。清代县级政府管辖婚姻、田土、借贷、光棍等所谓“轻微的民事案件”，亦所谓“县自理案件”，由于县级政府司法资源有限，很难个个都处理，但当认为有必要审理或必须审理的案件，会及时审理，“姚廷标具控姚绍襄案”就属于这一类。

[1] 黄宗智：《清代的法律、社会与文化：民法的表达与实践》，上海书店出版社 2007 年版，第 158 页。

五、茶山的家族公有

在中国，“家”是一种抽象的含义，是家族成员的集合体。在对外关系上，“家”是作为户籍单位，负担国家公课，在家庭内部，基于血统而形成尊卑、长幼关系。家长是一家的代表者与统率者，一般由尊长担任，以确保家长统理家政，管理家财，“幼与尊长，同居共财，其财总摄于尊长，而卑幼不得自专也”，“财则系公物”，[1]“家财则系公物”，“同居谓一家共产也，同居共产之卑幼，原系应有财物之人”等，认为家产是家族成员集合体的公产（共有财产），由尊长与卑幼共同所有。家产分割从外观上来看，是分得者专有，但实际上是将一团的家产分成数团，分出的家产属于家庭全体成员，并不专属个人。[2]中国传统社会，不是以个人为起点，而是以家庭为起点，传统中国“同居共财”是一种建立在共产关系之上的生活共同体，这是有机的生命体，家产归属这个生命整体，并非具体到某一个成员。“家族共产制”理论所说的“共产关系”实际上是一种经济机能上的共同关系。所以“共有持分”的观念说明家庭成员间，特别是夫和妻、儿子与女儿不同的财产权利时就面临着很多的困境。[3]

日本学者滋贺秀三的家族法基本原理，则从法的归属关系上说明各个家庭成员与家产的权利关系，比较清楚地说明了传统中国家庭的法律构造。滋贺认为：“同居共财”之家，根据“父子一体，分形同气”的原则，父亲是当然的家庭的代表者和统率者，他可以处分财产，提议分家，教令子女，父亲的意志在很大程度上代表了这个有机生命体的共同意志。当父亲去世后，兄弟作为一个整体自动继承父亲的地位，形成了“兄弟同居之家”，根据“兄弟平等”的原则，所有对于家产的处分，都必须是兄弟共同意志的结果。如果兄弟不能达成一致意见，分家将不可避免。而分家如同细胞分裂一样，形成了各个独立的

---

[1] （清）沈之奇：《大清律辑注》卷第四，户律・卑幼私擅用财，律后注、律上注。

[2] 阿风：《明清时代妇女的地位与权利——以明清契约文书、诉讼档案为中心》，社会科学文献出版社 2009 年版，第 7 页。

[3] 阿风：《明清时代妇女的地位与权利——以明清契约文书、诉讼档案为中心》，社会科学文献出版社 2009 年版，第 17 页。

细胞（一团分成数团），兄弟无论是未婚，还是已结婚生子，都是以一个“房”的形式得到属于其房的财产。[1]

明清时期清水江流域苗族、侗族的财产都实行大家族公有制，保持了生产资料与主要生活资料的家族占有形式。当时小的家庭在经济上还不具备独立于大家族的条件。一个父系大家族包括三四个乃至七八个小家庭，他们在一个男性家长的统一领导下，组成一个共同生产、共同消费的集体。这个家长往往是祖父、父亲，或者是长兄，或者是大家推选有能力的男性成员作为众多成员组成的家族首领。他既是家族进行生产的指挥者和组织者，同时也是生产资料分配的负责者，对外还是这个家族的代表。大家族家长和其他成员没有显著的不平等现象，家长和大家一样去参加劳动，这是他们处于平等地位的一个重要基础。[2] 明清时期在黔东南苗族、侗族地区80%左右的山林财产为各姓家族、宗族共有，家族中各房分股占有林业所有权，在同一家族宜林地区内有谁种谁得的传统，一经种上林木，可以直接传给子孙，待砍伐出卖以后按股分利，以后林地又由家族统一协调更新，直到主伐为止。如家族成员因建房等需要木材，通知家族，即可上山砍伐。[3] 到清朝中期以后，随着林业经济的发展，苗族地区传统管理方式和经营体制有所改变，这主要体现在保留家族共有制前提下家庭股份制的出现。有学者认为：清水江苗侗民族地区林业契约，特别是“卖木又卖地契”的出现，说明林地所有制正从“家族公有制”向“家庭私有制”转变，而且认为“林业契约只能是林地家庭私有制的产物”。[4] 然而我们从锦屏契约中还不能读出证明“林地家庭私有制”的有力证据。其实有时契约本身是不能说明的问题，可以借助其他资料来证明，如家族内部的土地纠纷诉讼文书等。

在苗族、侗族家庭发展过程中，由于人口的增长会引起父系大家族分化，但早期的父系大家族由于受到生产力水平的限制，分化时结果不是产生若干小家庭，即核心家庭，而是产生若干较小规模的家庭公社。[5] 常常是在家族内的

---

[1] ［日］滋贺秀三著，张建国、李力译：《中国家族法原理》，法律出版社2003年版，第418页。

[2] 贵州省编辑组：《苗族社会历史调查》（一），贵州民族出版社1986年版，第363页。

[3] 贵州省编辑组：《苗族社会历史调查》（一），贵州民族出版社1986年版，第139页。

[4] 罗洪洋、赵大华、吴云：《清代黔东南文斗苗族林业契约补论》，《民族研究》2004年第2期。

[5] 石朝江：《论苗族家庭的类型与发展》，《贵州民族学院学报》1993年第4期。

家长已经衰老或逝世，且人口极度膨胀时发生，曾由第一代领导的大家庭分化为第二代领导的若干新的家族公社。开始时，新产生的由第二代领导的家族公社，人数虽然少于分化前的大家族，是一种较小规模的父系大家庭。这种家庭最常见类型为兄弟家庭，由至少两对以上夫妻，三代以上组成的兄弟家庭组合体。随人口的增长，又依世代与集体分化原则再行分化。如在内地，当“家庭核心增大时，这个群体就变得不稳定起来，这就导致了分家。但已经分开的单位，相互之间不完全分离。经济上他们变成独立了，这就是说他们各有一份财产，各有一个炉灶，但各种社会义务仍然把他们联系在一起”。[1] 日本学者寺田浩明将这种家族财产形式称作“一个钱包的生活”。[2] 也就是说个体家庭只在父系大家族中分出生活，经济上仍依附于父系大家族。在锦屏地区，由于林业经济的特点不同，家族中财产所有和分配形式与内地汉族有所不同，但家族共有的财产形式与内地是基本相同的。

一般来说，家庭私有制的产生是由于生产力的进一步提高，个体劳动能够不依靠集体力量进行生产，而生产出来的东西不仅可以养活自己，还有剩余产品供养其他人。当已经有条件在经济上实行分离，从父系大家族中把地分出来自己耕种，建立个体家庭经济基础（土地、房屋等）的时候，当财产不仅属个人而且属于家庭所有的时候，家族私有制就产生了。由于经济从大家族经济中独立出来，个体家庭便开始成为生产单位、社会细胞和最基层供养单位(生活单位)。家庭的全部生产劳动由家庭成员承担，供养孩子也纯粹是家庭的责任，家庭财产由家庭自己支配。我们从“清水江文书”中除了发现份地可以买卖的契约外，尚未发现说明“家庭私有制”的其他资料。个体房族虽然可将自己在家族财产中依股所有的份地出卖，但原则上要首先卖给大家族中的其他成员，在大家族成员无人购买的情况下，必须经过家族长和家族长老的同意，才能卖给外族或外寨的人。

特别应该注意的是，林业经营的本身又决定个体家庭不可能完全脱离大家族而独立存在。在林业经济体制下，由于林木生长的周期长，需要经过十几年到几十年，每块林地种植树种不同，主伐时间、收益的时间也不同。比如，家

---

[1] 费孝通：《江村经济——中国农民的经济生活》，商务印书馆 2004 年版，第 84 页。

[2] ［日］寺田浩明 2004 年度京都大学法学部“东洋法史”讲义配送资料 B 第 1 页（未刊稿）。

族在三块地上分别栽种杉树、桐树和茶树，砍伐的收益、桐油和茶油的收益，在时间上不一致。所以以股份方式进行生产和分配，既调动家族内部成员的积极性，各户也不必考虑自己的劳动果实丧失掉。因为这些内容都按各房族的股份明确规定在家族内部订立的字据合同中。这些字据合同被族长和其信任的亲族很好地保留着，整个家族林地的总体规划和运作都由族长统一掌握，家族成员对此没有必要过多操心。也就是说个体家庭靠份地的经济收益还不能维持日常生活，经济不能完全从大家族中独立出来，还要从在家族其他财产中所占有的股份中提取生活资料。那么，这些大家族公地中经济林的收益是怎样按照股份由各房族领有，又以何种形式投入劳动力，如何按股份标准进行收益的分配，这可能是解决大家族公有制下林地占有和分配制度的一把钥匙。

油茶是在桐树大面积种植之前该地的主要经济支柱。前述，“清水江文书”中油山买卖、租种契约说明茶油在人们生计中的作用。那么，这些大家族公地中作为经济林的油茶收益应该是共同享受的。在过去黔东南和湘西地区每个村寨都有成片的茶树林，这样的茶树林都是村寨集体管理、集体经营，而且共同受益。现今在湘西土家族的宗族组织还将集体油茶林收入作为祭祀资金的来源和集体活动的经费来源，油茶林至今还保留着集体公有的形式，即便是那些分到各家各户的油茶林，在更新和收获时，各项劳动同样像侗族村寨一样具有集体劳动的性质。[1] 这足以说明油茶种植是在家族公有制、集体所有制条件下林地占有和分配中最容易安排的树种。

六、油茶的生态与经济价值

油茶是原产我国的乡土树种，油茶又是一种长寿树种，具有一次种植、多年受益的特点，稳定收获期长达 80 年以上，经济效益十分显著。油茶是木本油料植物，已有 2000 多年栽培的历史，经营管理技术比较成熟。茶油作为我国特有的木本食用油，品质甚至优于橄榄油，被联合国粮农组织列为健康型高级食用油。2020 年我国茶油年产量将达到 250 万吨，占到食用植物油总产量

[1] 麻春霞：《经验与反思：民族学视野下的湘西地区民族政策——以油茶种植的政策扶持变迁为例》，《原生态民族文化学刊》2011 年第 4 期。

的20%以上。大力发展木本粮油等森林食品，已成为提升国民营养健康水平、维护国家粮食安全的重要途径。由于这种作物与森林生态系统可以兼容，不会构成林粮争地。茶油不仅品质优良，而且还能产出各种有用的磷化副产品，因而与油棕、橄榄、椰子合称为“四大木本油料作物”。油茶种子含油量达35%～42%。用茶籽提炼出来的茶油气味芬芳，不饱和脂肪酸含量高达90%，比被誉为“液体黄金”的橄榄油的不饱和脂肪酸还高出7个百分点。此外，茶油还富含维生素E及多种活性成分，被誉为“东方的橄榄油”，因而是最佳的食用油料。据专家测算，与油料农作物相比，每公顷油茶的产值约为4.2公顷油菜、1.34公顷花生的产值；与杉木相比，每公顷优质油茶林进入稳产期后的年收益要比杉木林高出一倍左右。此前，仅仅因为对外销售量不大，虽然品质好，但市场知名度却逊色于橄榄油。只有专业的研究机构才知道茶油的食用价值。[1] 在20世纪50～60年代，中国的茶油总量超过30万吨与同时期各种食油木本植物油的产量大体持平，油棕油、橄榄油、椰子油就是如此，可是50年过去了，其他三种油的产量均超过了200万吨，而茶油总量却原地踏步。[2]

油茶集生态效益、经济效益和社会效益于一身，对于推进山区综合开发、促进农民就业增收、维护国家粮油安全、改善人民健康状况、加快国土绿化进程都具有十分重要的作用。只要给予一定的资金和政策扶持，注重科技成果的推广运用，就很容易形成一个大产业，成为农民增收致富的重要渠道。目前，我国人多地少的矛盾日益尖锐，全国食用植物油60%多靠进口。大力发展油茶产业，不仅可以改变我国食用植物油主要依赖进口的局面，满足人民群众的消费需求，而且还能够腾出更多的耕地来种植粮食，有效维护国家粮食安全。油茶除了可生产上乘食用油之外，还是优良的工业原料。生产茶油的剩余物，通过综合开发利用技术，可广泛用于日用化工、制染、造纸、化学纤维、纺织、农药等领域。同时，油茶根系发达，枝叶繁茂，花卉美观，耐干旱瘠薄，

---

[1] 杨成、杨庭硕：《论贵州油茶产业发展的机遇、挑战和对策——以黔东南为例》，《贵阳市委党校学报》2011年第5期。

[2] 麻春霞：《经验与反思：民族学视野下的湘西地区民族政策——以油茶种植的政策扶持变迁为例》，《原生态民族文化学刊》2011年第4期。

适生范围广，既有生态功能，又有景观功能。茶树林除了产出茶籽外，还能产出多种生物产品，因为茶树是最好的蜜源植物，只要有茶树林就有可能伴生蜂蜜和蜂蜡，茶树在更新时还能产出燃料，还能培育出好吃的茶树菇，茶籽榨油后形成的茶饼既是肥料，又是杀虫剂，而且经过化学加工后，还可以提取清洁剂和杀虫剂，同时茶树林中可放养鸡鸭牛羊等禽畜。总之，发展油茶产业，一举多得，既能促进农村经济发展、增加农民收入，又能缓解我国食用植物油短缺问题、提升人民群众的健康水平，还能绿化荒山、改善农村生态面貌。这一产业一直没有发展起来主要原因是缺乏优良新品种，尤其是长期没有使用实生苗造林，导致品种严重退化，产量很低，同时没有真正把油茶当作商品来生产，经营管理粗放，多数处于半野生和原始栽培状态。目前，科研部门已经选育出100多个优良品种、品系，茶油的市场需求也越来越大，油茶产业迎来了难得的发展机遇。❶

发展油茶产业在维护生物多样性方面具有种植其他油料作物所无法替代的重大价值。大力发展油茶产业，既要追求经济利益，以此调动各方面的积极性，又要注重生态保护，绝对不能以牺牲生态效益为代价换取油茶的经济效益。一是要坚持新造与改造“两手抓”。一手抓利用宜林荒山荒地新造高产油茶林，一手抓现有低产油茶林更新改造，做到双管齐下，全面扩大油茶资源培育规模和产出总量。当前，要充分利用现有油茶林地，重点做好现有低产油茶林更新改造，减少占用其他林地，防止毁坏森林资源，尤其是不能毁掉现有的生态公益林新造油茶林，也不能在植被状况好、生态区位重要的林地上发展油茶林。二是要充分利用低山丘陵地区的宜林荒山及灌丛地、采伐迹地、火烧迹地、雨雪冰冻灾害损毁林地，以及房前屋后、道路两侧、河道沿岸等边际性土地，见缝插针地新造油茶林。三是要注重发挥油茶林的生态效益和景观效益，要特别注意在整地、栽植和抚育等环节，避免造成水土流失。❷

七、桐树种植与桐油销售

清同治以前，黔东南地区造林仅限于杉木、栎类和少部分油茶林。光绪

❶ 贾治邦：《解决突出问题，推进油茶产业又好又快发展》，《林业经济》2008年第10期。

❷ 同上。

时，随美日等国对桐油需求的增加，人工植桐逐渐兴起。桐油是黔湘桂毗连地区的又一大特产。当地民谚说："种山不种桐，丢了一半工，植桐效不慢，一年一根杆，二年一把伞，三年当老板。"据《侗族通览》载：桐油主要产于贵州镇远、榕江、岑巩、剑河、台江、三穗、天柱、锦屏、黎平、从江、玉屏等县，湖南新晃、芷江、靖州、通道，广西三江、龙胜桐树种植业也不少。新中国成立后镇远产桐油500吨，榕江产桐油140吨，可以推知黔东南地区历史上桐油产量相当大。桐油是由桐籽压榨而得，是质量尚好的干性油，用于制造油漆、油墨、油布，也可作防水、防腐用，广泛应用于油漆化工、建筑、家具制造、印刷等行业。黔湘桂一带出产的桐油，具有比重轻、透明度高、含水率低、附着力强、抗冷抗热、耐酸耐碱、防腐防锈、绝缘性能好等特点，可称上品。明清以来，桐油经洪江，通过油船，走沅江外运，沈从文曾说"下行可载三四千桶桐油"[1]是真实的记录。资料表明，黔东南除农民种桐外，清末、民国时也吸引了一些商人投资经营成片桐林，"以锦屏境内栽培最盛"，锦屏植桐以小江地区较为集中，既有自种自收，也有商人雇工经营，具有商品生产的特点。

这里以小江乡为例，谈谈桐树种植和桐油生产的情况。小江乡离王寨8公里，位于小江河东岸，因小江河流贯全境而得名，北界天柱，东依三江镇，南抵挂治，西接魁胆，面积约29平方公里。小江是侗族聚居乡，只有个别户是苗族和汉族。小江山多田少，人均田土半亩左右，但盛产杉木，历史上就是锦屏林区之一，侗族农民在种田之余，历来靠山吃山重视营林，商品经济发展较早。

如"小江契约文书"中"龙元本立卖桐油树契约"：

立卖桐油树字人龙元本今因家要钱用度，无处所出，自愿将到地□、登幸、盘步、桃好三处壹共拾五木兜自己上门问到仁步村龙宜照名下承典，当日言定价钱陆佰八十文，其钱亲手领用，其桐油树付与买主管业，自卖之后不得异言，恐口无凭，立有卖字为据。

---

[1] 沈从文：《常德的船》，沈从文散文集《湘西》中的一篇，1939年8月由长沙商务印书馆结集出版。

内添六字。

凭中　代笔龙生林

中华民国伍年十一月十八日　立[1]

小江植桐始于民国初年，盛于20世纪20年代，20世纪30年之后，植桐业开始走向衰落。据调查，1918年有王寨商人许荣到小江经营植桐，雇用当地侗族农民栽种了四五千株的一片桐林，为小江发展经济林起到了推动作用。与杉木比较，植桐周期短，收效快，三年即可小收，四年即可大收，经济效益明显，有利于解决农民生活上的困难。而且当时洪江榨油业已经较为发展，桐油畅销国内外。为了满足其榨油所需之原料，一些洪江的棉布商人，运布至锦屏销售，鼓励农民以桐籽与之直接换布匹，这就刺激了农民植桐的积极性。自耕农利用自己的山地栽种桐树，缺地少地的贫农也利用田边地角栽些桐树。小江植桐以坪地村最多，如1929年龙世昌家卖桐籽收160元，李世华收入70元，龙大本、龙常均各收入60元，龙诗凡收入25元，农炳吾收入15元。当时桐籽收购价较高，每大斗约70斤，可得大洋45元，一株桐树好的可结籽50斤，一般株均结籽3~4斤。如以每棵桐树产籽30斤计算，而且不计算新植幼桐，以每斗（70斤）4元计算，则地坪村这几个植桐户在1929年这一年，龙世昌应该是93株，产2800斤；李世华家41株，产1225斤；龙大本、龙常均各35株，产1050斤。龙诗凡15株，产4337.5斤；龙炳吾9株，产262.5斤。[2] 应该说上述估算不够精确，因为农民植桐和收桐都不能“一刀切”。当年的成熟桐树，必然有开花而未结籽的，所以农民植桐的株数，除幼树之外，成熟桐树的数量也偏少，但也反映了植桐将会在短期内给农民带来可观的副业收入。

秋天桐籽成熟纷纷落地，要及时收获，当时小江的妇孺都去拣落地桐籽。桐籽收归家中需要堆放一段时间，壳腐方好退脱，剥出桐瓣。堆放时间过长，则会使桐瓣霉烂变质，所以要适时脱剥，每工可剥桐籽六七十斤，若雇工剥

---

[1] “小江契约文书”第024号，凯里学院馆苗侗文化博物馆藏。

[2] 贵州省编辑组：《侗族社会历史调查》，贵州民族出版社1988年版，第21页。根据该书“锦屏地坪村农民植桐收入典型统计表”转换。

壳，则每工工资一般为三斤米。在桐油畅销年代，植桐有利可图，吸引了一些商人将其商业资本转向经营林场。1922 年，王寨裕大永布店的老板名叫双炳炳，他在大凉亭附近向地主租用一片山地，雇当地侗族农民栽种了几千株桐树。一般每工付工资一吊钱左右，坪地、新华等村的居民纷纷应雇。但由于地租高，浪费大，经营管理不善，以致成本过高，生产桐籽的成本高于收购桐籽的价银，结果赔了本，只好停止经营。1922 年，还有商人在二凉亭与塘土凹之间的一大片地上经营桐场，雇工最多时达 150 人。他选雇工头管理生产，由工头雇人栽种桐树，提供伙食，每日工资五六百文。经营了二三年，营造桐林几万株。木材商人陈长茂在经营丝绸店的同时，又购买青山，经营木材生意，运销湖南靖县，获利颇丰，用船装银而归，转而投资发展桐林生产。当时贵州少数民族地区的很多地方都宜于发展桐林生产，所以在贵州叫“桐木寨”、“桐木岭”的地方很多。

民国时期政府部门曾对桐木种植比较重视，曾举办训练班培训技术人员，也下达了各县的植桐指标，起到一定的促进作用。民国二十年（1931 年）12 月 2 日锦屏县万姓县长通告全县，强令种植桐树、漆树 20 万棵，其告示全文如下：

> 查二十一年份应遵令造林二十万株，又各项林木惟桐、漆容易收效……决定一律播种。其办法以禁烟罚金为标准：凡出禁烟罚金一元者，植树五十株，出千元者植树五百棵，以此类推。明年四月即派员切定查点，如不遵令者每株罚洋五仙。能种树成活在五百株者，由本府给以匾额，在一百株者给银奖章，以示鼓励。除分令外，合将造林分配表另发，该乡、镇长务须遵令办理，召集闾邻长开会讨论进行办法。须知：强制造林，上峰雷厉风行，每年特派专员赴各县实地考察，如发现林数不合或枯死等情，即由各区、乡、镇长负责补植，并届时造报表来府，以凭汇报。事关造林要政，切切勿违。

民国二十九年（1940 年）8 月 30 日，贵州农业改进所和植桐推广专员办事处曾报文云：“查本所为谋增进战时生产、换取外汇起见，特拟具贵州省油桐生产计划，业经呈送核示在案。兹为推广此项植桐事宜，拟开办植桐训练班，招收学员40名。予以两个月之训练，分发各县办理业务。”9月，该所报告经省长吴鼎昌批示：“尚属可行，应准照办。”

贵州农业改进所又下文有关各县云：训练班由本所直接招生28名外，分函锦屏、黎平、天柱、剑河、铜仁、江口、思南、印江、贵阳、清镇、平坝、定番（今惠水）12县推广植林县份，每县保选学员一名来所受训。锦屏县县长李繁苍批云：“选送苏肇眉，饬该员如期驰赴。”苏肇眉为六军中尉副官，指挥部少尉参谋，当时任锦屏县九乡乡长，县兵役科科员。训练结业之后，民国二十九年（1940年）12月8日贵州农业改进所出具介绍信云：“兹指定苏肇眉、欧阳开政二员分派贵县（指锦屏）见习协助办理推广植桐事宜。”

在政府的倡导与重视下，商人带头经营，植桐成为锦屏一项新兴产业而逐渐发展起来。在锦屏县档案资料中，有自民国二十九年（1940年）到民国三十二年（1943年）各乡桐林的情况。[1] 从统计数字来看，锦屏的桐林生产在此期间逐步发展：1940年仅植桐1028亩，共46980株，至1943年就发展到2243亩，共136685株。面积增长了54.17%，株数增加了65.63%。1944年又对锦屏县各联种植桐树的面积和株数进行统计，1944年锦屏县共有桐林面积2323亩，桐树138000株，比上年仍略有增加。据估算，锦屏年产桐籽约一百万斤，除留下小部分自用外，约有70万斤以上被政府或商人收购。抗战期间，木材贸易停顿，农民生活很苦，这是一笔很重要的副业收入。锦屏没有桐油榨坊，只能作为原料供应，最初单纯由商人收购，后来因桐油成为国际市场上的紧俏商品，政府则强行统制收购。1930年9月，第一区行政专员公署下文令锦屏县政府：

富华贸易公司贵州分公司镇远办事处函开：查今期冬腊，新油迅将登场，天柱、三穗、锦屏等县又为产油之区，有关本处收油之业务，责任至重。故于本月十五日奉贵州分公司令，饬调查各该县之桐

[1] 贵州省编辑组：《侗族社会历史调查》，贵州民族出版社1988年版，第23页。

油产销状况，有无走私情况在案……即希转知各该县予以保护。

文中所指桐油，实为油桐或桐籽。无论是政府还是商人，将其收购后即送交天柱远口榨坊，榨成桐油后，交售洪江八大油行，再转运至汉口油库运销美国。中国桐油出口，完全依赖于美国市场，1933 年美国洋行贬价收购，出口价 1933 年比 1930 年下降 60% 左右（根据海关数字推算），锦屏植桐的农民受到很大的经济损失。[1]

八、“混林/混农”研究的意义

国家重大招标课题“清水江文书整理与研究”，2011 年 11 月由中山大学、贵州大学、凯里学院共同获得。凯里学院两位子课题的负责人贵州省民族文化宫主任高聪和贵州大学教授龙宇晓，曾在 2008 年 7 月 21 日至 27 日出席了“第 16 届世界档案大会”。世界档案大会每 4 年召开一次，轮流在世界各国的首都召开，由各国政府和世界教科文组织、世界档案总会联合举办。2008 年会议在马来西亚首都吉隆坡召开，这次会议的主题是“拯救世界重要混农的历史系统的复合经营库”，副标题是“关于中国土著民族文献遗产锦屏文书的保护利用的专题论坛”。论坛是向与会的世界各国专家介绍目前正在进行中的一项极富创新意义的社会工程事业，即关于中国清水江契约文书或苗族、侗族林业契约文书的民间就地保护和利用课题。事实上，在清水江流域各县，现在还有相当数量的文书非常幸运地保存在这个偏远的少数民族地区。黔东南清水江流域的“混农系统”是全球重要的文化遗产之一，与其他地区的混农文明系统相比，清水江流域苗侗少数民族人民几百年来创造的“混农林系统”在目前世界上是唯一得到较好记载的人类混农林文化。这一文化系统的载体就是在民间还残存的、大量的已濒危的契约文书。这些文书是在全球范围内具有世界重要意义的民间文化遗产，从这个角度说，清水江契约文书所要保护的不仅仅是中国这一个国家自己的文献遗产，也是在保护全世界一个历史悠久、独特的农林混合的活态文化系统。中国西南地区这个偏远的少数民族地区居民发明

[1] 贵州省编辑组：《侗族社会历史调查》，贵州民族出版社 1988 年版，第 24 页。

的“混农林系统”是全球重要的文化遗产之一，在目前世界上是唯一得到较好记载的人类混农林文化的活标本。近半个世纪以来，锦屏县曾多次被林业部门和林学专家们评定为国家级林业模范区，文斗苗寨和魁胆侗寨则是锦屏林业传统及营林成就的典型代表。两寨林农们对“林粮间作”和人工营林拥有自己一套独特而又行之有效的科学认知和实践技艺，从某种程度上说，正是这些乡土知识造就了清水江流域几百年来“混农林系统”的持续繁荣的原因。[1]

虽然课题组已经在世界性的大会上介绍了清水江流域苗侗居民传统“混农林系统”情况，但国外学者对这一“混农林系统”的回应、讨论、评价如何还不清楚，要让国内外学者们信服，就要有充分的资料来证明，但目前这方面的调查成果还偏少，具体的研究深度还很不够。“清水江文书”确实给我们提供了丰富的研究清水江流域政治、经济、法律和文化的资料。学者们根据自己的专业采取不同的研究方法，研究民间法的注意各种文书的形式和主体关系，以及根据诉讼禀稿研究基层诉讼制度；研究计量经济学和数学人类学的注意契约的货币使用和交易数量；研究社会史的注意家谱及家庭林地买卖频率和演变关系等。要通过“清水江文书”，整体、细致、深入、科学地研究清水江流域的“混农林系统”，把它从历史的尘封中披露出来。但这一课题研究中有以下问题值得提出。

首先，“混农林系统”并不只是清水江少数民族地区居民发明创造的。这种现象在历史上全国各地林区都或多或少地出现过。山林地带一般山多地少，怎样解决人们的口粮，是山林地带普遍面临的问题。“清水江文书”不同程度记载的“林粮间作”是该流域地区林粮共同发展的一种模式，也是苗侗民族林农创造并传承的一种独特的民间文献遗产，忠实地记录了当地居民对中国人工营林业及混农林业技术的一份贡献，为世界林业中一个具有中国农林特色的范例。笔者以为这一定位比较客观，不宜拔得过高。其次，既然是“唯一”，就要弄清“混农林”成分在“清水江文书”的比例，否则就无法贸然称其为

---

[1] 现任贵州师范学院民族学与人类学高等研究院常务副院长龙宇晓教授，2010 年 10 月在锦屏县召开的“锦屏契约与清水江木商文化研讨会”上的介绍他们参加“第 16 届世界档案大会”的发言内容，根据录音整理。

"土著混农林契约文书";[1] 笔者试图从清水江文书"买卖契约"中的"内批"、"外批"、"四至"中找出"混农/混林"的一些信息，只能是抛砖引玉地尝试。再次，就是"混农"或"混农林"这个提法是不是恰当，是否叫"混农/混林"系统更科学。因为在这个系统中，不同植物的混种、林木和农作物的混种是不可分的，有的就是同时进行的，林牧农混合的产品，还有其他与农业、林业相关产品相伴而生。最后是如何在"混农/混林"系统中发现传统经验，特别是别处所没有的技术环节上的经验，让这一技术在现今的林业、农业中发挥作用。如根据传统经验让林农种植既有经济效益，又有生态效益的林种、树种，有利于木本粮油种植和推广等，同时在传统知识的启发下发展林区的林下经济，如林下种菌、种菇、种药、种菜等种植业和林下养鸡、养猪、养兔、养蛙等养殖业，种植培育、经济林果（如楠竹、山核桃、油茶、柑橘等）、竹藤花卉等产业，以解决林下闲置土地浪费和"退耕还林"后土地利用、农村剩余劳动力和林农增收难的问题，实现林业、农业和各种养殖业的生态循环，达到"富民兴林"的效果，扭转"守着森林没饭吃，靠着金山去讨饭"的局面，让林农的辛苦劳动既能产生经济效益，又能不断产生生态效益。

[1] "清水江文书"引起了西方学术界的重视，西方学者依其独特的学术偏好和文献部分内涵，称其为"土著混农林契约文书"（Qingshuijiang Manucripts of Indigenous Agroforestry Contracts）。

第四章

传统森林生态与环境保护意识及行为

苗寨岜沙把人与树看成“一体两身”的思维，极其原始又极其现代，具有21世纪人和自然的示范价值。一个人出生由家人种一棵树，这个人与树一起老，死后再由家人砍下这棵树，裹着这棵树一起埋入地下，在埋入处再种一棵树。结果整个山头没有坟茔，没有墓碑，却是一个没有生命终点的陵园，或者说，一种打通人与自然界限的共同延续。这个事实让我沉思很久。我认为，这是全人类处置生命结束的最佳方式之一，包含着一种天人合一的生命哲学。我也算是一个走遍世界的人了，却实在想不出世上还有哪一种生死仪式，优于这里人与树紧相交融的生命流程。

在别的地方“虽死犹生”、“万古长青”、“生生不息”是一种夸饰的美言，但在这里却是事实。“生也一棵树，死也一棵树”，多么朴实的想法和做法，是对人类生命本质的突破性反映。世界上有多少宗教团体和学术机构从古至今都在研究生命的奥秘，现在我们抬头仰望，这个山头的冲天大树，正与遥远处那些暮色中的教堂、日光下的穹顶、云霞中的学府遥相呼应。

——余秋雨：《黔东南原生态考察手记》“说明”及“我本是树”

一、“儿女杉”及其生态文化含义

在黔东南还有栽培“儿女杉”的传统。每当婴儿降生时，父母就在当年栽植100株杉树，18年后，人已长大，树也成材，男儿成婚、女儿出嫁等的全部费用也就有着落了。故而又将“儿女杉”称为“十八杉”或“姑娘林”、“女儿林”。锦屏县的民谣对此有形象的说法：“十八杉、十八杉，姑娘生下就栽它，姑娘长到十八岁，跟随姑娘去婆家。”

关于“儿女杉”有一则传说。据说：在元朝末年，湖南公同岩壁村的龙政忠眼看“中原无主，天下纷乱”，便弃家投身行伍，组织了自己的军队。后率兵入黔，与新化、欧阳诸蛮夷长官司分域而治，守备亮寨而成为亮寨蛮夷长官司的正长官。龙便伯为龙政忠后裔，到明朝初年，因不能袭替长官司之职，于是离开亮寨到茅坪五柳山躲避并定居下来，后与茅坪开寨杨姓之女成亲。这个杨家原本也是移民西迁溯江而来，在茅坪开寨，并有二姓。杨家拓荒无名溪，造田开荒兴农耕，又在山上造杉林，18年后树成荫。在茅坪创业几十年成为家资殷实的大户。龙便伯虽身有官职，但生性淡泊名利，愿归隐山林，以种树为生，起初虽然贫寒，但是有家族来历，且一表人才。杨姓之家便以无名溪为界，将一半田土山林，每年大概能收1200石粮（大约现在的120亩）的田土和山林，作为女儿陪嫁送给龙家。民间有诗赞曰：

便伯打从亮寨来，
一表人才眼有神。
杨家淑女龙家郎，
天作之合一对人。
双方有情又有意，
良辰美景鸾凤鸣。
杨家陪嫁有讲究，
不送金来不送银。
无名溪畔良田多，
两边都是成材林。

田土山林作嫁妆，
以溪为界两半分。
东边杨家自管业，
西边随女送龙门。
从此有了“送龙溪”，
无名之地变有名。
金银在手易花掉，
唯有田林是命根。
杨女嫁到龙家后，
洗头没有洗发粉。
杨家又送小一幅，
满坡油茶绿茵茵。
洗发洗物茶枯水，
人干净来家卫生。
田土山林已流转，
杨龙族谱记实情。
茅坪有了“送龙溪”，
以后才有“女儿林”。

明清以来，以田土、山林赠送亲戚朋友和陪嫁女儿已成普遍的风俗，后来的“女儿林”、“十八杉”的说法都是由此衍化而来，而以茅坪龙氏家谱记载最早。所谓“十八杉”，除了管理得好，18 年就能成材这层含义外，还与女儿长到 18 岁成年、出嫁这一人生大事息息相关。在黔东南林区的苗乡侗寨，谁家生了孩子，无论男女，都要择地植上一片山林，精心管理。待 18 年成材，小孩也到了“男大当婚，女大当嫁”的年龄，就可以对已成材杉木进行砍伐，作为男方送聘礼的“钱庄”，女方打制嫁妆的“钱柜”，有的地方母亲还专门为女儿栽种“嫁妆林”。民国时王寨人龙引弟下嫁潘寨杨姓，其父母将盘龙溪一片“十八杉”作为陪嫁，一时传为佳话。[1]

“茅坪龙氏家谱”的记载和上面的诗反映出“儿女林”习俗的形成过程与婚嫁和生态意识密切相关。中国古代的婚姻讲究“六礼”，其中“纳彩”是关键的不可缺少的环节，彩礼和嫁妆对男女双方父母来说都是一件大事情，这在内地的汉族地区各地有习惯上规则。以“活立木”作为嫁妆只有在清水江流域林业商品经济发达的情况下才能实现，所以才有了“杨家陪嫁有讲究，不送金来不送银。无名溪畔良田多，两边都是成材林，田土山林作嫁妆”。另外一层意思是杨家老者对女儿、女婿以后的生计有长远的考虑，即“授之以鱼”，不如“授之以渔”，“金银在手易花掉，唯有田林是命根”。这是中国乡土社会“以田土为本”思想的反映。诗中还交代了一个具体的情节，即“杨女嫁到龙家后，洗头没有洗发粉，杨家又送小一幅，满坡油茶绿茵茵，洗发洗物茶枯水，人干净来家卫生”。前面交代了，龙家比较贫穷，连洗发粉都没有，于是杨家又追加了一块土地，专门种油茶，油茶的果实经过加工以后作为“清洁剂”，用来洗涤，既环保又卫生，很符合当今“纯天然”、“原生态”的环保理念。同时也说明杨家女儿非常勤劳、整洁，这是中国正统思想提倡的对妇女“四德”的要求。

历史上“女儿林”习俗在清水江林区多大程度上能得以实现，已不得而知，即使是部分实现也对当地林业的发展会有促进作用，婚嫁习俗与林业发展形成了良性的互动关系。黔东南林区“女儿林”与坝区苗族“女儿田”习俗可能有着文化上的联系。在苗族从事农耕的地区，当一个家庭生下女孩时，就在家庭的田地里专门开辟一块“女儿田”，在这块地上种棉花用来纺纱、织布，种蓝靛用来染布或种其他农产品出售，将物产换取现金，直到女儿出嫁时所有收入都归女儿所有，以解决女儿出嫁时昂贵的嫁妆，[2] 因为习惯上苗族女孩出嫁时要置办一套满饰银饰的盛装，这套盛装一般价值不菲。张应强指出：清水江下游地区曾不同程度流行过的“姑娘林”习俗，就需要放在区域社会内加以审视，尽管不同地方“姑娘林”的具体内容有所差异（或由姑娘自己

---

[1] 刘毓荣主编：《锦屏县林业志》，贵州人民出版社 2002 年版，第 122 页。

[2] 徐晓光、吴大华、韦宗林、李廷贵著：《苗族习惯法研究》，华夏文化艺术出版社 2000 年版，第 114 页。

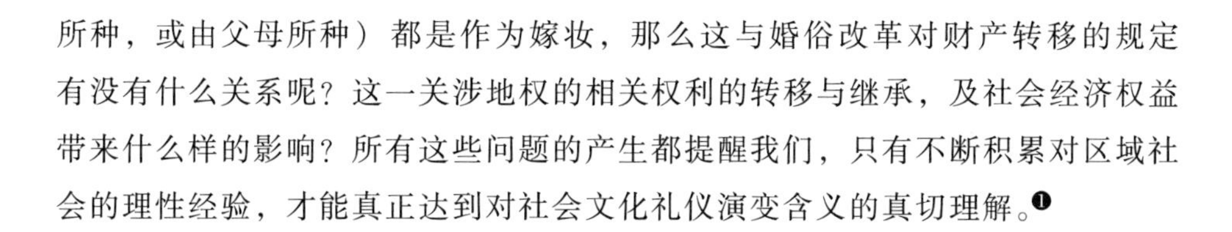

所种，或由父母所种）都是作为嫁妆，那么这与婚俗改革对财产转移的规定有没有什么关系呢？这一关涉地权的相关权利的转移与继承，及社会经济权益带来什么样的影响？所有这些问题的产生都提醒我们，只有不断积累对区域社会的理性经验，才能真正达到对社会文化礼仪演变含义的真切理解。[1]

二、苗族、侗族的生态习俗与传统禁忌

清水江流域保存着森林与人和谐相处的古老习俗，人类的衣食住行离不开森林，皆取自于树木。黔东南各民族对树木非常尊重和崇敬，具有历史悠久的植树造林、爱护森林的传统。在神话史诗类古歌中，苗族祖先把自然界作为一个整体，把人作为另一个整体来看待。自然界整体包括天地、日月、山川、万物、人类；人的整体包括“巨人”以及富于人性的动物、植物和无生物等广义的物种、广义的神话了的人。苗族先民是以自然界为经线，以人为纬线编织神话古歌，[2] 说明他们对主客体的意识和区分是自发的、朦胧的、初始的，所以表现出物我不分，人物、植物、动物一体的认识系统。这一点在苗族传统法意识中有明显的表现。如苗族古歌《枫木生人》中记述了友婆和枫树打官司。友婆责怪枫树偷吃了她的鱼秧，于是请来陆腊王和金松冈当理老。谁知友婆被判理亏，“败诉官司大如山”。友婆不服气，又请来汪俄、立俄来作理老。枫树能言善辩，说道：“各是鹭鸶与白鹤，它俩双双从东来，飞来不高也不低，来在树梢筑窝巢，在树干上生崽崽，嘴壳尖尖如蚂蚱，又馋又恶像老蛇。它俩偷吃你鱼秧，你凭什么来找我。”并自恃有理地说：“无理你告不倒我。”人和树打官司，各说各的理，最后两位理老定枫树为鸟“作窝家”之罪，枫树才败诉被伐倒。[3] 说明在神话类古歌中，人和树都是平等的诉讼主体关系，反映物我合一的初始诉讼意识。以后随着人们认识水平的提高，主体客体意识已经明晰，但苗族理老在“摆古”时还是喜欢用自然界的一些常见现象来加以比喻。如麻江《苗族理辞》都用动物之间的相生相克关系，如水獭吃鱼的案子，

---

[1] 张应强：《木文明与社会发展、木材与清水江下游区域文化的型构》，http//woodculture - cn. woodlab. org/thread. cfm? Therad = 5203。

[2] 张晓：《论苗族古歌的价值意向》，黔东南州民委编：《民族工作》1989 年第 1 期。

[3] 吴德坤、吴德杰整理翻译：《苗族理辞》“议榔”，贵州民族出版社 2002 年版。

猫吃老鼠的案子等，剖解人际关系的哲理。

在黔东南月亮山苗族区以“能秋栽岩”历史最为悠久也最有名。能秋在加瑞、高台、加学三寨之间，位于污牛河和乌秋河汇合处，面积不过四五百平方米。由于地势平缓、位置适中、山清水秀、风景宜人，此处是栽岩活动的最佳场所。“能秋栽岩”岩身呈柱状，上端弯向东方，高出地面20厘米，宽10厘米。此岩被当地群众视为神物，历代都备加保护，至今完好保存。栽岩背后枫树茂密，其中最高一棵30余米，干粗3围。据当地苗民说枫树和岩是同时栽下的，说明该岩年代久远。据说苗族先民们在“能秋栽岩”之后，各村在寨老的主持下，按能秋做法纷纷栽岩立约，于是就有了总岩（能秋）分岩（各寨）之分，如加鸠、加瑞、加勉、加牙、加叶、加翁、孔明、宋罗宋八个分岩。[1] 近几年从江、榕江重起“埋岩议榔”之风，与这一历史渊源有联系。这说明习惯法订立场域中神树与神石的共存关系。

在苗族的“议榔词”和“理词”中规定：“鼓山林”（苗语：Ghab Vcud Niol，音为“伽郁略”）平时不准砍伐，只有鼓社节时才能砍伐，用于制作新鼓和过节之用，村寨敬奉的古树和风景林，大家要以神树供祭，若有亵渎或砍伐，绝不轻饶。[2] 侗族有“老树护寨、老人管寨”的传统，在林区侗族村寨仍在延续，对今天森林管护一直发挥着制度支持作用，使当地的森林生态环境得到了较好的维护[3]。在黔东南的少数民族村寨一般都有一块“神林”（风水林），现在叫“风景林”，其树木比一般的林地树木高大、茂盛、成片，这林子在任何情况下都不能破坏，因为它是保护村寨人丁兴旺、五谷丰登的“神林”，其中的树就是“神树”，谁胆敢破坏必遭神谴和村寨组织的处罚。黔东南的水族人对生长在河畔、井边、路旁及村寨门口高大挺拔、粗壮雄伟的古树，如银杏、古榕、巨杉、苍松等，敬若神明，备加爱护。在清水江流域的苗村侗寨旁都种有风景林，同时还种有寺庙林、桥头林、护寨林、祭祀林等，民间还将林木神化，致使人们不敢随便索取砍伐。这些生活禁忌客观上起到了保护森林的作

---

[1] 岑秀文：《从江县加鸠区“能秋”栽岩活动的调查报告》，《贵州民族调查》之六（内部印刷）。

[2] 徐晓光、吴大华、韦宗林、李廷贵著：《苗族习惯法研究》，华夏文化艺术出版社2000年版，第63页。

[3] 潘永荣：《浅谈侗族传统生态观与生态建设》，《贵州民族研究》2004年第5期。

用，维持了民族地区森林资源的可持续发展。

黔东南的一首民间谚语说："无山就无树，无树就无水，无水不成田，无田不养人。"从中可以看出，在苗侗人民的观念中，将森林、水源、祖先、人类融为一体，注意到森林的存在对人类存在的重要性。这一生态理念指导着每一个村民的日常行为，不要任意伤害树木等。可见苗族、侗族居民自觉爱护森林的观念，对黔东南农村社会的生活与生态管护发挥了积极支持作用。为保证本民族、本地区生产和生活的顺利进行，苗族和侗族村寨的传统规制中都有一些保护山林和生态环境的具体规定。侗族人认为：人从森林中来，最终还要回到森林中去，死后埋入山林，就意味着与祖先会合了。因而侗族人重视对坟地、坟林的保护，并有在坟山植树的习俗。按照侗族的传统丧葬习俗，对死者大多实施停柩待葬（文化人类学上称为"厝置葬"）制度，具体做法是将死者的遗体装进棺木后，抬置到固定场所。这样的固定场所都位于森林中，这种森林所在的山叫"坟山"，森林被称作"护寨林"或"神林"。20世纪80年代，席克定先生在黎平县黄岗村进行田野调查时曾发现这一习俗在当地普遍存在。[1] 该村所辖地区的森林分布很广阔，据调查，生活在黄岗的每个房族都有一处停放死者灵柩的固定场所。各房族的公共"坟山"就是位于黄岗村西部的"小岭"，"小岭"山峰高出黄岗自然村150～180米，由于这片公共山林在历史上是黄岗侗族家系的公用墓地，因而山上的林木备受黄岗村民的保护。[2] 在一些地区，村寨都有公共坟地、坟林，往往被人们视为圣地。他们认为坟地、坟林是祖先栖居的地方，保佑着村寨或家族的兴旺发达，因而对其严加保护。而坟地上的一切动植物也都是有灵性的，受到人们的尊重与保护。人们不得惊扰林木的幽静，不得砍伐树木或攀折树枝，不得猎取任何动物，否则会受到严厉惩罚。这样，任何人、任何时候都不敢去坟山、坟林砍树开垦，因此坟林枝繁叶茂，与村寨神林等一起形成了大片生机盎然的植物带，维系着当地优美的生态环境。他们认为坟山上树木茂盛可以庇护后人，会使风水更好，因

---

[1] 席克定：《黎平、从江等地的侗族丧习》，《月亮山地区民族调查》，贵州民族研究所出版，1983年（内部印刷）。

[2] 崔海洋：《人与稻田——贵州黎平黄岗侗族传统生计研究》，云南人民出版社2009年版，第225页。

而，有不断在坟山栽种枫树的习惯。在坟墓旁则种植泡木树、柏树、黄杨树、松树作为纪念，称为“风水树”。祖坟是神圣不可侵犯的圣地，一般在祖坟周围都种植四季常青的乔木树种，如松、杉、柏类等，不许人畜践踏和攀折，更不准任何人在祖坟附近动土伐木。❶ 在锦屏县“环保第一村”文斗苗寨调查时，我们看到了该村于清代乾隆年间刻立的保护自然环境的“六禁碑”，这应该是中国少数民族地区最早的有关环境保护方面的习惯法规。苗族人民崇拜树，把枝叶茂盛、终年常青的红豆杉树、千年银杏树称为“神树”而顶礼膜拜。在文斗苗寨和黎平县黄岗侗寨至今还保存有数百年的古树。正是由于诸如此类民间习俗的延续与传承，使该地区的动植物长期以来保护完好，有力地保护了森林资源。

在黔东南苗族、侗族地区生态与神灵崇拜一直有着不解之缘，“清水江文书”中有关阴地风水契约文书的资料，向人们展示出阴地风水契约文书的类型，反映了风水观念、土地利用矛盾的处理以及风水习惯法规范。风水习惯法是在风水观念成为人们所普遍认同和接受后，在频繁的阴地风水交易行为中产生，后以乡规民约、风水契约、诉讼调解仲裁文书为载体，以协调林业、农业用地与阴地风水用地矛盾为目的，并逐渐成为具有一般约束力的行为规范。有关“阴地风水”问题将在本书第六章中详加论述。

黔东南苗族和侗族居民有着古老的森林管护观念，这样的观念对于森林生态系统的维护有着积极作用。这从他们不少口传谚语中得到直接的表现，如“老树护寨”的观念。在他们看来，一个民族村寨假如没有几株百年老树，就算不上是村寨，没有老树建立起来的村寨也不能长久。因而，对所有百年以上的老树，他们都备加呵护。因为它们都有灵性，不允许任何人对老树加以损害。甚至在逢年过节时，村里人对村寨内的古树，都要加以祭拜，以表示敬畏。雷山县甘皎村村规民约规定：私自砍伐村寨周围山上林木为己所用的，除另栽十棵树外，还必须赔偿；牲畜践踏苗木的，寨老主持清点被践踏实际数量后，由牲畜饲养人如数赔偿❷。天柱县三门塘村村规民约规定，砍人家的木头

❶ 崔海洋：《试论侗族传统文化队森林生态的保护作用——以黎平县黄岗村为例》，《西北民族大学学报》2008 年第 3 期。

❷ 徐晓尘 1999 年 12 月在陶尧收集。

要把猪杀了分给大家吃；村里的“老人会”还规定，谁偷砍树木，以后他家里死了人不准别人给他家抬棺材。情节严重的拉猪、拉牛，罚款高达500元。[1] 这样保护下来的古树和树林，不仅美化了景观，而且可以发挥母树传种的功效，最终达到自然育林的目的。

在长期生产生活实践中，黔东南苗侗等少数民族掌握了各种树木的生长习性，形成各自的传统植树护林节。侗族的植树节在立春后的第一天。当天，老人带着儿子上山种十多株杉树苗，称为“立春种杉，成林发家”。侗族认为这天破土种杉，杉苗成活率高，生长快，预示着家庭兴旺。种下杉苗之后，再选春雨停后的日子大批种杉苗。㵲阳河流域镇远县涌溪乡的侗族和苗族人民，每到初春时互相“讨树秧”，植树造林，并形成了专门的“讨树秧节”。植树已经成为苗族和侗族人民的共同习俗。为维护林区的封闭，“侗款”与“榔规”中有诸多关于节令的条规。如“侗款”中规定：“向来正月带刀斧上山砍柴，二月斗笠蓑衣，三月用钉耙……”明确规定了林业和农业的生产月令。1～3月是林业的操作期，林间的间伐和疏伐安排在1月完成，而林间的中耕则安排在2、3月完成。4月以后才开始大田农作。这样的月令安排，除了林间必要的管理期外，一年中绝大部分时间，林区完全处于封闭状态，这样做确保林木的生长和林区的安全。

村寨的人们对在寨子边、凉亭和道路边的乔木，特别是常绿乔木，如樟木、松柏、紫檀木、猴栗木等，一旦发现幼苗，不论老少，都主动把它保护下来。在生产和生活中，苗族、侗族人民还形成了“打草标”的习俗，即用茅草、芒冬草或稻草等结成圆结、田螺或箭头等形状的“山标”，用以表示特定意思，起到一种警示符号作用。其中“山标”意为不让人随意去砍柴、割草和放牧或拿走砍好的柴草以及保护准备耕种的荒地等，这是所有权的符号标记。在黔东南很多情况下是混农林作业，田边有树，树下有田是普遍的。田地、林地的分布情况也很复杂，私人地界的划分有这样的习惯：如果某人有一丘田（一块田）在别家族的山上，则此田上边3丈，左、右、下三面各一丈五尺都是田主的，地界内林木归田主所有。如果同时有两丘田，又分别是不同

[1] 笔者2000年于天柱三门塘村收集。

的两家所有，则两块田地相邻处之空地也按此规矩。若中间空地距离不够(加起来上下不足4丈5尺，左右不足3丈时)，这在上下相邻的二块田的情况下，则以下面田向上占2/3，上面田向下占1/3（比如，二块田中间为3尺宽的田坎，则下面这块占2尺，上面这块只占1尺）标准来划分；若是左右相邻的两块田，则各占一半。这个规矩不知起于何年，相沿已久，在苗族地区实行土地改革以前家家都按这个规矩办。按习惯所规定的“田边地角”的距离以内，田地上的一切植物为田主所有，比如树木。但在私有田土交界地段，则又有一种占有田边树木的规则，即上、左、右三边距田坎约两丈以内，下边距田坎一丈五尺以内，归田主所有；两块田之间空地面积不够此数的，则由两个田主平分地段占有林木。这些习惯规定在《苗族社会历史调查》中有所记载，这有利于田间林木权属的划定，有利于林权纠纷的解决，有利于林木的保护。

清水江、都柳江沿岸的苗族和侗族村寨很多临近大河与溪流，原木漂运十分方便。而岜沙、黄岗、占里等苗侗村寨则位于江河源头的高山上，再好的木材如果没有河流放运，也必须肩挑背驮，运到大河边才能发卖。由于运输原因，优质的巨大的原木很难贩卖。因而，自雍正朝开辟“苗疆”以来，这些村寨的林木虽十分富集，但却不见木材外销的相关记载。伐薪烧炭一直是他们森林资源利用的主要方式。与时下理解的森林维护有所不同，黎平县黄岗人对自己的森林一直是将利用放在首位。在他们看来，森林本来就是给人用的，如果森林不拿来用，那么留着森林就没有什么意义了。因此，即使是他们崇敬并精心维护的“小岭”和“风水林”，他们也从来不拒绝有节制地利用。“小岭”和“风水林”仅是用于安葬死者的。在森林利用观上，侗族居民讲究节制利用，每年仅仅砍伐那些按“款约”规定可以作为燃料的木材。侗族居民拒绝对林地采用“剃光头”的做法。他们从来都是间伐，这是因为他们必须精心维护和不断修复当地自然与生态环境的脆弱环节。他们认为一旦因主伐导致山体滑坡，即令木材卖了再好的价钱，垮下来的山体花再多钱也不能恢复。同时黄岗人还认为，这片“福地”是祖宗传下来的，不光他们用得心安理得，他们也有责任让子孙也用得心里踏实。从他们的观念看，黄岗这个村寨是永恒的，自然资源永远是属于他们的。山林资源他们无权买卖，精心维护黄岗生态安全是他们的职责。应当说是他们传统的资源观指导着每一个居民的资源利用行为，才使得他们对森林资源的利用永远保持着节制。

从江县岜沙苗族也保持着一套特别的民族生态习俗。岜沙人在山中，家在山中，劳作在山中，一切都在山中。人与自然和谐相处，岜沙人认为他们的祖先就在山里，树是他们的亲人，每一棵树都有灵魂，树也就化为人了。岜沙自古传下来有一个非常有利于环保的好习惯，即孩子生下来，父母为其种下“出生树”，长大成年要种“成人树”，结婚要种“婚姻树”。老人去世，丧事从俭，一般在一天办完，棺木也是用死者出生时的“出生树”做成的，墓是平的，与山林融为一体，后人在墓地上又栽种“纪念树”，于是人也就化为树了。因此在岜沙，人人自觉爱护森林、树木，不轻易砍伐林木。旧时乡土社会总免不了有“重男轻女”的思想。哪家生了男孩，必到本寨风水林中选好一棵参天古木，顶礼祭拜，把它当作孩子的“保爷”。逢年过节，总要带着孩子到树下披红挂彩，烧香化纸，磕头作揖。向神祈求自己的孩子像古树那样经风雨、见世面、顶天立地。2001 年 7 月，我们在从江县调查时，发现岜沙村仅距县城几公里，这里的苗族人都担柴到县城城关丙妹镇去卖，从不使用人力车和机动车。对此，我们请教了当时县民族宗教局办公室主任韦德怀先生，据他介绍，岜沙是古老苗族的一支，至今还保留着战国时期的头饰和服饰，挑柴贩卖是他们古老的传统，以保证该地的林木量，防止过度砍伐，而且限定了砍伐烧柴的树种，只许砍青冈木、麻栗木，其他的树木不能砍卖。

黔东南榕江县侗族地区大量的林业碑文记载了当地人们植树造林、爱树护树的良好习惯。据光绪二十三年“古榕碑记”：“榕之根深叶茂。日甚一日，吾村之生计亦将如日之升。”[1] 将茂盛的榕树比作村寨的生计，会蒸蒸日上，越来越好。“此树往来君子避暑之树，不许乱伐。”在从江，那时就有一生从事种树的人，他们“自幼一心栽树，每年栽树七十天，载有十余年之业，酬劳半生，辛苦一生。”[2] 在距榕江县城 3 公里的三宝侗寨，生长着清乾隆年间栽下的数百株古榕树，组成了河岸的林荫带，古榕巨大的根盘结交错、相互缠绕，牢牢呵护着河堤和村寨，构成了天下罕见的护堤古榕群。

在黔东南苗族侗族地区流传着很多与树木种植与管护有关的林业谚语，例如：

---

[1] 张子刚编：《从江石刻资料集》，“古榕碑记”（内部印刷），第 31 页。

[2] 同上。

要想山区富，全靠多种树。

家有千株桐，子孙不受穷。

靠山吃山，吃山养山，前人栽树，后人乘凉。

栽树不育林，栽了也白栽，只见娘怀孕，不见崽上街。

田荒十年都是草，山封十年都是宝。

一个乡村林场，当个绿色银行。

高山松树低山杉，阴山油桐阳山茶。

房前花草房后竹，环境优美人舒服。

林不兴，山无望。

山上多栽树，等于修水库。

读不完的书，杀不完的猪，种不完的树。

少生孩子多种树，少生孩子多养猪。

乱砍滥伐毁森林，毁了森林毁了金，

溪水断流泉眼难，老天惩罚悔不赢。

三、以占里等村为代表的生态伦理观念

贵州省黔东南自治州的从江县侗族自然村占里，位于海拔 380 米的都柳江沿岸四寨河口北上的山谷间，距从江县城仅 20 公里，土地面积大约为 15.97 平方公里。占里人在数百年前就认识到了“适度人口”与社会生产力协调发展的道理，朴实的、充满先知的人口控制意识、节育思想和人口观念与行为已经在漫长的繁衍生息中根深蒂固。占里村 90% 的夫妇只生育一男一女，该村从有人口资料记载的 1952 年开始到今天，人口自然增长率几近为零。我国三年自然灾害期间，占里人口急剧下降，1965—1980 年的 15 年间，由于政府鼓励少数民族生育，占里的人口才开始呈现出大幅度的增长，这是占里传统的节育思想和民间制度首次受到政府力量的冲击。1980 年以后，占里村开始执行国家的计划生育政策，并重新恢复了自古承袭下来的人口和节育的一系列“非正式制度”，这些“非正式制度”在很大程度上与国家的人口与计划生育政策和法律保持着一致。这是什么原因呢？究其原因，占里人有“自然为主人为客”的生态

理念。占里人认为自然万物是有灵性的，是主人，而人类是来到此地的客人，每一代人对自然来说不过是匆匆过客，生生不息的族群在自然面前也是客体，所以必须对主人（主体）加以尊重和敬畏。基于这种朴素的人与自然的观念，进而形成和固化了占里人的人口与婚育思想。黔东南很多侗族村寨都有传统“主客观念”，这在神话、古歌中得到反映，如《劝世歌》唱道：

祖祖辈辈住山坡，没有坝子也没河。
种好田地多植树，少生儿女多快活。
一株树上一窝雀，多了一窝就挨饿。
告知子孙听我说，不要违反我《款约》。
家养崽多家贫困，树结果多树翻根。
养得女多无银戴，养得崽多无田耕。
女争金银男争地，兄弟姐妹闹不停。
盗贼来自贫穷起，多生儿女穷祸根。[1]

古歌还唱道：“人会生崽地不会生崽。祖公的地盘好比一张桌子，人多了就会垮掉；山林树木是主，人是客；占里是一条船，多添人丁必打翻。”古歌用生动的比喻、拟人的手法说明了自然环境与人口的关系，如果处理得不好就会出现很多社会问题，对族群的生存和发展不利，同时告诫子孙要世世代代遵守习惯法的要求。这些思想朴实无华、道理深刻、有极强的说服力。[2]

长期以来，占里人产生了朴素的人口观念和节育思想，并产生了相应的“草根”婚育制度。据《从江县志》记载，占里人的祖先原本在广西的苍梧郡，后来由于连年的战乱和饥荒，他们被迫离开了自己的家园，沿都柳江溯流

[1] 《贵州日报》1997年7月17日第7版，转引自石开忠：《鉴村侗族计划生育的社会机制及方法》，文化艺术出版社2001年版，第81页。

[2] 湖南通道县阳烂侗族人把自己的村寨比作一只腾飞的鹭鸶，不能过载，否则就不能飞起来，不允许人口的无序增长。当然其他的侗族村寨还用别的比喻，大多数侗寨把自己的村寨比作一条在大海中航行的船，人多了船就会过载，船就会倾覆，因此他们都和阳烂人一样，自觉地控制人口。事实上侗族居民早在几百年前，就已经有了十分严格的人口控制规范，并把这样的规范纳入侗族的款约加以监督执行（详见罗康智、罗康隆：《传统文化中的生计策略——以侗族为案例》，民族出版社2009年版，第130页。）

而上，几经颠沛流离，进入支流四寨河，最后终于来到占里。关于占里人迁徙的原因，根据沈洁在该村的田野调查，收集的口述资料有三个，其中以寨老公阳海的“版本”最贴近占里人重视人口问题的实际。公阳海是现在寨中一位比较有地位的寨老，占里大的节日仪式都由公阳海主持。公阳海谙熟寨内的各种传说和歌谣，是占里寨老中负责教导历史传承的一位资深寨老。在他的口述史中，祖先们是这样到达占里的：

> 先前，我们的祖先居住在江西。那时候人多地少，仅有的土地根本养不活所有的人，地方真是太穷了，人们生活也特别困苦。后来，我们的祖先只好开始迁移，先是到了广西梧州，后又迁到了黎平，租种别人的土地，收成是要对半分的，依然很是困难，祖先们只好继续迁移，沿都柳江而下，到达了付中，一路颠沛流离，总算是定居了下来。但是付中地势较高，祖先们总是掌握不了那里的天气情况，早晨起来，看到山间雾气蒙蒙，以为要下雨，上坡的时候就戴上了雨具，结果山间出了大太阳；以为天气晴朗，不用带雨具的时候，却又偏偏下起了瓢泼大雨，几次三番下来，祖先们觉得这地方不好，就继续向下迁移，定居到了现在坟山那一片的坡上，后来才又迁移到现在居住的地方。❶

迁徙与人口的关系是人口学研究的问题之一。关于迁徙的目标有这样一个规律“选择系统描述了作为迁移目标的各个地方的相对吸引力，当然这个目标是与财力物力所能达到的其他目标相比较而言的。某地区的吸引力是它所提供的正反两种价值的一种平衡。❷ 也就是说人的迁移目标向更适合自己生存和发展的地方，即中国人常说的“人往高（好）处走，水往低处流”。但要迁移的地方也会有很多不利因素，所以必须由迁移者在利弊之间作出权衡。个人的迁移是如此，种族的迁徙也是如此。有时不利因素是迁徙者到达迁徙目标地后才发现的，所以又开始新一轮的迁徙。寨老公阳海的口述资料正说明占里人在迁徙中遇到的问题，而多次迁徙的根本原因还是“生计困难”，其中包括“人

❶ 沈洁：《社会结构与人口发展——基于侗族村寨占里的研究》（中央民族大学硕士论文）。

❷ ［美］D. W. 赫尔著，黄昭文、严苏译：《人口社会学》，云南人民出版社 1989 年版，第 96 页。

多地少”、“收成对半分”（与原住民）、“不了解天气情况”等不利因素。

此外，还有迁徙族群内部的利益平衡问题。相传，占里最初建寨是在现在村寨的坟山处，即在现址的北方，相距一公里处。据说，当时村子以小沟为界分成两个自然寨，开始还相互依托，相安无事。随着时光流逝，人口增加，产生了贫富不均，两村之间的发展也有了差距。占里“祖训”说，当时“南村勉强度日，北寨谷烂禾仓；南村晒棉花，北村晒银子”。由于两村贫富不均，于是发生了“以刀剑代替耙犁”的情况，一些人不顾生产处处惹是生非，最后终于爆发了械斗。因此又重新择地迁移定居，以前建寨的地方则把它作为亡灵安息的坟山。[1] 封闭的村寨社会是平均主义容易滋生的温床，加上人口控制得不好，粮食不够吃，争端就会发生。古歌“祖训”中反映的重要内容就是由于人口增多，两村土地肥瘦不均，造成贫富差别，由此导致人们的争斗。关于占里村建寨的口传史也反映了“祖训”的内容，人们传说：旧寨址风水不好，只出打仗的猛士，不出务农的好手，所以必须离开。实际上是由于人口增多，资源供给不足而导致人与人不能和谐相处。为了相安无事、息事宁人，占里人重新调整了居住地，把原来一个寨子居住的山坡作为“坟山”。历经磨难终于安居下来的占里人应该痛定思痛地想一想生存与人口问题了。在朴素的物我合一、神人相通的思维模式下，占里人经过数代人的不断思考，逐渐认识到了山林、树木、水和土地与人们的生存犹如鱼和水一样密不可分。

据说，最早来到占里的是吴氏五兄弟，这兄弟五家定居后开荒种地，以种植糯米为生。由于山高林密，远离战乱，加之这里风调雨顺，土地肥沃，人口繁衍得非常快。大约到了清朝中期，随着人口的增多，许多社会问题便开始出现了，比如偷盗、饥饿、老人无人供养等问题。最重要的问题是粮食不够吃。占里人种植的是糯米稻，产量较低，有限的土地已经无法养活日益增加的人口，寨里便时常发生因土地和林木砍伐等引起的纠纷，社会治安问题日渐增多，并最终导致刀兵相见。大约在140多年前，有位叫吴公里的寨老根据占里的实际情况，对田土面积、森林的承载力以及人口的增长速度等问题进行思考，拿出了改革方案。他将全寨人召集到鼓楼下，将这一系列的利害公之于

---

[1] 刘宗碧：《从江占里侗族生育习俗的文化价值理念及其与汉族的比较》，《贵州民族研究》2006年第1期。

众，提议为全寨人立下一个永久的规矩。寨中人经仔细研究和商量，觉得吴公里的方案在理，集体决定一切交由吴公里来立规施行。

吴公里遂立下寨规：占里的人口不能超过160户，人口总数亦不能超过700人；一对夫妇最多只能生育两个孩子。甚至具体到有50担稻谷的夫妇可生育两个孩子，只有30担稻谷的夫妇只能生育一个孩子。

占里的狭窄居住环境也要求必须限制人口生育。占里侗族人很相信风水，他们将居住的范围限定在村寨中一定的区域内，两边扎上寨门，有限的区域（沿小溪两岸）使每户人家只能盖一座吊脚楼，如果不止生一个儿子的话，就意味着要再建一座木楼，而寨子中有限的空间已经不允许再盖新房了。由此可见，占里人从人类特有的生存本能出发，自觉地将环境对人口制约转变为人对自然规律的尊重。

早期人口学家就已经认识到晚婚是降低生育率的最好办法。占里由于各种因素的综合影响，晚婚晚育已成风尚，男人30岁左右还没有结婚的“腊汉”（指未婚青年）非常普遍，女人也是如此。2009年9月，我们在占里调查时，笔者在小街上看到一间房内（村寨鼓楼左手第三家）一个中年妇女和一小女孩正在一起捶打刚用蓝靛染好的布，就好奇地走进去。中年妇女不会说汉语，小孩却懂，通过小孩的翻译才知道，她们是母女，这位妇女38岁，小孩10岁，而且是个独生女。这种情况在其他村寨极难见到，在别的地方这个年龄的妇女都有两个以上的孩子，而且孩子大多都二十来岁了。多年来基于生存要求，占里人形成了晚婚晚育的惯习。人类学家皮埃尔·布迪厄曾指出，“惯习”具有即时性，在具体的环境条件和教育背景下养成，一般都是得体的。它看起来是主观的，是在不自觉中形成的，但实际上是社会结构的内化和主观化。因此，在国内外由于受环境和生产资料的限制，形成自觉控制人口的习惯，并长期维持这种习俗的民族还是有的。[1]

---

[1] 爱必达等：《黔南识略·黔南职方纪略》，书中记载：“高坡苗在八洞等处，婚姻以牛为聘，娶妻只育一子，多即淹之，以为无产业给养也。”（贵州人民出版社1992年版，第192页）。很多民族溺婴的“事实却告诉我们，只要杀害婴孩在经济上是有益的，人们就会非常愿意接受这件事（见［英］罗素著，荆建国译：《婚姻革命》，东方出版社1988年版第9页）。在国外，有的民族“为保持自己原有习俗而不惜付出沉重的代价，如生活在巴西中部的印第安塔皮拉佩人在与欧洲人的接触及疾病的影响下，人口锐减，即使这样也未改变他们妇女不应生三个以上孩子的限制人口的习俗”。（转引自林耀华主编：《民族学通论》修订本，中央民族大学出版社1997年版，第394～395页。）

从江占里与黎平黄岗仅一山之隔，距离很近，但占里属都柳江水系，而黄岗属于清水江水系，笔者为什么把占里生育与自然的问题提出来，是因为两村都是侗族村寨，生产和生活习惯上极其相似。两村村民的生活与他们情有独钟的糯稻有着紧密的关系。两村地处偏远，加上有得天独厚的适宜林木生长的自然条件，林木葱茏、荫翳蔽日。但两村地处山区，山多田少，因此水田大多数建在绿树环荫的森林中。在这样的森林环境中修筑稻田不仅费力，而且最大的挑战还在于供水网络的建构，必须保持周围森林生态系统的完整；森林一旦出现大面积毁损，就会导致储水能力的下降，最终导致森林稻田灌溉用水的缺乏，从而影响水稻的种植。令人惊讶的是，当地居民不仅在森林中修筑了固定稻田，还选育出了多种不同生长习性的糯稻品种，这样的糯稻品种不仅成功适应了当地的生态环境，而且真正做到了森林与稻田和谐共存。

占里、黄岗两村侗族居民建构这样的稻田，实现森林与稻田的和谐共存，一是靠当地侗族居民世代精心选育出的适合森林稻田生长的多样的糯稻品种。因为这些糯稻品种可以适应不同的海拔高度和不同的生长环境，有的品种可以在每天日光直接照射不超过 3 小时的森林稻田中生长，这为森林稻田的存在提供了品种保障。二是靠侗族所拥有的对森林利用和维护的技能。森林稻田要正常运转首先要保证水源供给稳定，水源稳定又取决于森林生态系统的稳定，但当地又不是一个封闭的森林，生活在其间的民族肯定会利用森林来维持本民族的生计，这就必然会引发发展与保护之间的矛盾。当地侗族居民经过数百年时间，在适应生存环境过程中，建立了一整套的森林利用与维护技术，做到了既高效利用森林资源的同时又精心维护了森林生态，为森林稻田提供了水源供给保证。三是靠保存完整的传统社会建制。当地侗族实行“寨老理事”的传统，这一传统至今还发挥着重要的作用，为侗族传统生计的延续提供了制度保证。当地侗族“林粮兼作”的传统生计方式也与这里的森林维护有着密切的关系，孕育了一套独特的林业文化。因此，占里与黄岗侗族村寨也就成了研究侗族传统文化对森林维护作用的理想场所。笔者通过对黔东南苗族侗族自治州占里、黄岗、岜沙等村侗族、苗族传统农林文化调查研究中发现，当地侗族、苗族居民利用其传统文化不仅巧妙地在森林中建构了固定农田，并且能对森林资源加以有效管护，保持森林生态环境的延续。

黔东南苗族、侗族地区这些传统生计与地方性知识，几百年来对森林、水利资源的保护和对农业生产都发挥着积极的作用。

第五章

林业生态环境的民间制度性保障

我们三坡头、四山梁，各有青石界碑，白石界线，山界直，田界弯，一块石头不许过界，一坨泥巴不让偏线。倘有谁人，砍越山树，拖过界木，砍树有树蔸，拖木有槽印，砍木凭斧屑，拖木凭牛钉，[1]我们树脚，请人讲理，树头有人知情。使他脚出钱，头出银。

——《侗款》“三层三面”

森林是人类发展的摇篮，世居在黔东南的苗侗各族人民，与森林有着密切的联系，很早就有“靠山吃山，吃山养山”的爱林护林传统。过去黔东南少数民族村寨大多坐落于丛山密林之中，村民们以农耕为主，虽然田土少，但是森林资源却相当丰富，采集药材、野果、菌类和狩猎等活动是村民日常生活的重要组成部分。森林是村民赖以生存的自然资源，因此，村民们爱护森林的理念深入人心，非常重视对森林资源的管理。侗族、苗族在长期的生产和生活中形成的具有民族文化特色的习惯法表现形式——侗款和榔规，其中有大量的林业习惯法规范，这些成文或不成文的规矩几百年来对森林、水利资源的保护和农业生产都发挥着积极的作用。明末清初林业贸易兴起，由于人工林业作业周期长，对土地资源的占用必然形成长周期、非间断的利用状态。人工造林带来了林地租佃关系，出现了山林租佃契约。林木的生长周期最少要 18 年，一般

[1] 林间拖木时，在原木一头打钉，固定绳索，便于肩扛。笔者。

是20~30年间积材最快，往往是树长到20多年才发卖，特别是在封林后的监管期，经营者投入的劳动量很少，几乎处于任林木自然生成的状态。在长达20多年的时间里，为保证地主和林木经营者的权利，要订立长效契约作为保障。所以到现在清水江流域民间保留的大量山林契约，记载了该地清代到民国时期的山林买卖关系和租佃关系。黔东南苗族、侗族地区人工林的形成有其独特的历史原因、社会基础和自然禀赋及长期养成的精湛的育林技术，但长期稳定的家族公共管理制度和民间习惯法的规范体系的保障是该地区人工林形成的重要因素。

“合款”和“议榔”分别是两个民族的地域性的社会组织。二者的共同特点是，均由几个甚至几十个村寨共同参与。参加的村寨常常是各家族成员，按每户出一人的形式，合众举行。为增强这种组织的权威性和神圣性，照例要举行一定的宗教仪式，如杀牛盟誓等，让神作为见证者和监督者。然后立定规矩，有的要埋岩，有的挂牛头为记，务使群众深信规矩的严肃和稳定持久，不许任何人违反。而这些规矩的执行者，则是参加这一活动的群众民主公推的首领，由他们代表群众对违约者进行处罚。之所以要把林木问题上升到“合款”和“议榔”的高度，是因为大部分森林是（集体的或家族的）共有财产，必须由大家参与管理，在其之上必须有法的约束。所以苗族、侗族传统人工营林业的发展除得益于两个民族农业文明和自然恩赐外，还得力于他们的社会组织。可以说，苗族、侗族传统的社会组织支撑着两个民族传统的人工营林业，成为清水江流域传统人工营林业发展的基础。

一、侗款、榔规对林地地界及林木所有权的调整

（一）关于地界

苗族、侗族聚族而居，以家庭村落为单位，一个村寨的居民基本上是由一个始祖传下来的各代子孙的集合。在一个村寨内，不是兄弟就是子侄，而且无论血缘距离多远，只要辈分相同，皆视为兄弟、从兄弟、再从兄弟。在日常生活中，仅是把同胞兄弟与此区别而已。虽然苗侗民族在家族组织上有一些不同，但聚族落寨是两个民族社会的共同特点。在苗族、侗族传统社会结构中，不仅血缘组织与社会组织重合，而且还与所处居住地缘相重合。一个家族村寨

所处的坝区、河流、田地、山林等一概视为该家族固有公共财产，家族成员人人均可按照传统社会规范去利用。但若其他家庭的成员要对此进行利用，则必须取得该家族长和寨老的同意，并作出相应的报偿。❶

经济学有一著名的谚语：“好篱笆带来好邻居（Good fences make good neighbours)”，其大意是说，邻里两家要想相处融洽，其间有一道隔墙是必不可少的，否则就会出现“筒子楼效应”，大家都认为楼道是自己的都想多占一点，早晚会因为界线不清而发生矛盾。这句谚语如果用标准的经济学语言讲出来，那便是：明确的产权界定乃是实现效率目标的第一原则。明清时期，黔东南清水江各族人民的先民迁移到这里，当时这里荒地较多，谁先到这里就可先“标占”，地界划分也有很多偶然情况，这也为以后争地留下口实和话柄，这在民间口述史中有很多反映。取得土地以后，户与户之间的土地也以山脊、山冲、河流为界；土地相连处就以界石为边界，当地人也把它叫“栽岩”，并以此作为土地权利的标识物。如果土地所有权划分不清楚或者随便挪移边界标志物，双方有时会寸土必争，户与户会打架，村与村会引起群斗，县与县、省与省会发生械斗。所以在苗族、侗族习惯法中对“偷移界石”的行为都会处以严厉的刑罚。这类保护土地所有权的法律，在任何国家、任何地区都有，都很重视产权界定。秦朝的《秦律》中就有“盗徙封”的规定，就是对私移地界标志物行为的处罚。

《侗款》规定：“山头坡岭，田土相连，牛马相聚，山林地界，彼此相依，山场有界石，款区有界碑，山脚留火路，村村守界规，不许任何人砍别人的树木，谋别人的财物。”❷ 为保护林地所有权，防止林事纠纷的发生，在侗族的“款约”除了强调相临地界不可侵犯外，有的“款约”还明确了地界线划分的某些原则。如“款约”规定：“向来山林禁山，各有各的，山冲大、梁为界。瓜茄小菜，也有下种之人（其意是说本家族中谁种下的树苗，成林后的林木便归其所有）。莫贪心不足，过界砍树，乱拿东西，谁人不听，当众捉到，铜锣传村，听众人发落。”❸ 林界的划分与苗族、侗族的居住特点有关系，家族

❶ 罗康隆：《侗族传统人工林业的社会组织运行分析》，《贵州民族研究》2001 年第 2 期。

❷ 湖南少数民族古籍办公室主编，杨锡光、杨锡、吴治德整理译释：《侗款》，岳麓书社 1988 年版。

❸ 同上。

与家族之间多以山梁为界，凡面向同一坝区的山坡都属于同一家族的宜林地，翻越山梁后则进入另一家族的林区。在这样的划分方法下，各家族间的宜林地界缘清晰易辨，在同一家族的宜林区内有实行谁种谁有的传统，一经种上林木，可以直接传至子孙。直到立伐期之后，林地又由家族统一协调更新，直到主伐为止。侗族款约中强调不许“过界砍树”，一方面是同一家族内的房族不许砍伐别的房族种下的树木，另一方面也不许砍伐其他家族家种下的树木。正是因为有了这样的条款，林农即使经过十几年甚至几十年，也不必担忧自己的劳动果实丧失，这是在较长周期中杉木的经营能稳定延续的必要社会条件之一。按山梁划分家族、房族林地，也与苗族、侗族传统农林经营方式有关，苗族、侗族的林场更新都采用火焚的方式，这样火不易翻越山梁蔓延。以山脊划分家族、房族林地，保证了林地更新时各房族可以相互独立，互不干扰。只要家族内部取得协调，相关的林地都可以独立经营。这是保证苗族、侗族地区人工林业既有一定规模的经营效应，又有利于林木成熟期的封闭操作。

从现存两个民族的习惯法来看，不难发现很多与林业经营相关的规则，正是凭借林事习惯法中的这些条款的保证才使这一地区人工林业得以稳定地延续下来。林事习惯法高度重视林地的边界，不论任何人只要破坏了原有的林地边界，就会受到重罚。比如《侗款》的第十层第十步规定：“屋架都有梁柱，楼上都有川枋，地面各有宅场。田塘土地，有青石作界线，白岩作界桩。山间的界石，插正不许搬移；林中的界槽，挖好了不许乱刨。不许任何人推界石往东，移界线往西。”“山坡树林，按界管理，不许过界挖土，越界砍树。不许种上截，占下截，买坡角土，谋山头草。你是你的，由你做主；别人是别人的，不能夺取。屋场、园地、田塘、禾晾，家家都有，各管各业；各用各的。”[1] 以上“款条”把维护林业经营权的稳定作为人人必须遵守的基本行为准则，其宗旨是强调：“让得三杯酒，让不得一寸土。”这种长期保持经营权稳定的规矩是清水江流域人工林业得以长期稳定经营的社会条件；若没有这些规矩加以约束，就会导致林木产权的混乱和纠纷的发生。正因为“款约”中规定了林权界石和界槽的重要性，人人都得保护，才能保护林业生产中，无论

---

[1] 湖南少数民族古籍办公室主编，杨锡光、杨锡、吴治德整理译释：《侗款》，岳麓书社 1988 年版。

活立木的所有权如何变动，都凭借已经留下的界石和界槽去获得村寨社会的承认和保护，从而确保了活立木所有权发生转移，也不至于破坏林业经营所必须具有的长周期经营的特点。[1] 这在清水江“佃田种栽”契约中“林木砍伐下河，地归原主”的文字上得到印证。

请看黎平县《黄岗地界碑》碑文：

立议条规为黄岗齐集关合七百苗寨山场管理黄岗寨分管下山场地界之立碑

黄岗寨山场管下（辖）地界，从地名光略过到登交，上到光弄至随，过杠纳岭，过到告起定，下到天起议随，上地油当，过到登公乐，过起述大田二丘田埂边，过到光卡守，往左下到规密河口，随下河水到扒弄养，下到规贯河岔，过起托半坡，下到规密中寨河水，上到扒真为止，断落黄岗寨山场管下（辖）。望我子孙万代传□践界之碑！永遵照！

七百首人：龙林老弟

老三老到

同心立碑

道光二年七月十六日　立

从碑文看，整个黄岗的地界划定执行了近二百年。这样划定的森林产权得到了民间制度的有效保障后，各房族自然会对自己所属的森林爱护有加。另外，黄岗村各房族间也存在着内部竞争机制，哪个房族的森林管护得好，不仅能满足自身的需要，还能为其他房族提供服务，这样它就会得到整个社区的尊重和效仿。比如，本房族的老人外出做客，就会有更多人为他敬酒，甚至让他发表意见和看法，就连年轻男女外出谈恋爱，追求的人也更多。正因为如此，每一个房族都会对分到的森林百倍爱护，要求每一个成员投工、投劳管护好森林，每个家户如何利用森林资源都会受到本房族各家各户的监督。

“苗族理词”中也有同样的内容：“屋地菜园、山场河流、良田肥地、杉

[1] 潘盛之：《论侗族传统文化与侗族人工林业的形成》，《贵州民族学院学报》2001 年第 1 期。

木杂木、各人各份，各人各股，立石为界，划线为界，是用钱买回的，拿钱换来的，或自力开垦的，自力开劈来的。……不准谁过界砍柴，越岭界挖地，移石界者绝种，蛮占者死绝地方不允许，村寨不相让，众人一条心，村寨人一起，到他家，上他门，杀大猪，宰肥猪，九十九斤酒，八十八斤肉，串肉送给各地方，串肉送给各村寨。"[1] 1935 年，永雷山县乐区从木村杨家与对面坡的肖家村任家发生山林纠纷，系因任家偷移埋岩。在寨老主持下质问双方，任家以为偷移埋岩别人并没看见，便拒不承认。寨老遂主持"砍鸡头"（黔东南至今保留的神判的一种），并发下偷移埋岩者"必遭天诛地灭"的毒誓。"砍鸡头"两个月后任家养的猪全死了，杨家认为任家得到了报应，即齐聚村头向对面任家击盆以示庆祝。[2] 若没有这些传统规矩加以约束，就会导致更多的纠纷。正因为规约中规定了林业界石和界槽人人都得严守，使得林木产权得到了较好的保护。

林界纠纷是林业经营中经常遇到的社会问题，在苗族地区家族与家族间的林权纠纷，都可以通过习惯法加以协调和解决，当然，家族内房族间的林权纠纷更可以通过习惯法得到处理。新中国成立前，户与户之间的纠纷多由保长、甲长、族长出面调处；村寨之间的纠纷，由乡长或区长出面调处，乡之间或户之间的纠纷不服基层裁决的，可告到县，由县政府出面解决。清朝民国期间在黔东南地区，村寨与村寨间较大的林权纠纷则由县司法机关来解决。1999 年 11 月，我们在凯里市三棵树镇南花村村委会后院见到一块记载民国二十七年（1938 年）当时的炉山县（今凯里市）司法处判决南花村与平寨村村民因林界纠纷案件的石碑。[3]

---

[1] 参见徐晓光、吴大华、韦宗林、李廷贵著：《苗族习惯法研究》附录 3 "苗族埋岩理词"，华夏文化艺术出版社 2000 年版，第 173 页。

[2] 黔东南州政府二科杨代云提供。杨曾任达地乡政法委书记，是当地的苗族人。

[3] 该碑的碑文："永世碑。民国二十六年七月十九日立。潘里了、潘圭由、潘耶往、龙今由等 45 人署名。老办　李国裕　主任　潘光明　保长　潘正定　甲长　潘世明。民国二十七年十一月二十二日依判决平寨顾老五、鲁癸卯与南花寨潘世发、龙老方争山告到炉山司法处。审问顾老五、鲁癸卯称名看牛场潘世发、龙老方称名乌亮冲两寨请求审判官亲自往履踏勘看，有路为界，判断路坎上是平寨所称看牛场是平寨路坎下，是南花所称乌亮冲是南花的两寨绝完事件。贵州炉山县司法处民事厅　审判官史远琪　代理书记孙秀文　民国二十七年八月二十日送到二寨　民国三十年三月十五日立。"此碑有些字迹不清，笔者抄录时可能有误。

（二）保护林木所有权

侗族“款约”中有关森林保护的条款也特别丰富。侗族世代传承的族规中很重要的一条就是不准砍龙山、坟山的树木和风水林。现存于湖南省会同县金子岩乡栗木村修订于民国二年（1913 年）的《杨氏十甲族规》第七条规定：“祖山竹木、蓄禁保基，来龙去脉，亦宜顾全。倘有不法子弟及他姓毗连擅行破挖者，均应鸣族长理处。不服者由族长分别指名察究。”第二条规定：“族中公有或各个人私有竹木，不准同族中任意砍伐或偷伐，情事如违，由族长查明处治。”[1] 侗族民歌说：“山有山规，寨有寨规，不管谁人，不听规约，大户让他产光，小户让他产落。”借此森林保护规约得以严格执行。在侗族地区，严禁放火烧山、封山育林的“禁山款约”是由小款区每户派一名代表参加的款众大会议定的追对，犯者的处罚是，谁人纵火烧了禁山，则由款组织令纵火者拿出一头猪来杀，然后将猪肉煮熟叫“款肉”，分发给款众各家各户，以期起到家喻户晓，人人为戒，惩前毖后的教育作用。[2] 在黎平黄岗，任何人盗伐其他房族的森林，寨老议事会按照侗族习惯法，必然会对盗伐林木者采取严厉的制裁措施。其处罚标准也是“4 个 120”，即处罚 120 斤酒、120 斤米、120 元钱、120 斤猪肉交给寨老议事会，然后再由寨老议事会邀约各房族成员集体会餐，盗伐者还须当众赔礼道歉。这样的制裁标准早见于古老的碑文中，但惩罚标准随着时代的变迁有所变化。正因为有寨老们严格执法，又有林事习惯法作为保证，所以黄岗地区森林维护成效非常好。黄岗寨共有 12 个小组（芩秋苗寨的第六组除外），是以该家族村社 5 大房族为基础而加以划分的。每两个组大致为一个房族：1 组和 9 组、2 组和 10 组、5 组和 7 组、3 组和 11 组、4 组和 8 组，由于参与的家户在两个房族间不对等，又不可避免地出现跨房族分组状况。不仅每个房族耕地各有片区，而且耕地周边的森林也连同被明确地划分成不同的片区，对森林的抚育、管护、利用全权交由各个房族执行，这样的耕地和林地一经划定则永远不加以改变。这一规定在黄岗村现存碑刻中得以体现。在侗族地区，为保证各家族林业经营的相对独立性，家族间的林界

---

[1] 贵州省民族志编委会编：《民族志资料汇编》第 3 辑（侗族，内部印行），第 64 ~ 65 页。

[2] 湖南少数民族古籍办公室主编：杨锡光、杨锡、吴治德整理译释：《侗款》，岳麓书社 1988 年版，“前言”第 5 页。

往往采用自然分界。一般情况下以山脊为界。只有在不得已的情况下才以人为的牧场或人为的壤沟为界。这些自然的界线不仅起到了隔分各家族林地、明确产权的作用，而且能有效地防止山火的蔓延以及盗伐、盗采，对维护林区的规模性封闭经营同样不可或缺。"侗款"和苗族"理词"中多处强调各家族的林地要以山冲山脊为界，道理正在于此。从这个意义上说，林事习惯法反复强调的有关山林的规约，是苗乡侗寨人工用材林业经营中既十分有效，又绝对必要的行为规范。苗族、侗族的人工造林能长期稳定延续，能进行林粮综合经营，离开传统林事习惯法的保证是困难的。

黔东南苗族村寨传统规约对破坏林木所有权行为的处罚也非常严厉，"苗族理词"说："议榔育山林，议榔不烧山；大家不要砍树，人人不要烧；哪个起恶心，存坏意，放火烧山岭，乱砍伐山陵（林），地方不能建屋，寨子没有木料，我们就罚他十二两银。"[1] 说明苗族很早就以"议榔"的形式加强对森林的保护。苗族这种传统组织一直延续到20多年前。

雷山县黄里乡于1986年春召开过一次由全村250户、700人参加的"议榔"大会，公布"榔规"，按照习惯举行了隆重的"议榔"仪式，宰猪杀鸡，签字按手印，表示拥护和坚定的决心。这年秋天，村寨发生了一次毁林3.4公顷的事件，"议榔"的组织者秉公办事，处罚25元，当场兑现，并责令补栽了8000多株树苗。[2] 如改革开放后，文斗村订立"治安管理和承包户不变公约"，其中"三、护林公约（4）"规定：凡砍一根桐籽茶子树，以5年收入为计算，每根罚款30元。

黄岗侗族居民的林业习惯法，通过内部"合款"的方式对森林进行管护，这些习惯法目前已基本转化为村规民约、"护林公约"等形式，在国家相关政策的推动下对当地的生态维护发挥了积极作用。为防止对森林乱砍滥伐和森林火灾，"护林公约"中大多明确对森林保护的行为规范，奖罚规定十分清楚，其中有些内容刻于保护森林的碑刻中，在黔东南有很多保存完好的护林碑刻。

对于违反山林保护规则的处罚措施，"榔规"、"侗款"规定得非常明确。

---

❶ 黄平县民族事务委员会编：《苗族古歌古词》（下集，内部印刷）1988年。

❷ 《黔东南苗族侗族自治州志·林业志》中国林业出版社1990年1月版，第163页。该记录毁林3.4公顷，而罚款25元处罚过轻，可能是笔误（笔者注）。

苗族村寨的“鼓山林”须由鼓社按规定砍伐，公有山岭和牧场根据公约保护和使用，社、村公有山林，不准私人或他村、社侵占。这样，“封山才有树，封河才有鱼。封山有林，不准烧山。哪个乱砍山林，我们要罚他十二两银子；他若不服，要加倍罚到二十四两到三十两。”[1]“偷人家杉树，罚银三两三；偷人家松树，罚银一两二；偷人家干材，轻的罚六钱，重的罚一两二。”[2]从江县苗族榔规规定：“乱砍杉木和放火烧山的罚88斤肉，乱砍别人田边地头休息处挂衣服和饭食的树丫和杉木的罚八两八钱。”榕江苗族“榔规”规定：“偷砍一株杉木，罚大洋13元。”台江苗族规定：“砍去一株小杉树尖，罚银三两三，偷砍山柴一担，罚银三两三。”[3]又如苗族“鼓山林”（苗族鼓社公有的山林）不准砍伐，鼓社节时才能砍伐少许，做制新鼓和过节之用。村寨敬奉的古树和风景林，大家要以神树供祭，若有亵渎或砍伐，绝不轻饶。这些禁忌习惯客观上起到了保护森林的作用。

为保证本民族、本地区生产和生活的顺利进行，苗族村寨现在的村规民约都有一些保护山林和生态环境的具体规定，如凯里市三棵树镇南花村规定：牲畜践踏他人苗木的由牲畜饲养人照数赔偿；村寨周围的林木为公有，若谁擅自砍伐将予以双倍罚款；偷砍林木的，按所盗林木的重量予以罚款，情节严重或数量较大的，还另罚偷盗者拾粪、修桥、补路等。雷山县甘皎村规定：私自砍伐村寨周围山上林木为己用的，除另栽10棵外，还必须赔偿；牲畜践踏苗木的，寨老主持清点被践踏实际数量后，由牲畜饲养人如数赔偿。

在《侗款》中非常注重对林权纠纷的调解。《侗款》道出了处理林权纠纷的重要性：“不讲别的村款，只讲双江、黄柏、龙头、吉利村，只因文传、听说八万、古州（今榕江）将古来规矩破坏，无人恢复。鹰鹰相斗、兄弟相敌，为十二根小树也相争不宁；坏了双江、黄柏、龙头、吉利这个村，引来争论。

---

[1] 徐晓光、吴大华、韦宗林、李廷贵著：《苗族习惯法研究》附录3“苗族埋岩理词”，第62页，华夏文化艺术出版社2000年版。

[2] 徐晓光、吴大华、韦宗林、李廷贵著：《苗族习惯法研究》附录3“苗族埋岩理词”，第74页，华夏文化艺术出版社2000年版。

[3] 徐晓光、吴大华、韦宗林、李廷贵著：《苗族习惯法研究》附录3“苗族埋岩理词”，第173页，华夏文化艺术出版社2000年版。

一起进村来，共同整好寨。”❶ 12棵小树价值并不大，但“款约”却把它放在开款的位置，足见对林事纠纷的高度重视。因此在款条中反复强调林界的神圣性，并把越界砍树、挖土视为最大的不道德行为。前述，侗族的家庭间林界标记非常简单，或是挖一条浅沟；或是埋下一块石头。外人不容易分辨，容易产生纠纷。但从侗族传统的林业经营方式看，是很容易协调的问题。因为在林地更新时，是全家族统一行动，但在定植林木时，各家庭则有区别。谁家的劳动力多，种植的面积自然就宽一些。人们并不讲究谁家占地的多少，因为林木的主伐时间还很长，中途还可能发生产权的转移；况且在下轮更新时，林地又重新分割。正是因为整个林地实行家族公共管理，而具体的活立木实行私有，因而林地可以形成长周期的规模性的封闭经营，而活立木产权随时可以转移，所以家族内部的林界无须坚实牢固，也不求永世不变。林地更新完毕后，各家族可以随意地标定自己活立木所拥有的界缘。只要得到全家族的公认，即使林界做得很粗疏，也十分有效。❷ 由此看来，家族内林地的粗疏，乃是家族公有和活立木私有并可以频繁转让的必然结果，也是侗款全面保障的结果。

二、传统“乡规民约”护林规定及处罚措施

在清朝民国时期，立于锦屏、镇远、黎平一带的很多碑文，就记载着黔东南各族人民爱惜森林、保护森林的业绩。清嘉庆二十五年（1820年），立于锦屏县九南乡的一块碑文载：“我境水口，放荡无阻，古木凋残，财爻有缺。于是合乎人心捐地买界，复种植树木。”碑文中记有20人捐买一片山地造林，并规定：“一禁大木如有盗伐者，罚银三两，招谢在外；一禁周围水□树木一栽之后，不准砍伐枝丫。如有犯者，罚银五钱。”道光七年（1827年），黎平县南泉山立有《永远禁石碑》文刻：“兹有不法山僧，暗约谋买之辈，私行擅伐。合郡绅士，因而禀命干预，除分别惩处外，理合出示晓谕，再行勒石，以垂久远。自后山中凡一草一木，不得妄砍。”道光十八年（1838年）镇远县蕉溪区大岭乡金坡村的乡规民约碑中载：“日后不具内外亲及贫老幼人等，概不

❶ 湖南少数民族古籍办公室主编，杨锡光、杨锡、吴治德整理译释：《侗款》，岳麓书社1988年版。
❷ 潘盛之：《论侗族传统文化与侗族人工林业的形成》，《贵州民族学院学报》2001年第1期。

许偷盗桐、茶，盗砍木植，一经拿获，罚银五百文。偷窃杉料材木，加倍处罚。”同治八年（1869年），黎平县潘老乡长春村立下禁碑：吾村后有青龙山，林木葱茏，四季常青，乃天工造就之福地，为子孙福禄，六畜兴旺，五谷丰登，全村聚集于大坪饮生鸡血酒盟誓，凡我后龙山与笔架山一草一木，不得妄砍，违者，与血同红，与酒同尽。”[1]

明清时期，清水江流域林业没有专门的机构，由县令统管林政。民国以前，黔东南苗族、侗族地区山属私有，林归各人，各级组织虽公布过一些林业法规，出示禁止烧山和不准乱砍树木等牌示，但没有作专门的宣传。直到民国十八年（1929年）前后，黔东南各县由建设局管理林业，公安局保护森林。由于政府林业管理组织的薄弱，使民间林业公会等管理组织的机能得以发挥。民国初年，邛水县（今三穗县）瓦寨人周治昭、治南兄弟发动家乡群众植桐栽杉，选地建立工棚，请人日夜守护，邀请区、乡、保、头人成立瓦寨林业公会，于民国九年（1920年）六月又联络瓦寨附近长吉、顺洞、新场、稿桥各乡保甲长及山林主订立《邛水县瓦寨联合林业公会规约》。该规约规定：“盗人杉树一株，赔洋二元”；“浪放牛、马、猪、羊践踏树木农产等物者，除相应赔偿损失外，罚洋一元至三元”；“无力缴纳者，酌照银行计算，罚充本会林场苦工，重者照《森林法》呈请官厅执行”。这样，村看村，户看户，一个垦山造林，封山育林护林的风气就确立起来了。不几年，瓦寨、款场一带桐茶满山，杉木连片，蔚为壮观。民国二十三年（1934年），立于锦屏县同古（铜鼓）乡岔路蛇口的植树护林碑记载：“先人自洪武开辟同古，迄今数百年矣。所有各地关山古木，与地方关系甚大。先人栽树，后人应该修培。”“近年来人心日漓，见利忘义，是以约父老刊碑禁止，不许妄砍。”民国二十八年（1939年），黎平县水口区南江乡勒石刻碑，制定保护山中草木不容败坏之民规约：“好人必赏，恶人必罚，特坏人必处，赏罚严明；徇私者必究，轻犯者，必登各家各户请罪；重犯者，由寨老没收其产业。”[2] 新中国成立前，黔

---

[1] 黔东南苗族侗族自治州地方志编纂委员会编：《黔东南苗族侗族自治州州志·林业志》中国林业出版社1990年版，第161页。

[2] 引自黔东南苗族侗族自治州地方志编纂委员会编：《黔东南苗族侗族自治州州志·林业志》中国林业出版社1990年版，第161页。

东南地区各县内的山林纠纷频频发生，一些争议频繁纠纷不断的地方，往往也勒以石碑，刻字为凭。

新中国成立后，政府组织人民群众封山护林，订立护林公约。1953 年，镇远县后水乡四个村民组订立的乡规民约中规定："凡偷砍林木者除赔偿损失外，另加倍罚款。"同年 12 月，黔东林业工作队各派干部 2 名，协助锦屏县钟灵乡六村造林合作社建立"护林公约"，对新造林区，禁止放牧，禁止村民上山砍柴，禁止在山上用火。1968 年，黄平县有 250 个生产队订立护林乡规民约，普遍规定：毁 1 株要栽活 3 株，并罚 5 倍的损失。其中平溪区松洞公社羊尾冲生产队的民约中规定：凡抓到偷砍林木者，处以罚款，并罚看山守林，直到抓到他人偷砍林木受处罚顶替其看山为止。

凯里县万潮镇劳动桥大队，因 1958 年砍树炼钢铁和 1960—1962 年毁林开荒种粮，山林损失殆尽，过去绿树成荫的山林变成了荒山秃岭。1966 年该大队订立了乡规民约，规定了"不准放牛进山，不准进山砍柴割草，不准进山烧灰积肥，不准进山吸烟玩火"的"四不准"和山林权属集体，砍伐权属集体林。并规定：林木产品收入统一分配，整枝剃丫柴统一分配，抚育季节统一时间；凡偷砍盗伐 1 根树木者罚款 10～50 元，砍柴、割草 1 挑者罚款 5 元。坚持封山 20 年后，到 1986 年，这个村共处理偷砍盗伐 37 起，罚款 500 余元。1987 年，这个村已育成山林 200 公顷，山上郁郁葱葱，遮天蔽日。雷山县响水楼乡乌秀村从 1974 年开始订立"护林公约"，实行封山。1980 年，又加以修订完善，选出 9 名德高望重的苗族寨老组成护林小组，负责检查督促和执行"护林公约"。全村男女老少循章守约，十几年从未发生偷砍盗伐和乱砍滥伐事件。到 1987 年，全村有森林面积 259 公顷，森林覆盖率达 74.11%，林木蓄积量 3395 立方米。从江县加勉区的乡规民约规定：凡毁坏森林的，先把肇事者的肥猪杀掉，用竹签把猪肉穿成串，开群众大会发"串串肉"，然后进行经济制裁。当时的孔明乡 1981—1987 年按乡规民约处理了 32 起盗毁林木案件，罚款及赔偿损失共计 3274 元，罚杀猪 20 头，每次都召开群众大会发"串串肉"，并把 20 头猪的下颚骨挂在乡政府的楼上，"以正视听"。信地乡信地村还于 1980 年 8 月 25 日召开群众大会，在村中立下一块高 1.07 米，宽 0.74 米的大青石碑，碑上刻有护林乡规民约 16 条。1986 年丹寨县出现乱砍滥伐，乡村根据村规民约，罚杀猪 18 头，向各家各户发“串串肉”，这一措施有效地制止了乱砍滥伐行为。黄平县黄飘乡白机村过去是一片荒山，1982 年始订立乡规民约，成立乡规民约管理小组，选出正、副组长，村民潘家成上山砍幼树一捆，被罚款 120 元。村里用罚款召集群众“喝罚酒”、看电影作广泛宣传。村民潘家荣、潘昌海两人砍田坎边幼树保护苗，被罚款 50 元，当天兑现，用罚款组织群众看电影，违犯者向群众承认错误。到 1987 年，这个村封育的马尾松幼林已有 88.7 公顷。

天柱县侗族地区普遍订立乡规民约，利用乡规民约保护森林资源，1983 年春，这个县地湖公社召开全社订约大会，通过和宣布护林规约，公社小学把乡规民约的内容安排在课程之内，作为护林课对学生进行护林教育。公社每逢看电影，都要进行爱林护林宣传，做到家喻户晓、人人明白，爱林护林蔚然成风。过去习惯上家家都要砍几根松杉幼树做瓜棚、塞牛路和做稻草晾晒竿，每年至少要毁树万余株。订立乡规民约后的 1984 年，公社抽查 8 个生产队的 101 户，均未发生这样的现象，乱砍滥伐得到了制止。这个县不仅立约，而且对违约者敢抓敢管，赔偿兑现。都岭公社步甲大队有社员未经批准，砍了 7 根杉木做烤烟棚，被罚款 21 元；金凤大队有一名社员乱砍木材做猪圈，被罚款 30 元，竹坪生产队有 4 人偷砍老杉木 1 根，每人罚款 250 元。地湖公社岩古大队的马坪、长吉、更田 3 个生产队，有楠竹林 91.5 公顷，未订立乡规民约以前，每年所生的春笋被乱砍滥折，极少成林。订立乡规民约后，群众自觉保护春笋，1985 年生春笋 2.5 万根，比 1982 年增加 1.5 万根，已全部成林。

麻江县宣威镇比户村，1982 年订立 8 条乡规民约，禁止到封山区砍柴，如有违反被抓获，所砍木材在 15 公斤以上，罚“4 个 100”（100 元钱，100 斤肉，100 斤酒，100 斤大米）。外村人进山砍柴，每斤按 3 元计算，割草每挑罚 10 元。用马车进山割草，每车罚款 50 元。1983 年 10 月 17 日，村民王洪兴偷砍树木 3 株，卖到都匀市得款 90 元，发现后被罚款 450 元、大米 200 斤、酒 150 斤和猪肉 120 斤。1983 年 10 月 8 日，邻村李兴隆偷砍松幼树 23 根、青冈 8 根，按规定处罚了“4 个 100”。到 1987 年，比户村的公有林地达 578 公顷，立木蓄积4万立方米，森林覆盖率达57.7%。[1]

1985年，丹寨县烧茶公社“以克农”护林乡规民约是城望林、金竹坪寨群众共同订立的规矩，内容如下：

第一条　林区严禁放牛羊，不听劝告者，每头牛罚款20元；

第二条　严禁任何人在林区割草、讨猪菜，违者罚款20元；

第三条　罚得的款，奖给抓获人畜的人一半，付给处理人员一半；

第四条　违者处罚不服的人，可申诉；

第五条　民约是群众制定的，望人人共同遵守；

第六条　该民约从1985年9月19日起生效。

1985年9月19日

李活高等36人（户）签字或按手印[2]

该规约仅仅6条，既有处罚款项，又有奖励款项，还有允许申诉和生效的时间规定，短短的数条数语，简明扼要，群众都能够自觉遵守，村干部和乡规民约管理委员会敢于管理执行，在保护该地林木方面起到了很好的作用。

清水江流域侗族地区，各个家族还有专门管山员。管山员一般是由“活路头”充任，管山员忠于职守，不徇私情，在执行巡山任务时，发现有违反封山禁林条款的行为，如在封山区内放牧或砍柴，或偷砍了捆有“草标”[3] 的树枝树干，或偷砍经济林木时，不管是谁，当场抓住，或抢去他的斧头、柴刀，或扣留他的工具，然后把情况报到家族长或款首那里，由家族长或款首召集林农开家族大会或“开款”众议，按照家族规约或款组织的款约认真处理。对于轻微违犯者要给予“鸣锣认错”的处罚。受罚者要手拿铜锣，在村寨里或禁山周围来回三次，边敲锣边高声叫喊：“为人莫学我，快刀砍禁山，这就是下场。”这就算是当众认错了，也是告诫林农不要破坏封山禁林的规约，借

---

[1] 黔东南苗族侗族自治州州地方志编纂委员会编：《黔东南苗族侗族自治州州志·林业志》，中国林业出版社1990年版，第163页。

[2] 徐晓光、吴大华、韦宗林、李廷贵著：《苗族习惯法研究》附录3“苗族埋岩理词”，华夏文化艺术出版社2000年版，第74页。

[3] “草标”是用芭茅草打结，苗族作为保护所有权和隐私权的法律符号。参见徐晓光：《芭茅草与草标——苗族口承习惯法中的文化符号》，《贵州民族研究》2008年第3期。

此机会教育林农。1983 年天柱县潘寨村吴氏家族两青年到蒋氏家族的林地上盗伐林木一根，被蒋氏家族成员发现并当场捉拿，经双方家族族长和村干部讨论决定对盗伐者进行处罚：一是盗伐林木归蒋氏家族所有；二是对盗伐者处以 100 元的罚款，用所罚之款，全寨人饱食一顿，称为“吃村规酒”；三是令盗伐者抬着木头、敲锣打鼓游寨三圈，并且在游寨中要高喊：“若以后有人盗伐林木，就要像我们这样子”，“我们这样子，你们千万不要学”等口号。❶

三、现今村规民约中林木保护的规定及其作用

黔东南民族地区林业的复兴，虽然不可能建立在恢复旧的传统上，然而集体林权改革后该地区林业的进一步发展还必须有相应的社会保障制度和有效的林权纠纷调节机制。苗族、侗族在长期的林业经营活动中形成的一些良好的林业规则无疑在新的形势下可加以利用。现在国家对森林资源保护非常重视，这方面的宣传已深入人心，这与苗族、侗族传统的森林保护意识非常契合，所以这些年来该地区保护森林资源的效果十分明显。黔东南苗族、侗族村寨在保护自然资源，重视生态环境的基础上，利用传统规则中的一些有益的东西，又加进了有利于民族生存和发展的新的条约规则，并以新型村规民约的形式体现出来。

20 世纪 90 年代后黔东南苗族、侗族村寨几乎都订立了自己的村规民约，新型的村规民约是民族群众运用社会主义民主进行自我管理、自我教育、自我约束、自我监督的重要形式，它的订立必须符合国家的现行方针、政策、法律和法令的基本精神，并只能在村寨社会生活的一定范围内发生作用。村规民约中有关林木保护的款项是根据国家宪法和森林法、民族区域自治法、刑法及民族自治地方有关森林保护方面的规定，结合各民族村寨的具体情况，利用传统的林业保护规则上的资源，设定的细化了的规范。

2009 年 10 月我们曾到黔东南凯里、麻江、剑河、锦屏苗族侗族地区进行田野调查，见到凯里市三棵树镇南花村、麻江县铜鼓村附近山林茂盛，自然环

❶ 转引自罗康隆：《侗族传统社会习惯法对森林资源的保护》，《原生态民族文化学刊》2010 年第 1 期。

境保护得非常好，这两个苗族村寨在山林保护方面都订立一套明确的规范，且在“村规民约”中比重最大，如南花村“村规民约”第7条规定：“凡是乱砍滥伐风景树、杉木、松幼木、经济幼木，每棵处以5元以上罚款。”第3条规定：“盗窃林产品（桐籽，茶籽）、水果，按市场价处以10倍罚款。”第16条规定：“棕树是我村特产资源，村民要有自己的责任田，地边范围内和自留山种植和保护棕树，任何人不得乱割棕片和破坏棕叶，实行谁管理谁受益的原则，违者处以每片棕片2元，每枝棕叶1元；毁坏每棵棕树罚款20元。”第17条规定：“竹子、毛竹按原来的规划管理，任何人不得随意乱砍他人的竹子和乱采笋子（笋），违者处以每根1元的罚款（砍竹扫帚、牛鞭子除外）。”铜鼓村“村规民约”第6条规定：在各村民组原划的山林保护区，凡是面对我村的以及寨子中间的老树，不论是什么树，均一律由村经济管理委员会收回处理。近期长大的，若自然枯死，在本管理范围内，经报请村经济委员会审批同意后，方能砍伐。第7条：凡在荒山的组、户，在上级指定的造林期内不造林，经二次动员仍不造林的，一律收归经济管理委员会统一管理或另行招标发包。属于全村的山林地带，不得随便放牧或进入砍柴割草；否则，一头牲畜进入一次罚款5元，砍柴割草一次罚款10元。如偷砍松树、杉树等，量其根部，每寸罚款5元，砍枝丫的每枝罚款5角。

锦屏县文斗村“村规民约”“保护森林，发展林业”条下分诸多款项，规定：认真做好责任山和自留山的管理，不允许谁强占谁的山林，对于我村的自留山和管理山牵连到田间砍木的问题，解决方法如下：（1）凡属是在分田到户以前，所成林的自留山和管理山林木，由自留山和管理山户主所有权管理和使用。（2）从后分田到户后，在田以边三丈，田外边一丈五，凡是自己留进的林木，田户主有权管理和使用。（3）必须做到按国家计划砍伐，做到青山常在，坚决杜绝乱砍滥伐的现象和乱偷砍的行为。若有发现谁偷砍集体的一根杉木，罚款150元。除返回赃物外，由发现人和举报人占50%；村占50%，发现个人偷砍个人的杉木，罚款100元。除退回赃物外，由发现人占50%，山主户占50%，这些发现和检举人都要参加到底。（4）发现乱砍杨梅树一根罚款50元，由发现人和紧（检）举人占50%，山户主占50%。（5）外村的人进入，乱砍我村的林木，按我村的规定加倍罚款50%。（6）发现乱砍伐风景木一根，罚款 150 元，发现人占 50%，村占 50%。剑河县革东镇大稿午村村规民约第 4 条规定：在本村辖区内偷砍田、土边、林区松树或杉树的，每棵罚款 500～1000 元，偷砍果树的每棵罚款 500～1000 元，偷砍其他树木（如麻栗树、竹子等）每棵 10～50 元，原物存在的，必须归还物主。第 8 条凡在本村辖区内烧山的，视情节每次罚款 500～5000 元，同时责成当事人补栽树苗，要求成活为止。[1]

在黔东南侗族聚居地区的"村规民约"中，山林保护的条款不仅多而且详细，可操作性强，从 2006 起我们在黎平、天柱各县收集到几十份村规民约，内容都是如此。如 2007 年 11 月笔者在黎平县坝寨乡的青寨村进行实地调查，收集到了该村的村规民约。该规约第 21 条规定：外地商贩在本村区域范围内非法经营木材、药材的处以 50～100 元的罚款，可并处没收。第 22 条规定：盗伐林木、经济林，除退回林木或赔偿损失外，另按盗窃 10～20 倍的罚款，并补造十倍的相应林木，保栽保活。第 23 条规定：禁止砍伐风景树、古树、护路树、水源树，违者除没收树木外，并按树蔸（土平面）周围每寸 5 元罚款。第 24 条规定：严禁在幼林区内放牧，违者，每头（牲畜）处以 10～20 元的罚款，并赔偿损失和补造 3 倍树木。第 50 条规定：山林、田土纠纷，发生在组与组之间、组与户之间的由村民委员会调处。第 51 条规定：擅自在他人自留山、责任山内偷砍他人柴火的，每挑处以 20～50 元的罚款，每扛处以 5～20 元的罚款，并没收柴火。

关于"村规民约"的执行情况我们曾多次到天柱县三门塘村进行调查，这个美丽的"江村"位于清水江边，是一个历史悠久的民族村寨，由于受汉族文化的影响较早，完好地保存着几处宗族祠堂，到现在村里族长的权力还比较大。这个村寨历史上就比较有名，是清代、民国时期因争夺林木的利益，与锦屏县在清水江上"争江"的"外三江"之一。该村还保存着一批百年古树、石碑文物和建筑。古老的"窨子屋"（属徽式建筑，外部有防火墙，墙内一般是二层木楼）的房柱上还有很多当年居住于此的各地木商敲打留下"斧印"，见证了当年清水江流域林业贸易的繁荣。现在村里对明清时期的古树都挂牌保

[1] 剑河县革东镇大稿午村"村规民约"2008 年 1 月 1 日订立，笔者收集。

护，村里的“村规民约”共17条，一半以上是有关保护森林的规定，这些规定都能得到很好的执行。2000年，一名村民因一棵古树的树荫长年遮住他家田土，影响了收成，便擅自将古树砍伐，经过教育写了检查，张贴于村寨的路口，最后罚款50元。据该村当时的村党支部书记介绍，1997年村里将林木纳入集体管理后，一名村民认定原来种下的树是他家的，便擅自砍了18棵，村里罚了他交出一只羊和300元钱，并令其交还木材。但他拒不交还，村治安联防队就又牵走了他家的3只羊。最后他交还了木材，村里才把羊还给他。[1]

由于黔东南苗族、侗族地区历史上就是林区，传统林事习惯法资源较为丰厚，很多在几百年里一直沿用，通过长期验证，被认定为行之有效的规则被吸收到新型的村规民约中来了。从我们在黔东南苗族、侗族地区收集到大量“村规民约”的内容上看，森林资源保护的条款占的比重最大，并与传统习惯规则、技术规则有很深的联系。在调查中，我们所到有林木之处都可以看到“乱砍滥伐，触犯国法，必受严惩”，甚至“防火烧山，牢底坐穿”之类的标语，经常会看到“封山育林碑”和“护林碑”，部分石碑上有具体禁止性规范和相应的处罚措施。还有的地方在碑上建有草亭，以防雨水侵蚀，达到保护碑文的目的。

黔东南地区各民族在长期的生产和生活中对森林资源的可持续利用有较深的认识，加上近些年来国家对森林资源保护的宣传，使这一地区保护森林资源的效果十分明显。长期以来，各民族自然形成的林业规制有的与现行林业政策法规相适应，有的则不适应；反过来，国家的政策、法规也有与当地情况相结合的问题，使传统的习惯规制与国家法律有效地衔接，以更好地促进这一地区林业生产的发展。

---

[1] 2008年10月笔者在该村调查时，该村党支部书记谢君标讲述。

第六章

黔东南苗族侗族生态环境保护习惯法规范

> 没有统一的法理学，法理学可以是具有民族文化特色的；因为不同民族会有不同的法律概念、法律制度或法律实践，因此对不同民族可能有不同的关于法律的根本性问题，以及处理这些问题的特殊传统、范式和话语。这些特殊的传统、范式和话语也许没有得到他人的承认（为了什么要得到承认），但如果其有效、适合本国情况，那么它就存在了，就实际上对法理学的发展作出了贡献。
>
> ——苏力：《波斯纳及其他——译书之后》

现在国家对环境保护的力度加大，通过宣传环保意识开始深入人心，这与少数民族传统的传统环境保护意识有很多契合之处，所以这些年来我国民族地区环境资源的效果十分明显。历史上，黔东南地区各民族在长期的生产和生活中对环境资源的可持续利用有较深的认识，加上近些年来国家对《环保法》的宣传，黔东南苗族、侗族地区在各民族保护自然资源、重视生态环境的大气候下，利用传统规则中的一些有益的东西，又加进了有利于民族生存和发展的新的条约规则，并以新型村规民约的形式体现出来。长期以来，各民族自然形成的环保规则有的与现行环境政策、法规相适应，有的则不适应；反过来，国家的政策、法规也有与当地情况相结合的问题，使传统的环保习惯规制与国家环保法有效地融通，以更好地促进这一地区环境保护与生产的发展。Maria

Teresa Colque Pinelo 认为：各民族开展的活动（种植业、渔业和狩猎等）主要从生计出发考虑，这也是他们从几千年前就一直在从事的，这一过程中他们积累了知识和经验，让他们存活至今。但另一方面，这种密切关系也意味着自然环境的变化会对他们产生更多的影响。不能将社会成分从整个环境中分离，因为这个概念意指环境所有组成部分——生物、文化、社会和经济方面的紧密联系。并且作为一个整体，他们试图让社区的所有成员在保护自然资源的同时都享受到同样的福利。[1]

一、关于“少数民族环保习惯法”

“少数民族环保习惯法”是少数民族习惯法的重要组成部分，它是指我国少数民族习惯规则中与环境保护紧密关联的法律规范的总称，其涉及范围包括我国各少数民族习惯法中有关环保的所有规范。这些规范可能是成文的，也可能是不成文的；可能规定得非常具体，也可能规定得相对较为粗略；可能以“环境”这一较为抽象和笼统的对象为保护基点，也可能明确提及要加以保护的只是森林、江河、草原、湿地等一类具体而特定的对象；这些规范可能作为法律规范明确体现在该民族的习惯法文本中，也可能同时作为该民族地区的习俗和民族宗教规范，表现在某些地区流传的习俗和某个民族的宗教教义里。总而言之，少数民族环保习惯法的现实形态多种多样，而各民族的环保习惯法之间也存在一定的差异，或者体现在保护对象上，或者体现在规范的详略程度上，或者体现在其他方面。少数民族环保习惯法是各民族全体成员在长期的生产、生活和社会交往中共同确认、认同和遵守的行为规范，其主要目的在于维护有利于整个群体成员或组织生活的社会环境和秩序。它具有以下特点。

首先，少数民族环保习惯法有很强的原始民主性。主要表现在三个方面：第一，从习惯法的产生方式看，它直接来自各民族或地区的禁忌，后来约定俗成，逐步演变为各成员共同信守的习惯法；习惯法经议定而产生、变更或废止，在这方面往往坚持全体成员一致的原则。在少数民族地区，即便有的民族

---

[1] ［秘鲁］Mar i a Teresa Colque Pinelo，王程译：《开发、环境与土著人民文化——环境评估工具的缺陷》，薛达元主编：《生物多样性与传统知识》2012 年第 4 期（内部交流）。

首领或头人先拟订条款，最后仍然要依据全体成员的意见来确定。如苗族的“议榔”立法即有严格的程序。第二，习惯法平等地对待负责人或掌管人，这在负责人、掌管人产生方式上体现得较为明显。在少数民族地区，有的民族首领、头人不经选举，凭自己的才能和威信自然产生，如侗族的寨老、苗族的榔头寨头。有的民族首领、头人由老头人培养而成。还有的是自然产生或者民主选举产生首领和头人。第三，在对违反习惯法人员的处理处罚的执行上也体现出浓厚的民主性。比如对违法者采取一定的行动，如共同疏远、孤立、冷漠违法者，以示惩罚。

其次，少数民族环保习惯法在现实生活中具有明显自然性。“习惯法出于自然有双重意思：一是习惯法排斥官方立法者意志和理性，而是民间生活自动显现；二是习惯法是由自然塑造而成即指实际的生活秩序。”[1] 这一性质体现了习惯法生成符合自然规律、地理环境、历史条件等因素，与乡民日常生活密不可分的秉性。

第三，少数民族环保习惯法与社会具有天然的内在亲和性。这主要是因为习惯法生于民间，长于社会，一直伴随社会成员日常生活、生产的方方面面，以极强的社会认同维系着一方水土生境下的全体成员。在少数民族地区，民族成员看重本民族的习惯法。侗族的款词中写道：“官家设衙门，侗人选乡老；朝廷设官府，民间推头人；村有头人树有干，龙蛇无头不能行；村村有婆婆补烂衣，寨寨有头人理事情。”由此可见，习惯法在乡民心目仍占有重要地位，有的地区甚至超越了对国家法的认同。少数民族环保习惯法主要潜存于禁忌、习惯、习俗、村规民约等行为规范之中。从生存领域看，普遍存在生产、生活、宗教、饮食等领域；就调整对象而言，少数民族环保习惯法着重于对自然资源的保护，大体上，农牧民族重视对农田、草原、水源的保护；狩猎民族重视对山川湖海的保护。例如，我国北方牧业民族非常注重对草场的保护，这是由其畜牧业经济和草原生存环境决定的。要生存，就必须像农业民族保护土地一样保护其赖以生存的草原、草场。混林、混农生产环境下的清水江流域的苗侗民族就形成了“靠山吃山，吃山养山”的生态传统，有一种独具特色的民

[1] 梁治平：《清代习惯法：国家与社会》，中国政法大学出版社 1996 年版，第 53 页。

间林业规约，对于违反护林育林规定的村民，处以一定数量的罚金，具体到按照林木的大小、粗细、林种来处罚。有些“村规民约”中规定得还很形象和具体，如“胳膊粗的”、“大腿粗的”、“碗口粗的”等，有的村寨还用斤两、叶片计算。如凯里市南花村“村规民约”第10条规定：到他人自留山砍柴，挖杉木桩、松木桩、其他杂木桩等，均处以每市斤1元的罚款。第11条规定：不准在责任山、村有林山内挖柴桩（田、地四至范围以内除外），违者按柴桩重量处以每市斤1元的罚款。第12条规定：随意剃砍集体、他人经济林木、用材林树枝的处以每市斤1元罚款。树枝过分被剃砍、活剥树皮、活挖树根，严重影响树木生长乃至枯死者，以盗伐论处，以基部围径量按每寸5元计算罚款。第13条规定：盗窃林产品（桐籽、茶籽、水果），按市场价格处以10倍的罚款。第16条对林木的方方面面有不同的处罚规定，处罚过程中一方面对违规者进行惩罚，一方面对村民进行护林育林的宣传教育。

最后，少数民族环保习惯法具有小地域范围的实效性。就规范内容而言，惩治烧荒毁林毁草的行为，通过封山育林来保护山林，发展林业经济；通过封河禁渔来保护河网水泽中的鱼类，发展水产养殖业，是许多民族地区习惯法的重要内容，[1] 当然还包括相应的详细罚处条款。例如，苗族的“议榔规约”，普遍订立了护山育林、兴修水利及依时封山、封水并禁伐、禁猎、禁渔等乡村规约。如黔东南锦屏县华寨有的林种是可以砍来做柴火的，“文明公约”中“关于封山育林，美化环境”部分明确规定：“封山期间禁伐下列树木：薪炭和用材林木包括松、杉、柏、杨、枫；经济林木包括桐、漆、棕、竹、青冈；风水树，护岸树，护路树等。外寨公民严禁在我寨范围内砍柴、烧炭，亦禁止我寨村民进入他人责任山砍柴伐木。”对违反者的惩罚规定：“砍护路树一棵罚款10元，失火烧山罚款50元以上，伤古树、毁坟山罚款100元以上，并罚杀猪一头封山猪，以示警戒。偷瓜果菜等罚款10元，牛马遇害照赔，毒害一只猫罚款3元，纵容违约不报者罚款3元。”对有功人员给予奖励：对举报毁林事件者，每次奖20元；抓获毁林者，一次奖励40元。每年1月6日是奖励日。

---

[1] 余贵忠：《少数民族习惯法在森林环境保护中的作用——以贵州苗族侗族风俗习惯为例》，贵州大学学报2006年第5期。

侗族的“款约”内容涉及广泛，如生产活动、风俗习惯、道德准则、信仰禁忌等，保护环境的规定多集中在封山育林、保护林木、保护水源和水利设施及禁渔、禁猎等自然生态环境保护方面的内容，并有相应的惩处条款。苗族的村规民约中有不少关于森林保护的规定，如“偷砍别人家的杉树、松树等，量其根部，罚款5元”，“乱砍滥伐护寨树、风景树、杉木、松幼木、经济幼木，每棵处5元以上罚款”等。[1] 有些苗族村寨对水源管理专门制定民约，规定共同修建水渠，防止水污染，禁止私自霸占和破坏水渠、水井等内容。例如，贵州省修文县高昌苗族村“村规民约”中规定：“维修和开挖沟渠，应大家共同投资、投劳，没有投资投劳者，一律不准使用；禁止因开荒、修路、建房和其他原因破坏水渠和新修水沟；我村人用水井，禁止放牧进饮，禁止私自开放水井灌溉田和破水开井的行为；禁止修房、修牛圈、修厕所破坏污染水井；公用公管水井，禁止私自霸占；灌溉用水，在水紧张的季节，用户需排上用水班次，以免争水闹事。”[2]

少数民族环保习惯法是一套地方性规范，它反映了特定社会群体或组织的心理和意识。一般具有以下四方面的共同特征。

第一，民族性和地域性。习惯法是一个特定地域内的人们在长期的生活、劳动和交往中积淀形成的规则，相对于统一、普遍的国家法而言，它是分散的、特殊的，不同地域的人们有不同的习惯法。“法律应该和国家的自然状态有关系；和寒、热、温的气候有关系；和土地的质量、形式与面积有关系；和农、猎、牧各种人民的生活方式有关系；法律应该和政制所能容忍的自由程序有关系……一个从事商业与航海的民族比一个只满足耕种土地的民族所需要的法典，范围要广得多；从事农业的民族比那些以畜牧为生的民族所需要的法典，内容要多得多；从事畜牧的民族比以狩猎为生的民族所需要的法典，内容那就更多了。”[3]

第二，强制性和稳定性。习惯法作为一种运行调控机制，作为一套地方性

[1] 徐晓光、文新宇：《法律多元视角下的苗族习惯法与国家法——来自黔东南苗族地区的田野调查》，贵州民族出版社2006年版，第128页。

[2] 徐晓光：《贵州苗族水火利用与灾害预防习惯规范调查研究》，广西民族大学学报2006年第6期。

[3] ［法］孟德斯鸠：《论法的精神》（上册），商务印书馆1982年版，第7页。

规范，具有强制性是必不可少的。其强制性实行外在强制与心理强制的结合，但更注重使用心理强制。散发着乡土气息的习惯法历经风雨沧桑，融入了本民族的文化和精神，是民族意识和民族心理的重要体现，得到了大多数民族成员的认同和信守，因而具有稳定性。❶ 例如，锦屏县文斗村的“六禁”碑刊刻于清乾隆三十八年（1773 年），其内容：一禁不俱远近杉木，吾等所靠不许大人小孩砍削，如违罚银十两；一禁各甲之阶分落，日后颓坏者自己修补，不遵者罚银五两，与众修补，留传后世子孙遵照；一禁四至油山，不许乱伐乱捡，如违罚银五两；一禁今后龙之阶，❷ 不许放六畜践踏，如违罚银三两修补；一禁不许赶瘟猪牛进寨，恐有不法之徒宰杀、不遵禁者，送官治罪；一禁：逐年放鸭，不许众妇女挖阶前后左右锄膳（曲鳝，蚯蚓），如违罚银三两。二百多年来对该村的环境保护起到重要作用。

第三，传承性和变异性。一方面，习惯法通过对成员进行各种训练、传授、教育和影响等方式，进行着信息和行为的传递，是一代一代传承下来的。通过传承，保持了习惯法的地方性、民族性和稳定性。另一方面，习惯法不能脱离社会而独立存在，由于受政治、经济、文化等因素的影响，习惯法在形式、内容、实施方式等方面进行着缓慢的变化。这种变化是一种历史的变异，也是习惯法具有持久生命力的重要因素。

第四，非正式性。民间法寓于个人或群体日常生活、劳作中，富有浓厚的生活气息，“它的产生源于人们的社会需要，是人们适应自然环境、维持生存的文化模式。欠缺成文法规，无完整明确的条文体系，主要通过口头、行为、心理进行传播和继承，不像国家法那样有严格的制定程序和文字表现”❸。在一定社区内具有普遍规范性，即在一定社区内生活的人们，涉及其内部事务时，皆尊重、遵守民间规范或按民间规范的规定处理相关问题。

作为民族习惯法的一个重要组成部分，少数民族环保习惯法也具有民族习惯法的上述特征，“对社会关系的调整更多地依赖于习惯、惯例、族规家训、

---

❶ 高其才：《中国少数民族习惯法研究》，清华大学出版社 2003 年版，第 220～227 页。

❷ 文斗苗寨建于清水江边高山之上，拾阶而上，有上千阶，石阶修补比较重要。

❸ 田成有：《法律社会学的学理与运用》，中国监察出版社 2002 年版，第 99～100 页。

宗教教规、禁忌、道德规范；没有完备的法制”[1]。此外，就少数民族环保习惯法而言，我们还有以下认识：第一，从起源来看，少数民族环保习惯法主要源于少数民族民众对大自然的敬畏以及由此产生的对自然的虔诚的崇拜，往往与该民族的宗教信仰有关；从内容来看，民族环保习惯法的保护对象主要集中于河湖、山林、“神树”以及本民族崇拜的树木和某些特定的动物；从发展流变上看，少数民族的环保习惯法的内容显得十分稳定，随着时代的变迁少有增减。第二，从表现形式看，各民族环保习惯法可能存在于成文形式的习惯法文本中，也可能存在于不成文的民族习惯法规范中；既可能规定得较为详细，保护对象较为广泛，也可能规定得较为简陋，保护对象较为狭窄；在各少数民族的环保习惯法之间既可能有相同的地方，也可能存在较大的差异。第三，从作用方式来看，少数民族环保习惯法虽然也有“法律责任”，对违犯该习惯法的人予以处罚，但少数民族群众的宗教观念、当地的习俗风气以及该民族对各自自然神的崇拜等因素，对于环保习惯法的效力的保障有着更为重要的文化意义。第四，从法规范的产生过程来看，少数民族环保习惯法的产生很少经过严谨的程序（虽然习惯法的产生也有各民族特定的程序），从技术上看显得较为粗糙。

二、黔东南少数民族环保习惯法的内容

黔东南是民族传统文化多样性与生物多样性[2]富集的地区，民族传统文化对生物多样性有着深刻的影响。很久以来，民族习惯法在维护民族传统文化多样性与生物多样性方面继续发挥着作用。黔东南少数民族环保习惯法规范的对象主要是森林、耕地、水火资源、野生动物等，这些自然资源与黔东南各少数民族的关系十分密切，实际上是其生存和活动的最基本的天然资源。黔东南少数民族人民在生产和实践中形成的村规民约对森林保护、农田保护、水

---

[1] 蓝寿荣：《关于土家族习惯法的社会调查和初步分析》，谢晖、陈金钊主持：《民间法》第3卷，第156～186页，山东人民出版社2004年版。

[2] 中国少数民族生物多样性保护战略与行动计划项目十一：对我国少数民族地区生物多样性保护与持续利用的传统作物、畜禽品种资源、民族医药、传统农业技术、传统文化与习俗进行系统地调查和编目，查明少数民族地区传统知识保护和传承现状，建立我国少数民族传统知识数据库，促进传统知识保护、可持续利用和惠益共享，促进生物多样性与绿色发展，优化经济发展模式。

资源配置、火灾防范等方面都有具体明确的规定，成为约束人们行为的地域内普遍规则，引导和保障人们按照有效的方式利用资源。概括来说，主要有以下几方面内容。

（一）森林保护

关于森林保护习惯法在前章已经有较为系统的介绍，此处只是根据“清水江文书”的“清白字”、“悔过字”文书中林业保护契约性习惯法来加以重点说明。清水江契约中的“清白字”文书是诉讼当事人双方制作的为了“清局”、“了断”的合意文书，在签订文书时要举行“杀鸡”仪式，以示郑重。从《清水江文书》收录的多个“清白字”文书看，有一点是很清楚的，就是为今后双方中的一方反悔，诉讼到官府做准备。

1. 失火。

黔东南苗族、侗族有“刀耕火种”的耕种传统，过去开垦荒地时要先焚烧植被，留下草木灰，然后再种粮食和林木。另外该地区习俗中特别重视清明节，每到清明必带“社饭”到墓前祭奠亲人，烧纸聚餐，本地称“挂清”。所以每到清明前后和耕种季节，林火的发生率特别高，因用火不慎烧毁别人林木的事情也很多。由于“失火烧山”多属于过失，失火方出具“认错字”，以求得到损方原谅。

> 立错字人塘桥村杨惟厚。情因去岁九月，因运不顺，失火所烧姜源淋之六合山一块，该姜源淋于本年正月内到达本村，接请地方父老龙甲长有政理论。窃民有案可查，只得无奈夫妇二人相商。仰请原中龙甲长有政代民邀求说合，日后不得异言。特立错字是实为据。
>
> 凭中代笔人
>
> 民国三十五年正月廿六日　立[1]

这是有人失火烧了别人的林地，受损方前来请地方父老、甲长要求失火者赔偿，失火方无奈，请地方父老、甲长为其说合的“认错字”。

---

[1] 张应强、王宗勋主编：《清水江文书》第1辑卷2，第173页。

立错字人本寨姜登智，因刀耕火种容什之地，失火烧之琏、之毫兄弟地名纲套之山一块，杉木五百有余。登智上门拜尚求情，之琏、之毫兄弟念在邻居之处平时又和目（睦）之人。失火无奈，难得培（赔）还。自愿出错字一纸，日后之琏、之毫子孙失错不必生端异论，今恐日后人心不古，立此错字为据。

代笔　姜世培

道光十二年三月十四　立[1]

失火后上门赔罪，受损失者念在长年邻居，平时又和睦，放弃赔偿。失火方出具认错字一张，一方面表示认错，一方面恐怕日后受损方子孙再借此事索赔。

2. 偷卖。

立清白字人党秋村杨秀廷父子。为因先年祖父用传得买嘉池寨姜世杰之山地名培粟之山一块□□□□，□□元瀚弟兄之井园晋之山一块，界止上凭田，左凭翻培逢，以冲为界，右凭以栽岩直下坟为界。偷卖与加池寨姜锡珍，文斗李老六等，砍伐条木五根，元瀚等闻知登山阻号客人锡珍等登门求认，仰杨姓将山传二元退还，元瀚等杉木地土为元瀚等管业，姓杨不得偷卖混争。如有此情，仰其元瀚等执清白字禀官，恐口无凭，立此清白字为据。

凭中　姜锡珍、姜承钦、文斗老二

民国丙子二十五年十月廿八日代笔

塘东姜甫钦　立[2]

这是一件重复卖地，造成权属不清、界限不清的案件，当第二买主山上砍伐木植时，第一买主到山上阻止，砍伐之人登门认错，经三家共同认定确认了权属关系，并立下“清白字”，写明如果再发生此类事件，可持此字据“禀官”处理。

[1] 张应强、王宗勋主编：《清水江文书》第1辑卷10，第147页。

[2] 张应强、王宗勋主编：《清水江文书》第1辑卷6，第112页。

关于“认错字”文书，从《清水江文书》收录的几则文书的内容看，多属于由于过失侵害了他人的林木所有权，通过赔礼认错，表示以后不再发生此类事件，得到所有权人的谅解，目的是防止再犯。如果以后再发生此类事件，就不是过失问题了，可以凭此文书“报众经官”，任凭官府处置。如“姜开书错砍姜开明之杉木字”：

立错砍杉木字人本寨姜开书。为今年三月内错砍姜开明之木一株地名坐略，请中乡约、寨头理问，实是错砍。自愿登门错□。日后不敢再砍乱行，如有再砍乱行，执字报众经官，自己的头罪，亲笔所立错砍字样，是实。

姜开书字

凭中　姜中周　姜之连[1]

3. 错砍。

错砍别人林木有故意和过失两种情况，一种是明知是人家树木故意去砍伐，被发现后只好说是错砍，写下认错文书；一种真的是错砍，没有主观故意。但只要被侵害一方愿意了息，立下清白字，就可以作为凭据，以息事宁人。

（1）错砍“清白字”。

立清白字人姜秉文父子为因先祖遗有山业一块，地名皆理乌。其山四界俱是姜源淋山，因秉文将此山发卖与姜作文，砍伐错姜源淋界内十余根，经首人姜梦熊恩宽理论，劝将此属之木归秉文卖山，其山之土归源淋永远开栽木管业，日后秉文父子并无寸土在此山内，二比依劝了息，恐日后无凭时，立清白字为据，与姜源淋，永远存照。

凭中　姜梦熊

姜恩宽

中华民国八年七月十六日　亲笔[2]

---

[1] 张应强、王宗勋主编：《清水江文书》第1辑卷1，第346页。

[2] 张应强、王宗勋主编：《清水江文书》第1辑卷2，第327页。

立清白字人南路杨启顺。错砍地名堂四孔张老三屋地坪之木，今以自愿登姜盛荣弟兄叔侄之门任（认）错。凭中张花寨、范锡智劝合抵价木行。后代子孙照老字及清白字管业，立此清白字为据。

凭中 范锡智

中华民国卅六年十一月十九晶亲笔 立❶

（2）错砍“认错字”。

立错字人本房姜开星。因错砍到姜凤仪叔侄油树，地名皆报库，砍为柴，拿后经官报众，蒙中改（解）劝，自愿登门秧（央）求尔等，养若二次在（再）犯，报伊亲兄老弟拿下，投河楚（处）治，不得异言，口说无凭，立此错字为据。

凭中 四叔大爷姜元芳

请本寨姜开明代书

道光二十九年三月十一日 立❷

此“认错字”文书是错砍了别人的油茶树，按当地经验，油茶树乃经济作物，人们对这种树都认识，错砍为柴不大可能，有主观故意成分，所以才拿获报众经官，侵权者通过中人，自愿登门央求，表示永不再犯，如果再犯由自己亲属执行“投河”之刑，也无怨言。

立错字人姜相荣、李如葵、潘绍远、光贤（等），为因河边闹塘错砍到姜映辉、昌厚、昌宗寺岗之杉木，自知理亏，愿培（赔）小心，并银四钱，以后不得乱行。昌厚、昌宗念在叔侄之内，不要赔补木价，日后映辉、昌厚、昌宗等不得借端生事，凭中立字。

凭中 姜瑛、玉宗、邦秦

道光十八年❸

---

❶ 张应强、王宗勋主编：《清水江文书》第1辑卷2，第351页。

❷ 张应强、王宗勋主编：《清水江文书》第1辑卷1，第356页。

❸ 谢晖、陈金钊主编：《民间法》第3卷，第560页，罗洪洋收集整理贵州锦屏林契精选（附《学馆》）568件。山东人民出版社2004年版。

契约习惯法对山林私有财产的保护已经较为完整，凡是有损他人林木的行为都要认错赔礼或受到相应的惩罚并赔偿损失。

（二）农田保护

在黔东南苗族侗族居住的山地，较大面积的可耕土地非常少，稻田都是依山而开，逐渐下降，形成梯田，很小的一块地也被种上水稻。由于黔东南大多数苗寨侗寨所处的特殊地理位置，形成耕地面积非常稀少，连村寨中和路边有限的田地也用于种植农作物（面积少的仅五六平方米），以解决当地非常紧张的粮食问题。因此村民们对这些有限农作物的保护也相当重视。例如，巫堆村"村规民约"规定：放牛、猪、马、羊吃草或踏坏他人的庄稼，每次罚款10元，并赔偿损失。偷开他人水田，罚款20元，若造成田干，影响产量的按历年最高产量赔偿。高柳村"村规民约"规定：严禁倒退土地，违者处以100元罚款，情节严重者，移交镇人民政府处理。阳艾村"村规民约"第20条：浪牛、浪马、浪猪损害他人稻田、菜园、幼林，造成损失的，浪牛、浪马、浪猪主人除按损坏程度赔偿受害者损失外，每次另自愿承担违约金50元。第45条：猪、牛、羊等牲畜实行圈养，确需放养时必须有专人看管。若无人看管造成其他财产损失的，除承担赔偿责任外，违者每次自愿缴纳违约金50元。第46条：基本农田和其他公共土地属集体（国家）所有，未经村发包和村民承包，不得占为己有，违者除恢复原状外，自愿缴纳违约金50元，并接受村内通报批评。在黔东南保护秧田的习惯作法是刚刚犁过或栽上秧的田，要在周围打上几个"草标"，以防人畜践踏。

由于黔东南人多地少，会寸土必争。最近在雷山县西江发生了因为一小块土地而引起的"杀鸡骂娘"神判事件：

> 唐守玉（音）与唐先伟（音）因土地发生纠纷，请杨和金（音）、李你发（音）、李你金（音）处理。三人按照当地风俗对争议地的归属作出了处理结论，并在土地上杀鸡、埋鸡。但是唐守玉不服，从西江镇麻料村请来了巫师潘勤福（音）到西江神判台进行赌咒。2013年7月30日，原告唐守玉与潘勤福（77岁）来到神判台。该台地处西江山上，因该处有两棵面向西北方的神树（柏树、香樟

树合栽）而得名，据本土学者侯天江介绍，此处在新中国成立前是远近闻名的进行神判的地方，雷山、剑河、台江甚至榕江的苗族老百姓发生的纠纷也在此处理，但新中国成立后要求通过神判的方式处理纠纷的情况就少见了，改革开放以后就更少了。

我们看见柏树上已经系有四根红布带，从颜色的新旧程度上判断是最近才系上的，表明近年至少在此处进行过四次神判。唐守玉与潘勤福携带了进行神判的必要物品：红公鸡一只，红布一条，饭、米、酒、香纸若干。仪式开始前，在柏树上系上红布带，然后由潘勤福手捧公鸡，面向神树，念念有词地开始了。据侯天江后来翻译，巫师咒语的意思是：因为与唐先伟发生土地纠纷，虽有人处理了，但是处理不公，特请土地神进行处理。今天向神献上大红公鸡一只，公鸡的本领很大，它一叫天就亮。请神作出决断，请神的人在此赌咒：如果有人做了昧良心的事情，就叫他家人丁不旺，死不好，稻子没得收成，即使有收成，也没人吃，像这只公鸡一样。念叨完毕，巫师一刀砍断鸡头，用纸钱沾上鸡血，涂于书上，将饭、米、酒等物置于树下，并将公鸡放置于平台上。仪式结束。后来我们跟随唐守玉来到争议地处查看，实际上争议的土地面积很小，启动如此的仪式实属无奈。规范的赌咒仪式应该是原告、被告双方到神的面前进行，此次不知为何唐先伟未到场。侯天江推测，是不是唐先伟自己理亏，尽管赢了官司，却不敢到神树面前发誓、赌咒。[1]

（三）水资源保护

贵州降水充沛，山高瀑多，溪流无数，素有“天无三日晴，地无三里平”的说法。由于山高沟深，水的流速快，虽然有水却存不住，引水和灌溉非常困难，不仅农田灌溉成问题，人畜用水也成问题。黔东南有“八山一水一分田”的说法，长期以来，人们在重视土地资源的同时，也非常重视水资源的利用和

---

[1] 2013年7月29日夜，笔者接到雷山本土学者李国璋的电话，说30日在西江有因为土地纠纷引起的神判仪式，由于笔者30日到贵阳开会，就派凯里学院法学教授杨长泉前去调查，这是杨的现场笔录。

保护。苗族、侗族人民在生产和实践中形成的水资源配置和利用的经验，并通过习惯法得以确认，使之成为约束人们行为的普遍规则，引导和保障人们按照有效的方式利用水资源。侗款的“四层四面”也说：“我们田塘共段，水源同路，自上灌下，由下旱上，不准谁人，作个浪蛇拱上面，青蛇拱下边（挖堰偷水），我们就要捆人进寨，押人入村，严嘱这几句诫语。务须谨慎，切莫乱行。”[1] 苗族习惯法也对违反规则的各种行为，如乱挖别人田坎和擅自阻断别人的田水等加以处罚。村规民约中有很多关于水利灌溉、饮用水和消防用水的规定。最有代表性的是雷山县西江镇营上村2002年订立的“村规民约”，其中第4项是“水利、水井、自来水部分”，现摘录如下。

第一条：水利是农业的命脉。我村的水利设施，各条渠道的管理和受益，历年来已形成议规，应按原议规进行管理和用水。任何重新开水源、渠道不得截断原沟渠水源，不得损害他人利益。凡不依规约强行在他人水源头开沟接引水的，应受到村委强行制止。违反人应承担一切责任后果，并罚款壹佰元。

第二条：严禁在水源头山上开荒、种土，在沟的里坎、外坎挖石、挖泥、挖柴桩。因挖掘引起塌方壅沟、垮沟、除勒令违犯人予以修复恢复原状，不漏不浸外，罚款伍拾元，报口钱叁拾元。

第三条：偷接别人班水者，罚款伍拾元，报口钱伍拾元。

第四条：严禁到水井边洗任何东西，用自己的盆桶等也不行，违犯者罚款壹佰伍拾元，报口钱伍拾元。如有红白喜事，到水井边洗菜等，原则上可以照顾，但喜事完成后，总管要安排人淘、扫水井。

第六条：故意把水井弄脏，倾倒脏物、垃圾，破坏水井卫生的，在水井内用鱼篓等物养鱼的，罚款叁佰元，报口钱伍拾元。放牛到水井边吃水（包括用盆桶打水喂牛）、洗牛的，罚款伍拾元，报口钱伍拾元。

第七条：建设我村的人畜饮水工程、消防工程是造福现在和子

[1] 湖南少数民族古籍办公室主编：杨锡光、杨锡、吴治德整理译释：《侗款》“习俗款”，岳麓书社1988年版，第429~430页。

孙后代的大好事，全体村民、各家各户都应该积极支持。人饮、消防工程需用土地的，村委和户主合理协商解决，户主不得提出不合理和过高的要求刁难；安埋水管所过之处，各户主不得以任何借口阻止、刁难。如果损坏现有农作物的，可双方协商合理给予一定补偿。

第八条：任何时候，任何季节，任何人不得开水闸，开水龙头放水打干田、灌田、养田，如果违犯了，引起全村消防安全受到威胁，除应从严追究各种责任外，罚款伍佰元，报口钱壹佰元。

第九条：为了有资金管理和维护我们的人饮工程、消防工程保持完好，发挥功能，各用水户应按村委规定的条约按时交纳水费，各户不得以任何理由拖欠或耍赖。[1]

在水利灌溉方面，大体包括“原沟取水”、“轮班用水”、“保证老田用水”规则和对农田灌溉用水的有效管理，各村都成立水利管理委员会，由村干部任主任，临近较大溪流的村还专门设一名管水员，负责沟坝的维修、沟底的清淤和按时间向各户轮班灌水。[2]

在饮用水方面，因为以前都饮用井水，苗族、侗族形成了独具特色的“井水文化”。苗族有“水神”崇拜观念，每年年三十交更后，去挑“新水”时必须焚香化纸于井旁。苗族饮水多是山中泉水，多在泉口处修井，一般都比较宽大并且很别致。井周围铺石板，井口用石板或水泥和砖砌起小屋，防止杂物落入污染井水。井口一面朝外，便于人们取水。过去侗族地区很多井在修建以后还立有井碑，一般都是饮水思源，造福广民，慷慨捐资，维修水井和一些禁止性规定。现在很多村寨已装上自来水，但有些家庭还是喜欢喝井水。保护水井、防止饮用水污染是“村规民约”的重要内容。例如，雷山县甘皎村“村规民约”第6项第6条规定：“乱扔脏物或拉屎拉尿在水井一次，罚款30元。同时责令洗净三年。”西江镇长乌村规定：“水井必须满足民众饮用水，

[1] 徐晓光：《苗族习惯法的遗留传承及其现代转型研究》，贵州人民出版社2005年版，第208页。

[2] 详见徐晓光：《贵州苗族水火利用与灾害预防习惯法规范调查研究》，《广西民族大学学报》2006年第6期。

不能排水犁田或灌养，否则罚款10元，破坏水井或有意放粪拉便的罚20元。”为保证饮水清洁卫生，提高苗族人民的健康水平，政府在苗族地区推行人饮工程。对节水和安装自来水过程中出现的问题，很多村寨的“村规民约”都规定：户主不得提出不合理的过高的要求刁难，安装水管所过之处，各户不得以任何借口阻止、刁难，各用水户应按村委会规定的条约按时交纳水费，各户不得以任何理由拖欠和耍赖。不得擅开水闸或水龙头灌田、养田等。

历史上侗族地区水井边的碑文比较多，主要论述修井人的善行和功德，让人们“吃水不忘打井人”，有的也规定保证井水卫生等行为规范。在饮用水保护方面，有的地方专门制定“公约”，如从江县城关丙妹镇“大井冲水井规约”：

大井冲水井，是从江县城的好水之一，此井水冬暖夏凉，吃起来清凉回甜，素有“银水”之称，广大居民群众及远道而来的客人喝了这井水，都感到爽口，精神焕发，人人夸讲（奖）。

为了人们能吃上清洁卫生的井水，促进大家身体健康，特定如下规约：

第一条　此井水只能挑去饮用。

第二条　严禁在井旁边洗衣（包括各种衣被鞋袜蚊帐）。

第三条　严禁在井旁边冲凉。

第四条　严禁在井旁边清洗各种蔬菜。

第五条　严禁在井旁边加工各种食品。

第六条　严禁在井旁边洗涮各种物件。

第七条　严禁在井旁边宰杀及清洗家禽家畜。

第八条　严禁在井旁边揉制凉粉及清洗各种水果。

第九条　严禁在井旁边和小道上倾倒各种杂物及大小便，以保持水井的清洁卫生。

第十条　严禁用赃瓢赃桶打井水。

第十一条　严禁损坏水井的设施（如井上盖板、墙壁等）、井边树木以及捕捞井内的鱼。

上述规约从一九九七年八月一日起执行，违者罚款 10～30 元，用于地方公益事业开支。

丙妹镇俞家湾居民委员会

一九九七年七月六日

（四）动物保护禁忌

生态伦理学提出："尊重生物生存权利"的原则，把爱的原则扩展到动物，认为一切生命都是神圣的，没有高低贵贱的等级之分，人类应该给予周围所有生物的生命以道德关心。保护动植物，对维护民族地区的生态平衡具有重要意义。黔东南各族人民在同大自然共生、共存、共发展的过程中，形成了许多有益于保护野生动物的传统习俗。不少表现为苗族、侗族习惯法的习俗禁忌，从"趋吉避邪"的愿望出发自然地处理着人与动物的关系，一些生活禁忌有利于野生动物的保护，体现了对动物的关爱。如从江加勉乡苗族人民认为：牛、猪、羊怀胎临产前数日，以青杠树叶遍插圈的四周以避一切鬼魅，保母畜、幼雏的平安生长。而待六畜产幼雏后，则在门前悬挂草标，禁忌外人入宅。这种禁忌反映了苗族在缺乏牲畜生育知识的情况下，对幼小生命给予的关怀和呵护，甚至求助于神灵的护佑，以避免遭到邪恶的侵犯。[1] 很多苗族支系还忌打癞蛤蟆，忌打青蛙，忌射杀燕子，忌杀狗、打狗，不吃狗肉，忌深潭打鱼超过三网。苗族"理词"中说："破坏草原地鼠繁殖快，扰害村庄的恶人搞头多（坏事做绝）；山林常青獐鹿多，江河长流鱼儿多；不准打别人河里的鱼圈、毁别人坡上的捕雀山。"[2] 现在的"村规民约"中还有禁止电鱼、毒鱼、炸鱼的规定，如在辖区内电鱼的立即没收电鱼机，出现毒鱼、炸鱼的当事人每次自愿承担违约金 100 元，并接受村内通报批评。这些禁忌、习俗和规定有力地促进了当地野生动物的繁殖、生存，使人与自然和谐相处。

黔东南苗族习惯法中有关打猎、捕鱼的季节性禁忌则反映了苗族不轻易杀动物，不过分盘剥和夺取的生态伦理观念。这些禁忌的季节一般处于野生动物

---

[1] 龙正荣、龙正林：《贵州黔东南苗族习惯法的生态伦理解读》，贵州省苗学会论文集，第 361 页，2010 年内部印刷。

[2] 中国民间文学研究会贵州分会：《民间文学资料》第 14 集，1986 年内部印刷。

交配、产卵和繁殖的时节，因此，黔东南苗族往往在立夏过后相当长的一段时间里禁止捕鱼和狩猎，直到庄稼成熟后，动物的生育、繁殖期过去了，才解除捕猎的禁令。而且他们对捕猎对象十分尊重，不杀过多的野兽，不浪费猎物。如雷山西江苗寨认为“野山羊进寨，不能追杀，若抓住又拿回家里煮食，家中必有人死亡。上山打猎，数量受限制，滥杀乱捕要受到神灵的惩罚”。这些渔猎禁忌反映了借助神灵惩罚不良行为的观念，客观上维护了生命的繁衍。在《苗族史诗·溯河西迁》中有这样的描述：“射死岩鹰落地上，叫谁来审判，诉说了它的罪状，才能剖来吃？叫燕子来审判，许它吃心肝。”❶ 这反映了苗族轻易不随便伤害动物，万不得已才强调要“师出有名”，类似这样的观念在月亮山、雷公山的苗族人狩猎活动中也存在，即围猎的人众走到初遇的野兽足迹之处时，需待头领（“虎额”）向地上吐一口唾沫，并交代“实在是野兽破坏庄稼，非我无故杀你族”之类的话，才实施猎杀。❷

苗族、侗族的一些生活禁忌也有利于动物资源的保护。如禁止猎打“到家做窝的燕子”，这有利于对益鸟的保护。在黔东南农村百姓人家房子的“堂屋”中几乎都有燕子窝，有的人家甚至有 2～3 个，这些燕子窝有的是燕子自己飞进房子砌建而成，有的是房主先做好等待燕子来住。苗乡侗寨里燕子自由地飞来飞去，哪怕燕子把家里弄得遍地鸟粪，家人和村里的人们也不会轰赶燕子，从小父母就告诉他们不要打到家的燕子，因为燕子到家做窝是一种吉利。所以，在世代相传的生活习俗中，猎杀燕子被严格禁止。相反，如果一年到头哪家没有燕子到“堂屋”来，而别人家燕子飞进飞出，村里人就会流传没有燕子的这家当年会极不顺。这样，这家就会将堂屋打扫干净，做好燕子窝等待燕子到来。这些生活习俗对益鸟的保护比《野生动物保护法》更具体、生动和有趣。

三、黔东南少数民族环保习惯法的特点

黔东南少数民族环保习惯法的特点主要体现在以下几个方面。

---

❶ 马学良、金旦译注：《苗族史诗》，中国民间文艺出版社 1983 年版，第 275～276 页。

❷ 龙国辉：《苗族文化大观》，贵州民族出版社 2009 年版，第 224 页。

（一）环保习惯法的内容较为丰富

前述，“议榔”、“合款”分别是苗族、侗族以村寨和地域关系为基础，规模大小不等的地域性的政治、经济联盟，也是议定法律、公约的会议。会议由榔头（苗族）、款首（侗族）或威望最高的寨老主持，讨论“榔”或“款”内共同有关的大事，制定“榔规”、“款约”，选举执事首领。“榔规”、“款约”内容涉及广泛，主要职能有两个方面：一是抵御外来侵略，保护民族共同体的生存和发展；二是规范人们的生产、生活，协调苗族社会内部的各种关系。

苗族“议榔”会议有一年举行一次的，也有两三年举行一次的，还有13年举行一次的。如雷山西江，在以前每年秋收后，寨老们要举行一次议榔会议，重申或议定榔规榔约，参加会议的原则上是各家户主。届时，由寨老首先重申历代继承下来的旧议榔规约，然后议定宣布据现实需要制定的新榔规。宣布完毕，杀猪以示庆贺，并按与会各家过去一年遵守情况，予以奖励和警告。[1] 议“榔规榔约”有不少关于环境保护的规定，如“议榔育林，议榔不烧山；大家不要伐树，人人不要烧山，哪个起恶心，存坏意，放火烧山岭，乱砍伐山林，地方不能选屋，寨子没有木料，我们就罚他十二两银”，“偷砍别人家的杉树，罚银三两”，“偷盗别人家的松树，罚银一两三”，“偷砍护寨树、风水树，罚银九两”[2] 等。黔东南水族以前每年都要定期举行“封山议榔”，所议定的“封山榔规”，对保护山林资源起到了十分积极的作用。“议榔”活动在20世纪90年代后很少举行，但议“榔规榔约”的内容至今仍在村寨中起着自律作用。

1999年12月，我们曾在雷山县陶尧片区参加该地每13年才举行一次的鼓藏节（苗族的祭祖节，又称鼓社节。陶尧的鼓藏节与黄里同时进行，他们属于同一祖先）期间，走访了当地榔头唐炳武老人，据他说：该地最后的一次“议榔”是在1988年，针对的是乱砍滥伐严重，影响了生态环境和人们的生活，所以要订立行之有效的规约来制止这种现象。参加议榔的有陶尧、乌尧、

---

[1] 徐晓光：《苗族习惯法的遗留传承及其现代转型研究》，贵州人民出版社2005年版，第100、104页。

[2] 徐晓光、吴大华、韦宗林、李廷贵：《苗族习惯法研究》，华夏文化艺术出版社2000年版，第62页。

黄里三地所属苗族各村寨，每户派一名成年代表参加。每户出一点钱，买了一头水牛。会议在陶尧召开，将水牛牵到历史上经常议事的草坪上，人们围在四周。先举行祭祀仪式，再由榔头唐炳武宣讲有关订立禁止乱砍滥伐“榔规榔约”的必要性、制定规约原则和处罚的大概标准。然后把牛杀了祭神，分给每户一块肉，以示每家每户都不得违反。至于“榔规榔约”的具体条款的内容则由各村寨根据情况自行订立。仪式结束后，将牛头挂在通往几个村寨路口的大树上，以示规约的严肃性。参加议榔大会的村民带肉回家，全家吃了肉后，都要牢记“榔规榔约”并严格遵守。

议榔大会后，各村都要根据本村实际情况，订立林木保护实施细则和具体处罚标准，榔头还要到各村宣讲“议榔会议”的精神。条款由村民讨论决定，由榔头向全体村民宣读，抄正后上报当地派出所备案。我们在甘皎村村委会主任唐仁义家找到当年虎羊村订立的《议榔榔规》。由于该榔规是专门针对乱砍滥伐现象订立的，所以在20条中，有17条林木保护的条款。这是一份刻印的文本，上面按了所有村民代表的手印。如规定：失火烧山的，首先勒令失火者交出黄牛一头给全村人“扫火星”（“扫寨”），并责令失火者赔偿火灾损失；任何人擅自进入封山育林区和水源区砍柴、割草、烧炭、砍砧板（菜板）、砍粑槽（打糯米的木槽）、猪槽等必须从重处罚。现在黔东南苗族村寨订立的村规民约大多是传统“议榔规约”的延续，有很大一部分是关于森林保护的条款，有村寨还专门订立公约，全部是涉及林业保护的规定。

（二）关于“火”的规定比较多

由于黔东南苗族、侗族住宅多建于山腰和江岸溪畔，因地势形成传统的木结构干栏式建筑，一般是瓦顶或杉皮盖顶，容易发生火灾，加上房屋密集、道路狭窄不平，救火极其不便，因此防火工作是每个苗族侗族村寨和家庭的头等大事。各寨“村规民约”对防火救火以及相应的问题都有专门的规定，主要有以下几个方面。

1. 防火。

雷山县也利村“村规民约”第17条规定：苗族村寨要求村民要牢固树立“防火安全，人人有责”的思想，教育好家庭所有人员搞好防火，确保集体和个人生命财产安全。甘皎村“村规民约”第5项第3条规定：村内外，室内外，存放易燃物的，经村委护寨队限制撤出，但未听劝撤的，超期罚款30元，并强行撤出。铜鼓村“村规民约”第9条规定：不准在街头巷尾、房前屋后堆放柴草及易燃物品，要经常保持房前屋后清洁，以免引起灾害，如发现火灾苗头火警者，罚款50~100元，见实（死）不救者罚款30~50元。

2. 救火。

雷山县也通寨“防火公约”规定：发生火灾时，全寨的主要劳力要全部投入扑救工作，要按村里组织安排救火，不得只救自己家的火和火未烧到时搬自家的东西。关于救火的报酬和救火时的损失补偿，雷山县大塘乡羊排里村规定：参加扑救火的人，每一次奖励10元，如火情大，需拆房子做防火线时，灭火后要帮助予以恢复。

3. 失火处理。

（1）家火。雷山县也通寨“防火公约”第42条规定：“各户家庭用火，切实注意安全，每发生一次火警，罚200元，引起重大火灾的，依法追究其刑事责任。罚款百分之八十归寨上，百分之二十交村委会。”

（2）山火。苗族村寨的村规民约将责任条款和处罚条款合在一起加以规定。雷山县也利村“村规民约”第19条规定：发生山火一次，除罚纵火户100元外，还按亩数计罚，每亩200元，并在当年各负责损一栽十（并包栽包活）。凯里市三棵树镇南花村“村规民约”第21条规定：如因忽视山火而引起火灾的，烧掉每亩柴山罚款300元，被烧掉的用材木、经济木，要由出事者负责赔偿，并责令在被烧的山上造林。

还有的村寨专门规定不同火情的处罚标准，如西江镇长乌村“村规民约”第4条：“1. 发生寨火的罚款：烟出房顶100元；火出房顶200元；成灾损失一户以上罚款500元。2. 发生山火灾，每亩罚30~50元，并按损失树木多少另加（有的村寨则规定补种苗木，造林还林，并保证成活率在85%以上）（西江镇营上村）。”有的村寨规定：“自家山地起火，山主自承担损失，村里要罚每亩2.5元作为防火安全费用。”

在黔东南苗族侗族地区每个村寨都有“防火公约”或“村规民约”，林区要签订森林防火责任状，内容主要包括野外用火，农事用火，对痴呆、弱智、精神病人、儿童等限制行为能力人的监护，护林组织执法职责以及民兵应急扑火规则等；消防制度中对消防设施的管理与分布、消防安全检查与宣传、义务消防队的培训和职责等都有明确规定，村民家中的消防池都要求装满水。例如，文斗村2008年森林防火和农村消防安全责任状中规定：

> 1. 各家各户要注意安全用火，认真做好老化线路检查和整改，彻底消除火灾隐患；
>
> 2. 搞好清洁卫生，柴草一律不准进寨，易燃易爆物品要远离火源，做到“水满缸，水满池”；
>
> 3. 不用火烘尿布、焙谷子、辣子，不准在室内烘腊肉，煮猪食、做饭菜注意看火；
>
> 4. 要做到“人走火灭”，出门入山“不带火种”；
>
> 5. 要做好小孩、醉酒人、“低行为能力人群”的看管，不准玩火，不准乱用火；
>
> 6. 不准烧田坎、地坎，不准乱丢烟头，杜绝一切野外用火；祭祖、扫墓改变烧香、烧纸、燃放鞭炮陋习，提倡树立鲜花、植树新风尚；
>
> 7.“幸福生活当好家，消防安全靠大家。”各家各户要积极预防和积极参加扑救山火、寨火，大胆检举、揭发失火违法事实，积极配合上级有关部门调查火灾案件。

这些制度和措施有效地预防了火灾的发生，使人们的生命、财产、森林资源得以保护。

（三）“风水”观念的影响比较重

黔东南锦屏等县的一些地方，自明代以来苗侗民族慢慢地接受和学习汉文化。这是风水观念得以传播的重要条件和可能的途径。苗族、侗族接受风水观念的一个重要的、直接的途径是堪舆地师的传播。在现实生活中这方面实际案例很多，这里还是围绕“清水江文书”展开。

1. 阴地风水与土地利用的矛盾。

由于林业商品经济兴起，苗族、侗族人民经济生活水平有了较大的提高，人口增加，且不断有外来移民进入，人地矛盾渐渐显现。黔东南山多地少，林多田少，阴地风水需求与农业用地之间、阴地需求与林业用地需求之间的矛盾，在锦屏阴地风水契约中都有所反映。

清代锦屏人民的风水观念中，山土是龙脉的肌肉，可以植树为龙脉穿衣戴伞，可以让山土自然封禁，荒芜成草成林，养护龙脉，培育龙身鳞甲，但是绝不能再开垦山木，施粪浇便，种植作物，以免惊扰、触犯龙脉，败坏风水。所以，风水封禁使得相当数量的荒地被闲置。同时，也不排除村寨之间凭借风水封禁的理由，争夺和保存后备土地资源。下面是加池寨大约是民国时期的一份诉状：

为擅挖民田、触犯法章、自知罪悉难逃、假以侵界抵赖、告恳提究赔偿损失事。缘民家境贫寒，且人口终多。爰于去岁十月三日率妻带子，住地名白岩冲，祖父遗有田一丘之左侧荒坪开垦，费工八十天至本年正月廿三完成田面，约谷三担。原拟栽插，以待秋收得以养老育幼。不料本年四月十四日被加池寨姜纯香、姜源汗、姜锡珍、姜胜富、姜献煜、纯礼，岩湾范永年、范永祥、范永胤、范基超等率众执锄，将民田埂撤底挖崩，并出牌示假言为二砦龙脉过峡。窃民开垦之处距该二砦十八里之遥，有何过峡之可言？且系一田冲，历年耕种收花，现有禾□存在。姜纯香等不思中央通令全国开垦荒地为建国时期中心工作，竟众执锄挖埂害民秋收无着，新旧之田废亡一旦。嗷嗷众口，不知流离何方？后于四月廿日以纠众欺贫等情具报□存，未蒙处理。复以执锄挖埂陷害贫民等情具控钧处，当提姜纯香等到案堂审讯并查该恶等擅挖民田，触犯国法，饬赔还工费三万元，恩已渥矣。惟民开田之处既系民先祖遗产，又非二砦之龙脉过峡，竟擅执锄挖埂，仅以三万元赔偿了事。民虽极害，亦可以将姜纯香等之田挖崩，试问如何？兹遵面谕，敬将原情缮录。民仰请钧处迅将姜纯香等票传到案，饬将民田依原式砌好，并赔还民谷三石（担），以儆凶暴，而维生活。恩沾不朽。谨呈。

锦屏县司法处审判官判[1]

---

[1] 张应强、王宗勋主编：《清水江文书》，第1辑，卷4，广西师范大学出版社2007年版，第522～523页。

由上可知，加池、岩湾两寨以原告开垦的荒坪是二寨“龙脉过峡”的风水禁地，而将原告的新田埂挖毁，锦屏县司法处没有采信这一风水说法，而判令赔偿工钱，而原告要求恢复原状。但是，此处能维持荒坪那么长时期而没有被开垦，则足以证明“龙脉过峡禁垦”是加池、岩湾两寨的习惯法和禁例。也说明在农业开垦与风水封禁的冲突中，很多时候风水封禁占据上风。中央通令开垦荒地，固然是政策政令，而“龙脉过峡禁垦”是两寨公议的地方性、自治性的习惯法，一方面有地方首人的权威保证执行，另一方面也是由于败坏风水的不利后果作为威慑，保证实施。

2. 植树造林与阴地风水封禁的矛盾。

从前章介绍的黄岗、占里“坟山”的情况看，“坟山”上都有茂密的林木，并被奉为“神林”。植树造林需要管理封禁，才能成材，而阴地风水也需要封禁，二者有共同的地方。但是，阴地最终要占用地面积，有时可能有人进入坟地管护林木，影响风水。清代锦屏县境内，村寨公山一般都蓄禁有“风水林”。一方面，他们体认到“种树可以引雨，既可以免干旱，且生气勃然，一切瘟疫灾祸均无从沾染”的经验和道理；另一方面，他们自古就有一种“黎山蓄禁古木，以配风水”的风水信仰。本书第二章介绍了 1907 年归固寨的关于后龙山风水林的禁碑。碑文中，“玄武”就是一个堪舆学或风水学中的专业术语。当时，“左青龙、右白虎、前朱雀、后玄武”应该是一个普遍知晓的关于地理方位的表述。另外，它将“风水林”比作“龙脉”或山脉的衣服。没有郁郁葱葱的树林，龙就无衣遮蔽体肤，“遍地朱红”就像受伤流血的病龙；因为无“旗”无“伞”，自然无威无势，就不能庇佑归固寨“人人清泰，户户安康”。

随着木材市场的旺盛需求，林木被不断砍伐，锦屏等地的木材蓄积量迅速下降，大规模的造林也持续进行。阴地坟地和造林地之间发生一定的冲突。一边是追求“荣华富贵绵长久”的风水保佑，一边是追求实惠的真金白银，锦屏人又是怎样权衡和处理的呢？

光绪三十二年（1906 年）二月二十七日，三营奉抚宪札示，劝民栽植树木，发下告示及种树苗章程十二条，即《三营劝造林告示》。其中第四条和第十二条规定：

一约束不可不严也。抚台告示除官种之外，虽各家种五十株或二十株之例，不得不为从宽。今纵不能多种，而所定株数今年则宜挨户种足，三年之后，无论公私土地，务须全行栽植。如逾三年再有旷土，实属有意违抗，即概行作为公业，无论何项人等，准其进山栽植。但有坟墓之处，周围离一丈，俾免警犯。如地多而贫，自种无力，雇人无资而又无人租取者，准其报局由公筹款招工栽植，作为四六分，收五者缺一不在此例。

……

一公地宜集股栽种也。公众之业，既能一人独栽，或提地方公款，或大众出钱雇人栽种，既可成地方风水，又免外乡争占，岂不甚便？更有合族公地，则提祠中之款，或聚族人集股栽种坟山，既无失业之虞，又可为后世子孙之利，当事者宜广为劝导。

“三营”是咸丰六年（1856 年）锦屏境内成立的协助清朝政府军队镇压苗民起义的地方团练武装部队，它由上至瑶光、下至平略沿河一带的 30 余个村寨的团丁组成，由地方士绅领导组织，各村寨负责军粮费用等，由于有军功以及打击贼匪、保境安民的需要，后来一直保留至清末民初。清末改组为“县团防总局”，所以公文有“准其报局由公筹款招工栽植”的提法。可以看出，官府处理种树与阴地风水的冲突的规则有两条：一是对于已经进葬的阴地是要在坟墓周围一丈之外栽种；二是对于没有进葬的坟山和公山，都要栽种。另外，为了节约山土，在进行阴地交易时，对阴地面积进行精确的计量，甚至到了每平方尺单价几许的程度，几乎与现代公墓的交易无异。[1] 兹举一例如下：

立卖阴地字人高岑村周绪亨，今有魁胆寨王恩祥问到地名高岑屋边坪、太和上坎竹山阴地一穴，由土坎除三尺以准直纵一丈弍尺、横一丈，有栽岩为界，上下左右抵卖主为界，凭中定价钱弍拾壹仟零捌

[1] 程则时：《锦屏阴地风水契约文书与风水习惯法》，《原生态民族文化学刊》2011 年第 3 期。

拾文，其钱领足不少。其阴地由所卖之处，任凭买主进葬，上下左右除所卖之外，由凭卖主进葬，二比议定不得异言，恐口无凭，立有卖字为据。

外批：上节竹山分落绪元，倘有阴地，任凭进葬，不得阻止，此系绪亨笔。

凭中代笔　周华思、周绪元

外批：民国十五年八月十八日由纵壹丈弍之上加进叁尺，一共壹丈五尺整，加钱六仟文，此据。

民国甲子年十二月　立[1]

由上可知：1924年周绪亨卖给王恩祥阴地一穴，长一丈二尺，宽一丈，阴地下方是土坎，因此留有三尺。到了1926年可能是需要下葬，又增加购买了宽一丈、长三尺的阴地面积。很可能是防止以后土坎冲刷垮塌，或担心进葬受到影响，将穴向上移动三尺。于是补偿价款六千文。这样算下来，每平方尺合180余文。

3. “坟山”与土地买卖的冲突。

生活在黎平黄岗的当时侗族，每个房族都有一处停放死者灵柩的固定场所。黄岗各房族的公共“坟山”就是位于黄岗村西部的“小岭”。“小岭”是一条南北走向的山林，山峰高出黄岗自然村150～180米，由于这片公共山林在历史上是黄岗侗族家系的公用墓地，因而山上的林木备受黄岗村民的保护。黄岗现存7通碑刻，其中两通的碑文就明确提到了“小岭”公共“坟山”，内容涉及了严禁出售或转让这些坟山的土地安葬权给外姓和临近村寨的人使用。

《严禁出卖土地于外人修建坟墓碑》碑文：

立议条规为七百大小村寨齐集开会誓盟公议合志同心事

为因围山垅上抵自□□，出岑告寨，中过岭来彭落登脉，上扒店与四寨公山交界。下抵自石彭庶，上纪天，出水杂，上弄述，下纪棚

[1] 张应强、王宗勋主编：《清水江文书》，第1辑，卷7，广西师范大学出版社2007年版，第206页。

子子，过□□□破（坡），过□仑，出到□□与小黄、占里交界。自公议公山之后，不得生端。七百大小村寨不拘谁人埋葬，不得买卖之。故随心随葬。□□倘有谁寨私卖与别人，七百查出，罚钱五十二串。如有□名私买私卖者，一经查出，罚钱十二串。倘有别人占□我等公山，六百小寨必要报明示众。我等七百首人务要同心协力，有福同享，有祸同当。今当天地誓盟公议，以免后患，永保无虞！所立此碑！永垂不朽！

七百首人：龙林老弟老良

老三老翻老到

同心立碑

道光二年七月初十日

这通盟誓碑文充分表明，坟山是各房族的专属部分，只允许本房族人使用，不得擅自买卖，对买和卖的行为规定了具体的处理标准。这些具体规定，使得坟山的这块风水林成了今天黄岗村的“自然保护区”，山上的森林数百年来基本上保持着原生状态。

（四）“洗寨”与“喊寨”处罚的运用

杨昌才主编的《中国苗族民俗》对雷山苗族的扫寨活动介绍得较为详细：

每年过苗年之前（阴历十月份），雷山县固鲁村都要举行一次全村性的“扫寨”活动。“扫寨”活动的组织者是寨老和村长。“扫寨”一般只是一天时间。当日期决定后，由寨老和村长通知全寨的人，然后挨家挨户收钱买一头猪（或牛）和一只鸭。指定的这一天到了，就由组织者抬着一桶水（两人抬），带着一只鸭和一个放有茅草的撮箕，找来一鬼师带路串门，每到一户，在鬼师念念有词之后，大家把各家事先准备好的放在火炕旁的一个草把拿走，接着就舀水灭火。当整个寨子都走遍后，抬着所买得的那头猪（牛）和鸭到河对岸，在鬼师念念有词之后宰杀，杀死的猪鸭只能用火烧去毛，不用水烫。收钱和分肉都以户为单位平均处理，不论人口多少，吃是以户为单位带着锅瓢碗盏到河边煮吃。吃不完也不能带回家，要不倒掉；要不留在河边，次日去吃。鸭一般是煮熟后任一群小孩一抢吃光。烧、煮食品所需的火是到其他寨子借来的（借，实际上是点火种）。吃毕，由鬼师念巫词送火鬼回去便算结束。在整个扫寨活动中，无论外寨人或是本寨人，只能出来，不能进寨，其间，各条路都派有人把守。之所以有这样的习俗，传说是个火鬼，常常放火烧寨上的房子，为使寨子免予这种灾害，每年就要杀一头猪（牛）和一只鸭来祭它，所以就产生了“扫寨”活动。这个传说在今天看来是觉得很荒谬，可在当时，人们的认识水平之低是无法正确认识那频繁的自然灾害的，于是乎认为这是一种超人的东西在作怪，这种东西就是火鬼。当社会发展到今天，许多人都不再是这样认为，可习俗依然流传至今，并且有可能继续流传下去。这本身就说明了它已经产生了新的意义，至少它起到提醒人们注意防火安全的作用。活动安排在过年之前，这也是有一定道理的。苗族历来就是很注重“苗年”这个节日，人们都希望能度过一个愉快的节日，在“苗年”期间特别小心，以免发生火灾，过不了年。

“洗寨”，或叫“扫寨”，也称“扫火星”，苗语为“qet vangl”，侗族叫“驱火殃”是苗族侗族地区普遍存在的、在客观上起到防火作用的宗教仪式。各个村寨在火灾发生后必须“扫寨”，以消灾避邪，保佑平安。每年或每几年举行一次，扫寨仪式的费用由全村人分担；而火灾过后的扫寨则由失火户承担全部或一部分。一般火灾过后罚猪一头，即所谓“救火洗手猪”，供救火人员共餐，此餐称“招魂餐”。一般另罚扫寨猪一头、大米120斤、酒120斤和肉120斤作为“扫寨”费用。前述1988年雷山县虎羊村订立“议榔榔规”第14条规定：失火烧山、烧寨的，首先勒令失火者交出一头黄牛给全村人“扫火星”，并责令失火者赔偿火灾损失，情节严重的还要依照法律交公安机关处理。西江镇南贵村“村规民约”第9条规定：“凡是谁家无意发生寨火，火焰已蹿到外面，按原来协商规定，扫寨时出现金50元。”也利村“村规民约”第18条规定：“各自然寨，一旦发生寨火，罚纵火户交救火洗手猪一头（100

斤活气以上），120斤米，120斤酒，供救火人员共餐。扫寨礼节仍按各寨原有规定执行。”西江镇乌尧村“村规民约”第17条规定：一旦发生寨火，应由起火户杀一头猪付当场的灭火人吃一顿“招魂餐”，并付足当次洗寨费的三分之一的款项。雷山县丹江镇脚猛村“村规民约”第14条规定：“寨内一旦发生重大火灾，村民必须全力以赴，不准私自搬迁自家的财产。等火灾全部灭后，不论灾情大小，由火灾发生户承担扫寨的责任。救火洗手猪一头，扫寨猪一头（一百斤以上），大米120斤、酒120斤、肉120斤。”

有些村寨曾一度停止“扫寨”活动，现在重新恢复。现在有的村寨不管是否发生火灾每年举行一次，有的几年举行一次，时间不尽相同，大体上在每年的11月份。各个村寨在火灾发生后必须“扫寨”。从我们调查的实际事例看，所罚标准也基本上按各村“村规民约”来执行。“扫寨”时所罚的猪、牛和酒必须交，家里没有猪或交不起那么多肉的，至少要交50斤。[1] 1991年，开觉村13组的李贫农家，因烟囱走火造成火警，李家交50斤酒、50斤米和50斤肉，附近每个寨子都派了两名代表到该村，寨子请了两个鬼师举行“扫寨”仪式。2001年雷山县大塘乡排里村发生火灾，整个小寨（该村分大寨和小寨）被烧掉。失火户出了一头黄牛、一只公鸡，请鬼师“扫寨”。鬼师到每家，将水桶里的水在各家的火灶及有火的地方洒一点，表示洗寨。所有的火种灭掉后，全村人牵牛到河的对岸，把牛杀掉聚餐。凌晨时分到别的村寨买来火种，分别点火到各家。2001年11月30日报德村火灾过后，12月20日举行了“扫寨”活动，让吴真里家出了一头黄牛、一头猪、一只公鸡、一只鸭、120斤米和120斤酒，并请鬼师“扫寨”。鬼师牵鸭到寨子的各户，象征性地洒水灭火，然后全村人到小河对岸的河滩上杀牛聚餐，最后从不远处山上的一个村寨借来火种，村里才能用火。2003年5月，西江镇开觉村小学校长王正华家中因小孩玩火引起火灾，罚他家出一头猪、150斤米、150斤酒和一只白公鸡。这一次虽然没有举行正式的“扫寨”仪式。但是杀猪以后，每户得到一块肉，表示各户吃了肉后要严格注意防火。2006年1月8日，笔者在郎德镇报德村参加了一次苗族“扫寨”活动，程序和前面介绍的基本相同。从我们调查情

---

[1] 2006年5月20日开觉村村民李锦荣讲述，笔者记录。李退休前为雷公山自然保护区管理科科长，退休后曾担任过开觉村村长。

况看，苗族的“扫寨”活动非常普遍，侗族的很多村寨也有这一活动，程序相对简单一些。近年村规民约中个别也有“扫火殃”的规定。现今的“扫寨”与传统的“扫寨”形式和内容大体上是相同的，虽然也是以传统的宗教仪式举行，但在增强村民的防火意识，保护村民人身、财产安全方面起着积极的作用。

“喊寨”是黔东南苗族侗族的一种民间制度，最初可能就是为防火设置的，不止少数民族有，汉族地区历史上也有，如“天干物燥，注意火烛”之类，守更人为提醒防火边喊边敲锣。黔东南苗族、侗族地区夜间走村巡寨，防止火灾也是非常古老的传统。巡寨的人按轮流顺序排班，这是村民的义务，但久而久之可能慢慢演化成对失火者（户）的一种惩罚。如西江镇羊排村的“村规民约”规定：通过喊寨，尽一个月的义务，以弥补不慎失火的过失，而营上村是罚以重金并敲锣认错，可能是一次，也可能是多次，带有很强的惩罚性质。羊排村“村规民约”第6条规定：“任何家任何人发生火灾、火警，每次火警罚款40元，造成火灾的户罚款100元以上，并罚敲锣打鼓喊寨一个月。”西江镇营上村“村规民约”第6章第2条规定：“由于热天失火造成损害的，罚肇事者1000元，并罚敲锣喊寨认错、警示。”

这里顺便说一下，“游村”在汉族地区作为一种民间的严厉惩罚，可能很早以前就有了。内地偏僻乡间20世纪80年代还有存留，就像电影《被告山杠爷》中反映的那样。梁启超在《中国文化史》“乡治章”曾就其家乡自治情况时说：“犯窃盗罪者缚其人游行全乡，群儿共躁辱之，名曰‘游刑’。凡曾游刑者，最少停胙一年（一年内不许参加社会交际）。”[1] 黔东南苗族、侗族的“喊寨”在使用上比内地宽泛，发展到对多次违反“村规民约”和偷盗行为进行处罚的“羞辱刑”。前述郎德镇也利村对触犯“村规民约”两次以上的，除罚“3个100”外，由寨老带其巡回全村喊寨一次。据笔者了解，现在“喊寨”作为一种惩罚在苗族、侗族地区没有了，但在20多年前却很普遍。据雷山县人大副主任杨明理介绍：1976年时他在一个村里当工作队员，一村民路过生产队花生地时在衣服包里偷装花生，被工作队发现，令其“喊寨”。那村

[1] 转引自梁漱溟：《儒家文化要义》，学林出版社1987年版，第276页。

民在村里边走边喊："我偷了队里的花生，大家不要学我。"杨主任说，后来这个人痛改前非，现在是这个村的支书。1977年雷山县白连公社党上大队第一生产队苞谷还没有成熟就被人偷摘。县工作队小刘和民兵连张连长便在夜里潜伏在附近的树林里。次日天没亮就发现邻寨的赵老五在偷苞谷。当场抓获后赵老五苦苦哀求放了他，张连长不同意，叫赵老五挂上苞谷捧、手拿苞谷秆，沿寨子主要通道游走一趟，并让他逢人就喊："大家不要学我偷集体苞谷。"游完了并要赵老五写了保证书才放他回家。[1]

20世纪80年代末，锦屏县文斗村里的一个年轻人偷砍了其他人家的木材，按当时的价值在500元左右，后被村里人发现，该年轻人愿意加倍赔偿当事人的损失。但几个寨老商议后觉得这不足以教育当地的青年，最后一致决定采用"喊寨"的方式来处罚盗窃者（尽管村委会和村支部也有人提出这样有些不妥）。当天，该年轻人脖子上挂着在他偷来的两根木头上锯下的木段，手上拿着铜锣，沿着整个村子游走了一圈，在游走的过程中按照寨老们的要求，一边走一边敲锣，同时高声呼喊："大家都不要学我，去偷别人的木材，这就是下场！"该寨老的看法是这种处理方式的效果非常好，有很好的教育作用，从那以后文斗村再也没有发生过类似的偷盗现象。[2]

国家法的建构应充分重视民间习俗。"法律绝不是脱离于生活之外的某种东西，而是生活秩序建构的一个最为根本的要素。理解了当地人的生活和习俗，随之才可能理解当地人的法律观念和法律行为。既然法律与习俗是一个相互渗透的过程，那么法律就不应当脱离开实际的民俗生活来自行建构。"[3] 当前，少数民族环保习惯法与国家法的融合现象日益明显，对中国环境法制建设有重要作用。从以上内容看，黔东南少数民族保护环境的习惯法多种多样，既有基层村寨制定的乡规民约，又有当地的民族习俗、生活禁忌以及习惯法，这些形式和规范在内容上是一脉相承的，在当地生产生活实践中约定俗成，具有广泛的群众基础，因而能有效地约束人们的行为，在实践中也能起到保护生态环境的作用。此外，黔东南少数民族环保习惯法具有浓厚的民族性、地域性特

[1] 雷山县退休干部杨光祖提供资料。

[2] 罗洪洋：《清代黔东南锦屏苗族林业契约纠纷解决机制》，《民族研究》2005年第1期。

[3] 赵旭东：《权力与公正——乡土社会的纠纷解决与权威多元》，古籍出版社2003年版，第314页。

点，易于村寨的每个成员接受，能得到广大村民的拥护；但也存在一些落后的、与现代国家法治要求相违背的习惯法规范，其自身也在随着国家法治的精神和要求慢慢地改变。黔东南苗侗民族在对多种违反“村规民约”行为的处罚上，通常使用“罚4个100”或“罚4个120”的办法。2011年我们在西江调查时，发现一栋房子已被烧成瓦砾，邻居几家被“过火”，烧得面目全非，失火户因无颜面对乡亲已经出走多日。在侗族地区的村规民约中，像这样严重的失火行为，要被驱逐出寨，三年后提出申请，请全村人吃饭，取得村民原谅，才能另辟新址建房。实际上对失火者来说心里也很难受，一般不用驱赶就自己走了。笔者问正在清理火灾现场的人：“这人回来后如何处罚?”他回答说：“肯定要罚4个120的。”原来西江一带“罚4个120”的标准，除了120斤肉、120斤米酒、120斤大米，另外一项是“罚12000响的鞭炮”。但近年随着防火意识和健康意识的增强，村民们将此项处罚改成了“罚120斤蔬菜”[1]。

因此，我们相信黔东南各族人民会自觉地运用历史的、辩证的观点来继承和发扬少数民族环保习惯法，取其精华，去其糟粕，正确处理国家法与民族习惯法的关系，促进国家法与民族习惯法融合，加快少数民族地区法治现代化进程，确保生态环境保护工作顺利进行。

---

[1] 西江成为旅游景点，对外开放后，为宣传民族文化，在街道两旁醒目之处，挂了四五块木制看板，上面刻着“村规民约”中“罚4个120”的规定，但2000年的一次调查中笔者发现，原来“罚12000响鞭炮”的地方被刮掉，重新刻上了“罚120斤蔬菜”的规定。有意思的是有，两块改了过来，还有几块没有改过来。

第七章

林业契约的生计考量与人文生态规制

夫我等地方山多田少，出产甚难，惟赖山坡栽植杉木为营生之本。树艺五谷作养命之源。夫如是杉木之不可不栽，则财自有恒足之望耳。

——《甘乌林业管理碑》

明末清初清水江流域卷入林业商品经济大潮。一方面，对天然林的过度采伐，使清水江干流沿岸几成荒山秃岭；另一方面，林业市场对这一带林木的需求越来越多，市场供不应求。这时候，木商们也会到清水江支流地区去采购木材，从而带动清水江流域整体人工林业的发展。清朝中期，随着木材采运贸易的繁荣，买卖山地、挖山栽杉更为普及，不仅本地人热衷于此，湖南、江西、江苏、福建等地的手工业者和破产农民也纷纷弃家而至，争相租地造林，给黔东南已经被严重破坏的生态带来了转机。人工造林业的兴起，形成了大量的林地买卖、租佃关系，出现了大批山林买卖、租佃契约，这批契约文书反映了山林买卖关系和租佃关系。契约文书从此走进苗乡侗寨的寻常百姓家，契约不仅记录了清水江流域人工林的变化发展，也提高了当地人的文化知识能和林业管理能力。活跃的人工林业活动，连带出现了诸如山林土地的权属、山林经营管护等一系列问题，而要解决这些林林总总的矛盾，最简便易行、最规范有效的方法就是双方签订契约，村寨要订立林业管护公约。山林土地的权属方面很多矛盾如果在村内无法解决，要向官府提出诉讼，官府的处理意见也就成为调整林业关系的重要依据。这样，就出现了大批用汉字书写的林业诉讼文书和官府告示、晓谕及判决书，这些诉讼文书某种程序上，正好填补了我国西南林区封建社会地方司法诉讼关系上的空白。

小江是清水江下游北岸的一条主要支流，也是木材的主要产区，小江流域❶侗族地区人民也和清水江流域其他地区一样，以“栽杉种粟”谋生，反映了“林粮兼用”生产生活格局的形成。木材贸易促进了人工营林业的发展和山林买卖、租佃关系的建立，随之而来的山场田土买卖、租佃所产生的复杂土地权属关系，杉木种植采运收益分成以及地方社会的微妙变化，渐渐影响着政治、经济、法律、文化、环保各系统人文生态的变化。

一、佃山造林契约

佃山造林，亦即股份合作造林。目前发现的文斗村林业中佃山造林契约的数量占所有契约的一半，而且都出现在雍正、乾隆、嘉庆时期。由于佃山造林，就出现了甲方和乙方，甲方是山主，以土地入股；而乙方是栽手（佃户），以劳力和技术入股。人工林业的发展，需要大量的人力投入。特别是市场对木材的大量需求，刺激林木种植面积的进一步扩大，栽手往往采取合伙佃种林地，待林木收获后按一定比例分成。从栽手与地主约定的分成比例来看，不同历史时期、不同地区、不同主佃之间的情况也不同，山主与栽手的比例分成一般双方商量决定，充分考虑山场植树作业的难度、是否成林和佃户与山主的亲疏关系及栽手生活状况等问题。从清代民国时期佃山栽杉合同及抵押杉木等文书中，可以看出清水江流域林业经营在主佃建立租佃关系

---

❶ 小江是清水江下游北岸的一条主要支流，它发源于镇远县的报京乡和金堡乡，由西向东贯穿三穗县中部，在三穗县桐林镇由北向南依次流经剑河县南明镇和磻溪乡以及天柱县石洞镇、高酿镇，锦屏县彦洞乡和平秋镇，最后在锦屏县城三江镇注入清水江。小江流域的剑河、天柱、锦屏三县毗邻地带山水相连，民风民俗相同，这一带是北部侗族的核心居住区，侗族人口比例占90%以上，居民日常语言为侗语，是高度同质的侗族社区，但自古以来却分属不同的行政区域。近年来学者们对文斗村契约研究得比较多，本章多以我们调查的“小江契约文书”为基础展开研究。

时，都是分成两步进行的。[1] 第一步是先立好佃契，栽手取得了在指定的山上种粮栽杉的权利，当即开始烧地种粮，部分地解决口粮后，实行“林粮间作”。第二步是待五年幼林育闭，树木成林有望，进入管理阶段时，再进一步确定分成关系，即订立“分成合同”。从“佃山栽杉合同”的内容来看，在建立山林租佃关系过程中有先订佃约后订合同两个步骤，且清楚地载明了比例分成，即栽手占 4 股、山主 6 股的四六分成和栽手与山主各占一半的“对五分成”。[2] 杉木栽种劳务介入同时，就因林木按比例分成形成地主与栽主对山林的租佃关系。这对地主和栽手均有一定的前提性要求，一是地主的土地必须具有一定的规模，规模太小就没必要招租佃种；二是栽手分成比例不能太小，太小没有经济效益，栽手也没有积极性。对栽手的要求也多是集体性的，林木种植、砍伐等均要多人配合完成，所以佃山造林契约是保护双方权利和义务的文书。

不管分成比例多少，大量的农民都愿意租山种杉，原因在于按惯例，栽手在种杉之前一两年和种上杉苗的前三年，通过“林粮间种”获得的粮食收成归佃种者所有，栽手有至少三年收获的机会，这对于外地农民来说具有相当的吸引力。在种杉时，地主还要为栽手提供一定的伙食，杉苗也由地主提供，种杉者除了投入自己的劳动力之外，在林木成材到砍伐阶段不需要任何物质投入，20 年之后林木长成发卖后可以分股取利。实际上，由于各种原因，栽手往往都等不到林木发卖，在林木成林到砍伐阶段就已经将自己的股份转卖给山主或其他买主了。在我们看到的杉木买卖契约中，很多是山主买进栽手的股份，由于栽手不断与山主建立租佃关系，会获得更多的收入，所以在杉木成林以后将今后的管护活动委托给别人。而地主只需要投入杉苗和一点前期的伙食费用，自己就可以坐拥至少对半分成或更高比例的林木，二三十年之后就可以获得可观的收入。

佃契多以栽手的名义起草，栽手为立契人，山主为收契者，即为“佃字

---

[1] 如前所述，可能在这之前还有佃户与山主约定只种粮食不栽杉的一段时间，先解决口粮问题。这一问题还待进一步查阅资料，进行深入的研究。笔者。

[2] 杨有庚先生根据文斗村 145 份反映山林租佃关系的契约文书进行过“比例分成”的专门研究，详见杨有庚：《清代清水江林区苗族山林租佃关系》，载贵州省民族研究所、贵州省民族研究会编：《贵州民族调查》（之七）1990 年（内部印刷）。

(佃约)”。佃契内容包括佃种人姓名、所佃种土地主人的姓名、佃种的山地的地名及四至界限、林木长大后地主与栽手各自所占股份、凭中代笔人、立契时间等。如契 1:

立佃山栽杉合同字人坪他寨龙长汉、成仆,今佃到庆寨龙长坤栽植杉木,其地名虚花领桶地土壹团,上抵木逢,下抵冲,左抵吴清明,右抵逢为界,四至分明,栽杉壹千贰百余株,四六均分,龙长汉、成仆共占四株(股),龙长汉占六株(股)。后将木砍伐出河,地归原主,不得异言。恐口说无凭,立有合同为据是实。

民国三十一年合同

凭中　龙泽文

代笔　龙金炉

民国三十一年二月二十五日[1]

山主为立契人,栽手为收契者或双方各执一份的契约也是存在的,这种情况一般立“开山栽木合同”。如契 2:

立开山栽木合同字人柳寨龙仁键,情因祖公遗下土名盘定地王乙块,上抵共地,下抵汉鲤,左抵太模,右抵太连,共地四至朗然。奈我家下人少所开不到,自己上门招到同宗龙现朗兄弟等开山栽杉,至今用了三年,二比历年同薅(薅)。日后木植长大砍伐下河,地还地主,不得异言,恐口无凭,立有合同各执一张存照。

凭中

请笔　龙泰膜

皇上壬戌年二月初二日立[2]

---

[1] 锦屏“小江翁寨村、坪地村侗族契约”,第 013 号,凯里学院“小江契约文书”调查组 2009 年 11 月收集。

[2] 天柱“柳寨侗族契约”,第 114 号,凯里学院“小江契约文书”调查组 2010 年 8 月收集。

又如契3：

立合同字人苗江坡龙厚坤，今因问到坪地寨龙生祥有地土一团，地名圭报溪，上下左右一概抵本主地土为界，四至分明。付与栽主栽木，言定四六均分，栽主六根（股），地主四根（股），日后砍尽，地归原主，恐后无凭，二比不得异言，恐有别语，立有合同为凭。

笔　龙生模

合同为凭

宣统三年四月十一日立[1]

佃山造林类契约文书中，包括山场的地名、来源、四抵、佃者因由、中介、所栽树种、间作粮种、成林时间、主佃双方的权利和义务、所栽林木的利益分配比例，但契约的核心是“是否成林”，并对此规定了违约项，如果不成林，毫无分成，山地另佃别人。等待佃地的人叫“应主”，当时这种“应主”还不少。契约规定为保证成林，要以财物作为抵押。在林种上，小江流域主要是种杉树，而且要成林，这是基本的要求。如“限五年内满山俱要成林，另分合约。如不成林，栽手无分。不许客上招客、不许私当他人”。前述，成林前三年“林粮间种”对栽手来说相当具有吸引力。这里就有主佃之间的矛盾，虽然“林粮间种”不影响林木的生长，还有疏松土壤的助长作用，但从心理倾向上，山主并不愿意栽手多种粮食和蔬菜等经济作物，唯恐林木长不好；而栽手为解决生活问题总是想多种点粮食和蔬菜，甚至在杉木林中种上油茶树，待其结籽后卖些钱来花。本书第二章“蒋景华、仲华叔侄立佃字合”，外批：“不准种菜”。[2] 说明山主与栽手在签订契约时规定栽手不能在林地中种菜，同时也说明以前栽手在林地上种菜的情况是有的。当然，栽手至能种粮种菜满足基本生活需要，又不耽误山主林木的成林是双赢之举，这需要栽手的农林技术

[1] 锦屏“小江翁寨村、坪地村侗族契约”，第025号，凯里学院“小江契约文书”调查组2009年11月收集。

[2] 谢晖、陈金钊主编：《民间法》第3卷，山东人民出版社2004年版。罗洪洋收集整理：“贵州锦屏林契精选”（附《学馆》）568件，该书第544页。

和科学的安排，所以要根据能否做到这些来签订和履行合同，这都是出于生计的考虑。这样的文书具有针对性的法律效力。有了这样的具体规定，在契约社会大环境之下，主佃双方都不会轻易地违背承诺，以至合作双方的利益都得到较好的维护和保证。

人工育林最辛苦、需要投入劳动力最多的是“成林”或“排行”之前。光绪二年（1876年）以后的契约，人工育林中除使用“成林”一词外，也使用“排行”。《贵州苗族林业契约文书汇编》中有“三年成林五年排行”、“三年排行五年成林”[1] 的说法。成林后只涉及一些对林木的修整性的工作，即从“挖种栽杉”到“修理蓄禁”阶段，相对育林的前三五年要轻松得多。按黔东南林区惯例，修整的义务属于栽手，而一旦栽手将其所拥有股份出卖，对原属于栽手的修整义务就由买主来承担。如契4：

> 立分合同契人姜绍熊、姜绍齐因先年有地二块，土名冲黎，界至上凭顶，下凭田，左右凭岭，佃与姜老方栽杉，面议五股均分，地主占三股，栽手占二股，姜老方栽手二股出卖与姜光照名下为业，至今木长大成林，均分合约，日后发卖砍伐下河，地主三股，栽手二股，二比不得争论，其有蒿修栽手逐年修理，不关地主之事，今欲有凭，立分合同契二纸各执一纸为据。
>
> 姜光宗笔[2]
>
> （无年代）

购买者要继续承担原来由栽手承担的修整义务，从“其有蒿修栽手逐年修理，不关地主之事”的约定可以清楚地看到栽手的股份转卖，其义务亦转让给买主，这是黔东南的惯例，是否在契中约定并不影响该惯例的效力。

马克思指出：“这种具有契约形式的（不管这种契约是否用法律形式固定

[1] 《贵州苗族林业契约文书汇编》（日本AA研）中用“三年排行，五年成林”加以区别。该书卷3“研究编”第131页。

[2] 转引自罗洪洋、张晓辉：《清代黔东南文斗侗、苗林业契约研究》，《民族研究》2003年第3期。

下来的）法律关系，是一种反映经济关系的意志关系，这种法律关系或意志关系的内容，是由这种经济关系本身决定的。”[1] 契约虽然是建立在当事者双方合意基础上的约定，但当时的契约，却未必在文书中明确记载双方的权利义务，而且也不一定采取双方签名的方式。像这样强调双方关系的契约往往是特意“合同”的特别名称[2]。黔东南林业契约中的“分合同”与佃栽合同有承接关系，一般而言，佃栽合同中尽管都有地主和栽手各自的分成比例，但是待所栽木成林后，按照惯例，主佃双方还要订立一个“分合同”。“分合同”实际上是对佃栽合同约定分成比例及主佃双方权利义务的再次确认。“分合同”及林木采伐后股份拥有者之间进行分配的“分银清单”，多采用“股”的形式表示，即详细说明山地的来源，有层次地分几段将股份分割的来源和单位表示清楚。“分合同”契约中的这种数股表示法，力图使各自的权利义务更加明白无误，以杜绝任何可能的漏洞。如契5：

> 立“分合同”字人平整寨姜文周、起贵、老瑾，今因有祖的一幅，坐落土名乌首溪眼首，左凭文杰本甲之山为界，右至文灿为界，上抵田，下抵溪，其中节小岭、文灿在外。四至分明。其杉木长大，二股均分，栽手罗君圣父子占一股，山主占一股，日后砍尽，地归原主，恐后无凭，立此分合同约二纸一样为照文。
>
> 周存一张。
>
> 立分合约二纸一样发达为凭（此字，在合同二纸上，各书一半，文周廷贵乌首眼首合约）。
>
> 嘉庆十四年正月十八日两请代笔：姜廷周
>
> 外批：此二块共此张合同，只卖一块[3]

这是以地主的名义订立的，内容十分简单，只是重申以前佃栽合同的分成比例。与林业买卖契均以卖方的名义订立不同，佃种契约多以佃种人（栽手）

[1] 马克思：《资本论》，人民出版社1975年版，第102页。

[2] 王亚新、梁治平编：《明清时期的民事审判与民间契约》，法律出版社1998年版，第282页。

[3] 《贵州苗族林业契约文书汇编》（日本AA研）C－0014。

的名义订立。不同的是分合同既有以地主的名义订立的，也有以栽手的名义订立的，二者在数量上大体差不多，下面契约即是以栽手的名义订立的。如契6：

立分杉合同约人唐德身、张和位、李元事三人，栽到平鳌寨有主家姜文勋、有章、文焕、文杰、文望、廷华、文煌、之林、启姬、文召、文荣等有众山一块，坐落地名东格。上顶岭，下至半冲，左右凭冲、四至分明。凭中言定杉木二股均分，主家占一股，栽手三人占一股。日后杉木成林发卖、二家不得异言，日后照股数分木，是实。

存字人姜启姬存一纸，唐德身存一纸。

凭中　唐万吉、姜老位、石庆长、德身亲笔

分杉木合同二纸（共书在合同两纸有字一半，借以防伪）

外批：此山股数原作三股均分，姜金朝、金泰、姜奇纲三人共占一股，姜宝师、金番二人占一股，姜明楼占一股，启华笔批。姜明楼之一股作为二股，东佐、东仪、东盛、三乔、启光，五公众等占一股。怀仁、怀宽、吉宝、吉得买训元共占一股。杨世英得买启华、三保一股。

嘉庆十二年二月十五日分立[1]

佃山造林契约和分合同契约集中体现在山场的租佃及相关活动上，如租佃关系的确立、木材长成后的伐运、林材伐卖所获银两的分成、新的租佃关系的建立等。由于林业经济的驱使，每隔20年或30年必须有新一轮的经济活动，其间都涉及各种契约文书的订立，人们也依赖这些契约文书规范各自的行为和调解相互之间的关系。

二、山林买卖契约

从小江流域与林业相关的买卖契约看，很多含租佃关系的山林断卖契约，均是以卖方的名义起草的，而且有固定的格式。主要由买卖主、出卖对象、杉

[1] 《贵州苗族林业契约文书汇编》（日本AA研）C－0012。

木山场名、主佃分成、山林价和立契年代等要项组成。林业卖契又可以分为卖土地杉木、卖杉木、卖栽主杉木或卖杉木栽主三种。

（一）卖土地杉木

该种契约通常都包含出卖目标（即杉木土地，有时也简写成“土木”）、出卖者姓名（立契人名）、出卖原因、出卖的木山地名和四至界限、价银、买主名、凭中与代笔人、出卖日期等。如契7、契8、契9：

立卖杉木地土人本寨吴计保兄弟二人。今因家下要银用度，无从得处。自愿将到土名坐落腊列冲杉木地土壹团，上抵买主之地为界，下抵田为界，左抵龙光德之油山为界，右抵文才之地为界，四至分明，欲行出卖，请中上门问到本寨李朝赞父子名下承卖为业。当日凭中三面言定价银三钱五分整，其银当众亲领入手应用。其杉木地土，任从买主子孙永远管业，恐有来历不明，卖主理落，不干买主之事。今人心不古。立有卖字，一纸为据。

笔中　吴元显

道光十四年三月廿三日　立[1]

契8：

立卖土木字人龙均庆，今因要钱应用，无处得出，只得将到地名登岭秋杉木地土一团口四股均分，今将我名下应占四股出卖，其山界限上抵盘敖大路坎脚，下抵□□□□龙坤长田为界，右岭边抵买主茂昌地土为界，右抵木江呤岚王龙坤长大田来水角显字小田角坎脚劈冲分界，四至分明，要银出卖，凭中卖与堂侄龙云辉父子名下承买，当日凭中议妥，土木山价口银壹拾捌两贰钱整，其银当中（众）领足，其杉木地土交与买主永远管业。自卖之后，不得异言，若有不清，卖

[1] 锦屏“小江翁寨村、坪地村侗族契约”第023号，凯里学院“小江契约文书”调查组2009年11月收集。

主理落，恐口无凭，立此卖字为据是实。

凭中　龙均魁　龙之瑀

亲笔　龙均庆

局长　怀新

民国十二年八月十七日　立

（文中人名处有章）[1]

契9：

立卖杉木地土字人龙合村、龙树本，今因缺少（小）银用，无从得处。自己愿将到土名圭翠溪地土壹团，上抵振官地为界，左右以水溪为界，又卖圭翠地土壹团，上以卖主地为界，下以兄平为界，四至分明。请中问到平地任步龙宜照兄弟名下承买，当日二处议定价银壹千四百文整，其钱卖主领足应用。其地土杉木卖与买主永远管业，若有不清，卖主理落，今人不古。立有买卖是实。

外批：上圭翠地土杉木壹团二大股均分，今将出卖壹大股。

外批：宜本壹脚归宜照承买，价钱壹千三百文整，领足应用。二比不得异言，恐口无凭立有批字存照为据。

凭中　龙运海

代笔　龙海恒

光绪二十五年七月十廿日　立[2]

（二）卖杉木契

此种契约其他内容与卖木并卖地契约相似，但卖木不卖地契则多以“立卖杉木字人……”起首，有时这类契约中注明“日后木植发卖，地归原主”

---

[1] 锦屏“小江翁寨村、坪地村侗族契约”第045号，凯里学院“小江契约文书”调查组2009年11月收集。

[2] 锦屏“小江翁寨村、坪地村侗族契约”第012号，凯里学院“小江契约文书”调查组2009年11月收集。

之类的文字，契10明确交代木植砍伐之后，地归原主另栽为业。

如契10：

立卖杉木字人本寨龙泰文，情因家下要钱用，无所出处，自愿将土名盘溪杉木一团，其木分为四股，出卖一股。上抵现炳，下抵路，左抵卖主，右抵买主，四至分清，要钱出卖，凭中上门问到本房龙文登承买，当面议定价钱四仟壹佰捌拾文整，其钱亲手领足入手应用，杉木付与买主耕管为业，及长大成林砍伐下河，地归原主，不得异言。恐口无凭，立有卖字为据。

凭中　彭得绍

代笔　龙吉光

民国己巳年二月廿一日立卖[1]

下两则契约虽然没有注明木卖之后，地归原主，但从其中的“断卖杉木”和“其杉木交买主耕管为业”等可以看出，卖主是只卖木不卖地。如契11：

立断卖杉木字人江村龙厚坤，今因要钱使用，无从得处，自愿将到土右圭杉木壹团，上抵地主，下抵□□，左抵地主山为界，右抵□□，四至分明。要钱出卖，前问□房无钱出卖，前问□房无钱承买，自己上门问□冷步村龙宜照承买，当日□价钱三千二百八十文整，其钱交与卖主领足，其杉木交□耕管为业，自卖之后，□□异言，若有异言，今恐无凭，立有卖字为据。

外批：木四六分

亲笔　龙厚坤

大清宣统三年□月十一日立字[2]

---

[1] 天柱“柳寨侗族契约”第046号，凯里学院“小江契约文书”调查组2010年8月收集。

[2] 锦屏“小江翁寨村、坪地村侗族契约”第009号，凯里学院“小江契约文书”调查组2009年11月收集。

契12：

卖杉木字人吴世吉，今因要钱使用，无所出处，自愿将到地名里宗杉木贰团上团，上抵彭姓，下抵沟，左抵岑姓山，右抵毫为界，四抵分明。要钱出卖，前问□房无钱出卖，自己请中上门问到本房吴祖鉴名下承买，当日凭中议定价钱四千八百文整，其钱领清。不欠分文，若有不清，卖主理落，不得异言，恐有异言，立有卖字为据。

外批：内添二字

续三字

凭中

亲笔　吴世标

民国三十九年七□十一日❶

杉木在长大成林前，也有急等钱用“卖嫩杉木”的，小江林契中有几则这样的契约，如契13：

立卖嫩杉木理翁龙景恩、景云兄弟二人，今因家下要钱用度，无从得处，自愿将土名凸稿坡杉木乙块，与太忠所共二股内分兄弟二人一股出卖。上抵洛，下抵明隆地，左抵买主，右抵买主，四至分明。又下昧坡一块，上抵路，下抵坎，左抵昌炳杉木，右抵珠玉杉木，四界分明，要钱出卖，先问亲属无钱承买，上门问到本寨龙宗者名下承买，当面议定价钱贰仟肆佰文，其钱亲手领足入手应用，其木付与买主耕管薅修为业，自卖之后不得异言，如有异论，卖主向前□□，□□□□之事，恐口无凭，立有卖字存照是实。

内添一字。

凭中　龙景亨

代笔　龙腾波

光绪八年八月初一日　立❷

---

❶ 剑河“盘乐侗族契约文书”第238号。凯里学院“小江契约文书”调查组2007年12月收集，凯里学院苗侗民族文化博物馆收藏。

❷ 天柱“柳寨侗族契约”第987号。凯里学院“小江契约文书”调查组2010年8月收集。

（三）卖杉木栽主（栽主杉木）契约

“栽主”，也叫“栽手”，是山林契约中的一个特殊形式，其含义指佃栽人因佃别人山地育林所获得的木植股份，其特征是契约往往以“立卖栽主杉木契字人……”开头。此外，有的还交代自己在木植中所占的股份，其他内容与以上两种卖契基本相同。如契14：

立卖杉木栽主契字人龙道祥。今因缺少钱使用愿将到地名锢古杉木一团，上抵龙姓田，下抵溪，左右抵彭姓山为界，四抵分明，要钱出卖，栽主自己请中上门问到本房龙道吉名下承买为业，当面议定光洋十一元整，其钱付与卖主领清，不欠分文，其杉木交与买主耕管为业，自卖之后，不得异言，若有异言，卖主尚（上）前理落，不干买主之事，恐口无凭，立有卖字为据。

凭中

亲笔　龙有恩

民国丁丑年三月二十五日　立

请看契15：

立卖杉木栽主字人本寨在全尯父子名下，今因缺少钱用度，无所出处，自愿将土名高他王木乙团，左上抵荣昌，下抵四毛，右抵吉轩，四界地土分清，出卖栽主一半，请中全（权）衡上门问到本寨龙春森承买，当面凭中议定价钱陆仟捌佰文整，其钱亲手领足，自卖之后不得异言，(恐）口无凭，立有卖字为据。

亲笔

（民国）癸酉年后五月十九日立卖。[1]

有的卖栽主契约没有说明自己在林地中所拥有的股份，就需要将卖契与栽

[1] 天柱“柳寨侗族契约”第259号，凯里学院“小江契约文书”调查组2010年8月收集。

手原先和地主所订的佃栽合同相对照。这份卖栽主契则交代得较为清楚，该块杉木地主占一半，栽手占一半，其所卖的只是自己占的一半。购买者要继续承担原来由栽手承担的修整义务。从"其杉木交与买主耕管为业"的约定可以清楚地看到栽手的股份转卖，其义务亦转让给买主，也是清水江流域的惯例，"如有出卖，先问地主，如地主不收，另卖别人"，这是否在契中约定并不影响该惯例的效力。

再看契16：

立卖栽主嫩杉木人范玉康、范玉宝兄弟二人，今因要钱使用，无所（出）处，自愿将到坐落土名停居，开了杉木两团，上团统董老毛地主，出卖栽主一半。上抵金林田为界，下抵彭玉林山为界，左抵路为界，右抵岩荣口为界，下团高居彭青泰地主一团出卖栽主一边，上抵彭泰发，下抵路为界，左抵大路，右抵彭姓为界，两团四至分明，栽主出卖。自己上门问到柳寨龙里仁承买。当日凭中议定价钱一千五百文整，其钱卖主领足应，用杉木一边付（与买主）耕管修薅为业。自卖之后不得异言，若有异言卖主理落，不干买主之事，恐后无凭，立有卖据是实。

凭中：金玉

讨笔：恩广❶

这一则契约将出卖栽主的比例和地块说得更清楚，并强调只是出卖栽主股份。上一团地地主为董老毛，地主、栽手对半分成，栽手的五成出卖；下一团栽主一边是多少不清楚，但出卖栽主股份是清楚的，立契以后将杉木一边付与买主耕管修薅为业。

见契17：

立卖栽主杉木两团字人柳寨龙太昌，今因要钱用度，无所出处，

❶ 天柱"柳寨侗族契约"第186号，凯里学院"小江契约文书"调查组2010年8月收集。

自愿将到土名白龙杉木栽主出卖，上抵吉�，下抵河，左吉堥，右抵路。又到土名二处白龙，上下抵吉堥，左抵吉堥，右抵金波。二团界至朗然。自己请中代笔龙太模向问到本房龙太生承买。当日凭中言定价钱三千九百八十文正。其钱卖主领足，其杉木买主耕管，今卖之后不得异言，日后砍伐下河，地归地主。恐口无凭，立有卖契存照。

民国庚申年七月初九日立卖[1]

这则契约虽也讲到“日后砍伐下河，地归地主”，但此语常在佃山造林契约中使用。在买卖过程中，为弄清栽手所占股份，须将卖杉木栽手契与栽手原先同地主所订的佃栽合同相对照，后者一般都说明了该要项，前者一般不使用。

三、“管业”与“中人”

与内地契约相同，“清水江文书”山场林木买卖契约中“管业”一词使用得最多，有时也使用“承买为业”。关于“管业”问题日本学者寺田浩明研究颇多，以下引他的一段话说明：所谓“土地买卖”指的是现在对某土地进行“管业”的人把这一地位出让给他人，而且今后永远允许后者对该地进行“管业”；所谓“土地所有”，指的是自己享有的“管业”地位能够通过前一管业者交付的契据以及正当取得该地位的前后经过（当时总称为“来历”，具体表现为前一管业者写下并交付的“绝卖契”）来向社会表明的状态。实际上，围绕土地的交易行为整体上都是以土地的经营利益及其正当性这一理解为基础展开的。尽管从这种土地的买卖、所有秩序中仍可能在某种程度上抽出某种权原性的因素，但归根结底也不过是由“来历”作为基础的“管业”秩序达到一定稳定性的结果。实际上管业者们各自主张自己现在经营收益的正当性，这种主张基本上以提示“来历”（继受管业正当性的前后经过及其证明）的方式来展开；且为了方便提示“来历”，在土地交易时，前一管业者总会写下字据交付给后一管业者。正因为这种相当简单而又一般存在的机制，才使旧中国那样

[1] 天柱“柳寨侗族契约”第154号，凯里学院“小江契约文书”调查组2010年8月收集。

大规模的土地交易秩序可能在低成本得以维持。[1]

在小江契约中，由于林业经营的特点，在山场或杉木买卖契约及两者同时出卖契约中使用“修理管业”或“蓄禁管业”，以与田地买卖契中的“耕种管业”相对照。如契 18：

> 立卖杉并地字人，六房姜廷瑾姜光儒二人，为因家中要银使用，自愿将到父亲先年得买的一块，地名九壤，请中问到姜朝瑾、朝甲弟兄名下承买为业。当面凭中议定价银四两二钱正，亲手收回应用，其杉自卖之后，任凭买主修理管业，卖主不得异言。口说无凭立此卖字有照。
>
> 外批：某山廷瑾、光儒弟兄概卖
>
> 又批：朝瑾五兄弟一股，朝晖买一股。
>
> 凭中　姜绍魁捆银一钱
>
> 嘉庆五年十二月十一日廷瑾亲笔　立[2]

有时也使用“承办为业”，这是指在林木成长期间对山场、林地有管理权和使用权，但“日后木植长大，发卖砍尽，地归原主，不得翻悔异言，如有来历不清，俱在卖主理落，不干买主之事”[3]。此外，栽手所拥有的栽手股也可以作为抵押，如果以后不能完成约定的内容，便交与别人“管业”。小江林业契约几乎都是单方面义务契约，一般说来，有地者不会轻易出卖土地。从买卖山场契约看，出卖者大都出于“迫不得已”、“生活所迫”、“缺少银用”等原因，所以卖山场者往往处于交易关系中的弱势，能够买地者往往是新的“暴发户”或“有力者”，契约中的签名者一般都是卖方，若发生“来历”不清争执时，完全与买主无关等语已成惯例。实际上明清时期所说的“契”、“契据”，尽管是日常生活中种种约定及记载约定的文书的泛指，但实际上往

---

[1] ［日］寺田浩明：《权利与冤抑》，王亚新、梁治平主编：《明清时期的民事审判与民国契约》，法律出版社 1998 年版，第 199～200 页。

[2] 贵州省编辑组：《侗族社会历史调查》，贵州民族出版社 1988 年版，第 13 页。

[3] 《侗族社会历史调查》第 13 页载“嘉庆十九七月十六月的租种契”中，湖广省黔阳县蒋玉山兄弟佃到前契约中提到的姜朝瑾、朝甲兄弟的山场种粟栽杉，限定五年木植一起成林。玉山兄弟自愿将先年佃栽姜光前一块地的栽手股作为抵押，“倘有不成，任凭朝瑾弟兄仰当管业”。

往意味着不动产买卖中由卖主一方提交给买主的证书，该证书在证明不动产归属的文件中有最为重要的地位。[1]

日本研究中国古代契约的学者岸本美绪认为：传统契约虽然是建立在当事者双方合意基础上的约定，但当时的“契”都未必在文中明确记载双方的权利义务，而且不一定采取双方签名的方式。像这样强调双方关系的契约往往特别冠以“合同”的特别名称。当时大多数的契，如果是买卖则多表示为从卖主这一方给予买主的文书。就其内容而言，“契”就是卖主表示在接受买价的前提下把不动产的权利让渡给买主，有些类似卖主一方提出的保证。而当时在证明不动产归属的种种文件中，这种由原所有者所作的文书占有中心位置。确实，“契”是在当事者双方达成合意的基础上才制作的文书，但里面关于义务的记载却往往采取当事者一方的表现方式，值得注意。[2]

笔者认为：在研究锦屏买卖、租种、抵押等契约关系时，不能简单套用近现代民法学中物权契约概念。契约是“各自权利、义务规定”，这正是近现代民法学中的定义，中国传统契约并不是以“平等的”主体间意思一致为前提，契约的各方参与者完全有别于现代民法学中相互承担权利义务的主体。正如马林诺夫斯基认为：“法是赋予一方以权力，另一方以责任的有约束力的义务，主要由社会结构所固有的相互性和公开性的特殊机制有效维持的。”但是，说中国古代百姓根本没有“权利”也是不完全对的。各地大量的契约，如果不是为在某种程度上保证自己的某种“权利”，还订立它干什么？只是中国“权利”的内容和实现的路径及权利意识的拥有程度不同于西方。中国古代早就有“定分止争”的思想观念，“定分”在某种意义上说就是“权利”，“止争”是为了避免诉讼或一旦发生诉讼能顺利得到解决。清水江契约在保护当地居民土地、林木所有权方面起到了重要作用，但不能认为只要有契约就必然存在权利义务基础上的“合意”，用现代人的眼光套用西方契约理论和概念，进而认为契约所表达的各方面意义与西方没有什么区别，就忽略了中国文化的大

[1] ［日］岸本美绪：《明清契约文书》，王亚新、梁治平主编：《明清时期的民事审判与民间契约》，第282页。

[2] ［日］岸木美绪：《明清契约文书》，王亚新、梁治平主编：《明清时期的民事审判与民间契约》，第282页。

背景。

在林地买卖契约关系要项中还有两个重要问题，一是买林地人，一是中人。中国古代不动产买卖，长期存在着亲邻先买权的习惯，所谓亲邻先买权，是指出卖田土房屋须先遍问亲邻，由亲邻承买，如亲邻不愿承买，方可卖与他姓和他人。若山林买卖关系发生在族内，需写明与卖方的亲属关系，如买卖关系发生在寨内，则省去买卖双方的住址。买卖关系发生在寨外的要写明买方的住址。习惯法上拥有先买权的大约有五类人：亲房人（以服制为限，或由近亲而远族）、地邻、典主、上手业主、合伙人。先买顺序则各地不同，典主与合伙人拥有先买权，其合理性显而易见。[1] 在中国的土地理论上土地并非占有者或所有者的个人财产，而是其家族或宗族的遗产，尽管在生活十分窘困之时，也可以出卖这种土地以筹钱，但出卖者应尽可能考虑整个家族的权利，或者由其族人优先购买，或者出典土地保留回赎权。[2] 而在农耕地区，整体性的“互让共存”的抽象理念不足以解决问题，这一点对老百姓来说也是同样的，“互让共存”的理论完全得以实现只能是在同居共财的小家庭各自的范围内。[3] 清水江流域林业商品经济的发展，不断冲破自然经济的桎梏，起先在家族村寨内部家族间山林买卖和转让，转让、买卖契约严格规定其范围是家族村寨内部；但从清中期到民国，林地产权的转让已经出现向家族村寨外转让的趋势。这种情况可以视为苗族、侗族社会跨村寨、跨社区社会分层出现，富余阶级的区域之间横向扩张的标识。如出卖成长中的林木产权，即“卖青山”、“卖嫩木”。最初，“卖青山”、“卖嫩木”交易行为只在家族家庭间进行，后扩大到山客及山客后面其他家族中较为富余的家庭。随着人工营林而引发出来的关于林地产权界定和转让的契约文书，关于不同林木种植与林地产权主体之间权利义务的契约文书等，即是苗族、侗族社会土地家族公有、经营家庭私有产权制度弹性张力的表征。

立契必有中人，称“凭中”，凭中与买卖双方达成协议后，立契人委托懂汉字的凭中书写契约，注明“亲笔”、“代书”、讨笔、“依口代笔”。然后银交卖

---

[1] 梁治平：《清代习惯法：国家与社会》，中国政法大学出版社 1996 年版，第 61 页。

[2] 梁治平：《清代习惯法：国家与社会》，中国政法大学出版社 1996 年版，第 98 页。

[3] 王亚新、梁治平编：《明清时期的民事审判与民间契约》，法律出版社 1998 年版，第 246 页。

方，契交买方，契中内容生效。在不动产交易、家产分割、缔结婚约等重要的法律行为中一定会有中人、媒人等通常为复数的第三者在场。在他们的介绍、参与下，当事者们商定契约的内容、确认各自的意思，并写下契据、文书，最后往往还举行兼有公告性质的宴会❶。就清代而言，中人在整个社会经济生活中扮演的角色极其重要，而且在习惯法上，他们的活动也已经充分制度化，以至我们无法设想一个没有中人的社会经济秩序。中人是在交易双方之间起中介作用的人，包括寻觅适当的交易伙伴，参与议定价格，监督和证明契、价的两相交付以及不动产交易中的临场踏清界址等。立契通常于契中写明中人的参与，如写请中、托中、凭中、免凭中证，或只写“三面议定（或言议、收过）价银”契纸下端的落款则有中证、中见、凭中、见中等。在有些场合，中人将交易的双方拉在一起，扮演的是介绍人的角色；在另一些场合，中人只是在双方达成初步合意的情况下才介入，这时他的作用更多是参与确定细节和监督交易完成。值得注意的是，亲友甚至兄弟之间的交易也要有中人介入，这表明中人在交易中具有不可替代的作用❷，可见中人在人文生态链条中起着不可或缺的作用。

中人类似现代民法上的保证人。在清代，中人的作用更加广泛和复杂，不管是繁华都市，还是偏远的农村，普遍都有中人的踪影。在城市有专门的“牙行”参与交易的各个环节，中人统称牙人，已呈现出专业化的趋势。梁聪等人对文斗下寨的姜元泽先生家收藏的清代道光年间的359份卖契中出现的中人进行了统计，结果表明有72人曾充当交易的中人，这说明在文斗村并没有较为固定的中人。就契约中的中人身份来看：一是亲族；二是寨老、保长、团甲、总理等村寨社会生活中的头面人物，这些人在其生活的地域内有相当的权威性；三是契约中没有直接注明中人的具体身份，但依常理，这些中人应当是交易双方都能接受，了解市场行情并在乡土社会中具有一定社会威望的人。从中人在林地产权流转中的作用看：第一，中人是缔约双方之间的中介作用，契

❶ ［日］岸木美绪：《明清契约文书》，王亚新、梁治平编：《明清时期的民事审判与民间契约》，法律出版社1998年版，第312页。

❷ 吴欣认为，中人与民间社会关中系：中人是民间法律的一种象征；中人是民间秩序的一种保障；中人对契约合意的既维护也破坏；中人凸显了民间法律的“人治化”特色。详见吴欣：《清代民事诉讼与社会秩序》，中华书局2007年版，第180页。

约中常可见到的“请中问到”、“凭中议定”，前者是说中人参与了缔约双方的介绍与引荐，后者是说中人衡平双方当事人的利益，议定价格。第二，中人作为契约订立的见证人附属于契约以见证契约的成立，保证交易的确定性，这既可以证实契约交易的成立，又可以见证标的物的转移。第三，当事人双方之间可能发生争执与冲突，中人还起着调解纠纷的作用。作为中人，促成一桩交易，并作为契约效力的见证人，并负有日后调解纠纷的职责，一般都有一定的报酬，称为“谢中”，其多少并没有定数，当场酌情而定。在山场土地的买卖交易中，“谢中费”一般为成交价银的2%～3%。[1]

当在林业生产中发生矛盾纠纷时，古时人们并不是像现代这样立即去向官府报告要求裁决，而是按照古老的习惯，先请契约签订时的中证人从中理讲调解，中人则请双方拿出契约文书来向村寨（或房族）的长老和领袖申诉，请求解决。长老或领袖解决纷争的重要依据即是双方所签订的契约文书。他们先向当事双方索取争执标的物的契约文书，然后请来契约签订时的中证人，根据契约文书的记载和双方争执情况进行研判调解。如族首和村寨长老或领袖个人调解不下，有的便提交乡团或款长老会议（由村寨各房族长或姓氏头人或有血缘关系的相近村寨头人组成）商议解决。调解成功之后，双方签订“和息书”、“清白书”。如清光绪中期，锦屏县文斗村下寨村民姜世臣等砍伐从皆榜山场木材出售，被上寨姜焕卿等强阻。姜世臣等请地方领袖朱大智、姜国相等调解，朱大智、姜国相等经一番调研，细查了双方所持有的契约文书和从皆榜山场权属的历次变更情况，最后认定该山场权属归姜世臣所有，姜焕卿系造伪契混争。姜焕卿不服，朱大智等遂以“不认真追究，诚恐日后效尤成风”为由，呈报请开泰县对姜焕卿予处治。[2]

四、民间林业管理公约

林业管理类文书大多体现在乡规民约和佃山造林合同中，这类文书通常对造林、幼林管理、成林管理、林间作物管理等均作出特殊规定，如有的佃山造

---

[1] 梁聪：《清代清水江下游村寨社会的契约规范与秩序》，人民出版社2008年版，第61～122页。

[2] 王宗勋：《浅谈锦屏文书在促进林业经济发展和生态文明建设中的作用》，载《贵州大学学报》2012年第5期。

林契约文书对佃户栽何林种、幼林中间种何种作物、锄抚几年、刀抚几年、成林后的防盗、接待外面生人等都作出具体规定。契约与合同都是体现双方法律关系的文件。在中国传统社会，既然有与国家法规相对应的民间习惯法，也就有民间的合约与合同。与官方认可的禁约相比，民间合约与合同在内容上更加丰富，在形式上也更为多样。契约本身也是当事人之间的法律，以契约为形式订立特定的“公约”，这意味着“公约”对缔约人的约束也是一种契约义务。

靠近黔东南的湖南省绥宁县是历史上出产“溪木”的地方，在该县的华皮坳保留了一块记载“契约”与“公约”紧密联系的石碑。在华皮坳上有座凉亭，亭旁高耸一株古杉，树高31.4米，胸径1.34米，南北冠幅14米，东西冠幅20米，树龄约500余年。此树郁郁葱葱，华冠如盖。古树下，立一石碑，刻于清朝雍正六年（1728年），两面阴刻楷书碑文，正面碑文为：

> 立卖杉树契人杨裕后，今因要银急用，情愿将华皮坳杉树一蔸出卖典苏建标名下，凭中议定价银一两二钱整。地方闻知，不忍此树砍伐。会首龙艳开、唐天荣募化银一两六钱，向建标赎出，以为永还歇凉古树。一卖一了，日后不得异言，立此卖契，永远存照。

碑末刻有禁文：

> 如有损树碑、树者，约众公罚。

背面碑文为：

> 道旁之树，往来行人所以乘凉而歇足也。我境华皮坳，坡岭峻险，过者络绎不绝，需树遮荫。先人栽植此处杉树一株，出卖之外，众生不忍剪伐。得善士龙艳开为首募化护延是树。命匠勒石以为永禁之树。虽非永福田利，其有便于行人之憩息，而上古甘棠并传不朽。

大清雍正六年戊申岁七问二十五日，枫乐、夏二同议立。[1]

再看，锦屏锦宗村乌租山林分成碑：

万古不朽。

盖闻起之于始，尤贵植于终。祖宗历居此土，原称剪宗寨，无异姓，惟潘、范二姓而已。纠集商议，将自乌租、乌（迫架溪以上）一带公众之地，前后所栽木植无论大小系十股均分，众寨人等地主占一股以存，公众栽手得九股。日后长大，不论私伐，务要邀至地主同卖，不追照依，无得增减。庶有始有终，不负欠人之遗念，子孙自然繁盛耳。

纠首：潘文炳、范明远、范永贵、范德尚、范明才、
范明瑾、潘文胜、范明世、范国龙、范佑安

乾隆五拾壹年孟冬月日　立[2]

这是一块比较特殊的公共规约，把村中一大块公地拿出来种树，众寨人等作为地主并拥有1股，众多的栽手种好树后占9股，实际是鼓励种树的规约，树不准任何人私自砍伐，一旦卖时，公众栽手和公共地主必须约在一起共同决定，这是佃山造林契约之上的公共规约。而下一个公共规约规定的内容更具体。

甘乌林业管理碑：

公议条规。

尝思人生所需之费，实本与天下当共之，故曰：君出于民，民出于土，此之谓也。夫我等地方山多田少，出产甚难，惟赖山坡栽植杉木为营生之本，树艺五谷作养命之源。夫如是，杉木之不可不栽，则财自有恒足之望耳。况近年来，人心之好逸恶劳者甚多，往往杉之砍

[1] 湖南省绥宁县文化局文化馆编：《绥宁县文物志》第8~9页，1987年内部印刷。

[2] 王宗勋、杨秀廷点编：《锦屏林业碑文选辑》，第6页，锦屏地方志办公室内部印刷。

者不见其植，木之伐者不见其栽，只徒目前之利，庶不顾后日之财。而利源欲求取之不尽，用之不竭者难矣。于是予村中父老约议：凡地方荒山之未植种者，务使其种，山之未开者必使其开。异日栽植杉木成林，而我村将来乐饱食暖衣之欢，免致患有冻有馁之叹矣。是以为引之，条规列后：

一议：凡地方公山，其有股之户不许谁人卖出；如有暗卖，其买主不得管业。

一议：我山老蔸一概灭除，日后不准任何人强认。

一议：凡有开山栽木，务必先立佃字合同，然后准开。如无佃字，栽手无分。

一议：栽杉成林，四六均分，土主占四股，栽手占六股。其有栽手蒿修成林，土栽商议出售。

一议：木植长大，砍伐下河，出山关山，其有脚木，不得再争。

一议：木植下江，每株正木应上江银捌厘，毛木肆厘。必要先兑江银，方许放木。

一议：谁人砍伐木植下河，根头不得瞒昧冲江，日后察出，公罚。

一议：放木夫力钱，每挂至毛坪工钱壹百肆拾文，王寨壹百贰拾，卦治壹佰文。

一议：我等地方全赖杉茶营生，不准纵火毁坏山林，察出，公罚。

一议：不准乱砍杉木。如不系自栽之山，盗砍林木者，公罚。

大汉民国壬子年拾月拾伍日

甘乌寨首人范基燕、范基相、范基朝、范锡、范剑金、林先永　立

匠人　刘松生[1]

这是一个面面俱到的管理公约，所有佃山造林及采运活动的各个环节都囊

[1] 王宗勋、杨秀廷点编：《锦屏林业碑文选辑》，第20页。锦屏地方志办公室印（内部印刷），此碑存于立略镇甘村内，高130厘米，宽65厘米，厚7厘米。林再祥、吴定昌抄录。

括其中。第一条是所有权的规定，公山虽然大家有股，但不许个人买卖，如有私卖者则买者没有管业的权利。第二条是规定植树的方式，将砍下树木的老蔸一律砍掉，以防止人们说树木是自己老蔸所发之树。第三条规定开山植树必须订立租佃合同，没有合同，就不承认栽手的股份。第四条规定比例分成，即地主四，栽手六，栽手修理成林后，地主和栽手可以相商出售。第五条规定，木植长大下河，有专人管理，不得相争。第六条是砍伐后下河，必须按规定缴纳江银。第七条规定如有私自砍木者，日后查出，公众判罚。第八条规定了给木夫的工钱，根据到达三寨的距离不同，工钱也不同。第九条明确杉木和油茶是地方赖以生活的重要物资，严禁防火和毁坏山林，否则公众判罚。第十条规定如砍伐的不是本人自己所有的杉木，则是乱砍山林，公众判罚。

"公约"虽也是由众人共同合议，以相互合议的形式订立，但所约束的对象已经超越了公约直接参与者的范围。公约是立约人为共同保护与自己利益相关对其他人单方面宣示的文告，这些具体规范内容的文书虽冠以"约"的名称，并不是出于"禁约"所涉及各方的合意，而只是一部分人单方面的意思表示。增渊龙夫教授考察了"约"的本义，指出"约"字就意味着单方面的命令、禁止和拘束，其本身并不存在相互合意的含义。❶ 寺田浩明指出：虽然其他一些对等者之间通过相互合意缔结的禁约，其参加者们相互之间的合意是没有疑问的。例如，"禁约"中声称"合村又同心商议"即是这种合意的表示。但实际上无论是哪种约的形式过程中，都能找出首先把规范或宣言提出来的特定主体，例如，"禁约"里"目击时限"而纠集众人开会者，并被推为约首的人物，首倡"联庄约束"者。这说明"禁约"也不是自然发生的，而是以某个或某些具有感召力的人物为中心而有意识展开的。❷ 其实，"禁约"的缔结必然要伴随着聚众结盟的形式，这其中也不完全是对等的合意，而是由某个主体"首倡"，再通过众人"唱和"而形成的结果。有的"禁约"的缔结就以首人的名义订立并发布，如"约众父老刊碑禁止"，"会同约齐首人"等都

---

❶ ［日］增渊龙夫：《中国古代的社会和国家——秦汉帝国成立过程的社会史研究》，王亚新、梁治平编：《明清时期的民事审判与民间契约》，法律出版社 1998 年版，第 16 页。

❷ ［日］寺田浩明：《明清社会法秩序中"约"的性质》，王亚新、梁治平编：《明清时期的民事审判与民间契约》，法律出版社 1998 年版，第 156 ~ 162 页。

是如此。[1] 在人们追求林业经济利益，社会变动不安的情况下，为稳定苗侗村寨的社会秩序，乡村常常订立公约。公约往往从本地实际考虑，为解决目前面临的重要问题，一般以一位或几位当地有头有脸人物发起，再由一些积极参加者和一大批随大流者参与，经过集体讨论订立出来的。甘乌林业管理碑落款是该村寨首人范基燕、范基相、范基朝、范锡等首唱，广大村民响应的结果。

"禁约"是介乎"法"与"契约"这两极之间的规范，禁约形式上是以合约，即相互合意形式订立的，但在很多情况下是一部分人单方面宣示，正因为如此，为表达它的权威性，也需要地方官府的认可。寺田浩明把明清时期国家与地方的法状况看作"法领域"和"契约领域"这两极。前一极是皇帝单方面宣布命令的国家法体系，不必依靠个别的、具体的契约性关系；另一极是人们相互间缔结的对等的契约世界。如此架构下，他认为以契约形式建立的禁约其发挥的作用有限，在一定程度上只是纠风、整风的行动而已，所以很难结晶成客观的、制度化的规范。"法领域"与"契约领域"的划分是在明清社会这一层面而言，而前者指国家政治法，后者指民间契约社会。实际上在清水江流域地区这种国家政治法并不多，而民族地方官府推行的行政"禁示"、"告示"等的作用很大，经过官府认可的"禁约"中，诸多禁止性规定、处罚条款及"送惩"的规定，使"禁约"成为村寨公共生活中的行为规范，构成地域法的内容，另一方面是在林业经济兴起、契约环境形成后，民间契约的大量缔结，也构成契约型社会法的重要基础，从而形成这一地区的法秩序，由于该地处在各民族或聚居或杂居的地域环境，这种法秩序便可以称为"民族法秩序"。

五、地方官府林业司法文书

林业纠纷调解和诉讼文书则包括村寨间当事者双方自然领袖、各级官府对各种利益纠纷调解和判决的文件。清代的法律起源于一个相对简单的小农社会，当初是针对这种社会而设计和安排的，一般以为小农会畏怯法庭的威严，甘心接受县官判决。律例并没有准备用来对付社会商品化的日益分化所带来的

---

[1] 王宗勋、杨秀廷点编：《锦屏林业碑文选辑》，锦屏县地方办公室2005年版，第15、17页。

种种后果。富裕的、从事商业活动的老练的个人和集体，并不会像小农那样，轻易变得畏怯，兴讼频仍、积案增加的原因，并非讼棍、讼师的蛊惑，抑或生齿日繁，而是诉讼当事人的构成发生了结构性变化，会有更多的商品交换，以及随之而来的与这些交换相关的更多的纠纷，商品化程度与诉讼发生率之间，并不存在简单的对应关系，当兴讼的富人越来越多，并使出种种花招纠缠官府时，普通农民便越来越难得到官府的帮助。因此社会比较简单、商品化程度低的地方，小民更有机会使用法庭。本分的农民也许会对官府大堂心怀畏惧，但不至于害怕到不敢依靠衙门解决争端，保护自身权利的地步。[1] 虽然清人具有一定的法律意识，但并不代表他们对律例本身有更多的了解，相比法律，他们更熟悉传统习俗。比如，在"欠债不还"、"悔婚赖嫁"等案件中，我们看到人们进行诉讼的过程也是他们利用所掌握的习俗和习惯法与官方进行讨价还价的过程，在这个过程中，他们可能有规避法律制裁的倾向，也可能有求得官方保护的意愿。[2] 值得注意的是，随着林业商品经济的发展，原本讨厌诉讼的苗侗民族，为保护自己的经济利益，诉讼意识迅速增强。在清道光年间，清水江流域几十年、十几年前种植的杉木大面积长成，成为商品流入市场，村民间及村寨之间因收益权而引起的纠纷不断增加。事实上广大民众只有在土地买卖、财产继承等日常事务中遇到纠纷，需要官方介入时才直接和国家政权组织打交道。大多数涉讼者都是普通民众，他们求助于法庭是为了保护自己的合法权益和解决难以和解的纠纷。

在清代，民事纠纷双方当事者之间的权益关系和是非确定完全是由地方官用"堂谕"来判决的，当事者不仅表示接受官的裁决，还进一步在彼此之间订立合约的事例。在此延长线再移一步看，则又有经过众人调解说合或"理剖"，两当事者就彼此间权益关系的重新确定而订立合约的例子。[3] 但这并不意味着律例在县官审判中不起作用。对地方官而言，他们实际上具有双重执政心理，在贱讼、息讼的同时又要积极应对诉讼解决纠纷。也正因为这双重心理

[1] 详见黄宗智：《清代的法律、社会与文化：民法的表达与实践》，上海书店出版社 2007 年版，第 146 页。

[2] 吴欣：《清代民事诉讼与社会秩序》，中华书局 2007 年版，第 207 页。

[3] ［日］寺田浩明：《明清社会法秩序中"约"的性质》，王亚新、梁治平编：《明清时期的民事审判与民间契约》，法律出版社 1998 年版，第 176 页。

同时存在，使得他们在具体执政过程还会面临执法还是泥法问题，表现了他们在审判过程中“出于律例而又不泥于律例”的执法理念。[1]

清水江流域的很多讼事通过碑刻成为大多数村庄集体记忆的一个组成部分。请看下面几块碑文：

（一）大冲“碑磡”

遵批立碑，万代不朽

贵州镇远府天柱县巡厅张

查讯得袁克恒、秀清、德凤、光辉、士贤、生员盛猷、世经等以强砍古树等情，具控杨裕远等一案，随据两造投递情况前来。当经本厅亲临踏勘，验得杨、袁二家门首溪岸之上，砍倒重杨树四蔸，约大四五尺不等，此树想因培植风水所蓄。勘毕集案研讯，其树乃先年所蓄，并无干碍杨姓，质乡保人等，各供如绘，其不宜擅砍明矣。乃杨裕远妄信堪舆狂言，将树强行砍伐，反敢行凶，肆横已极。本应详究，按律惩治，姑念乡愚无知，量予枷责，断令仍于原砍之处蓄栽树木，以培风水。并令埋石为界，上截归袁性，下截归杨姓，永远敦好，不得滋事。杨裕远等俯首诚服，自愿凭证书立虑合同二纸，朱批执拟，外各具遵结在案。诚恐杨姓等复行藐断，更为详情立案，竖立石碑，永绝讼端可也。

此批

贵州镇远府摄理天柱县正堂博大老爷批，既经勘明讯断，如详立案。

此缴

乾隆五十七年十一月二十九日详

十二月初二日批　十二日到[2]

---

[1] 吴欣：《清代民事诉讼与社会秩序》，中华书局2007年版，第197页。

[2] 该碑位于三门塘下游五华里的大冲，大冲有百余户人家，分别为袁、杨、李等姓，该碑四方立柱，高三米余，上部四面均刻有文字，碑柱立于大冲河畔细草坪上人们称之为“碑磡”。

这是袁杨两家因为“风水树”而引起的纠纷，杨家因为袁家培植的风水树破坏了自己家的风水，砍倒袁家四株重杨树，袁家告到镇远府天柱县，经司法机关现场询问、亲临踏勘，最后判定错在杨家。杨家私砍别人的树，还胆敢行凶，本该按大清律严惩，但考虑乡民愚昧，量情处以枷责。[1] 并责令其在原处种树赔偿，竖立界碑，划定两家地界，两当事者各自以遵依结状的方式（甘结）表示接受该判决。这块碑刻详细记载了当时闹纠纷的经过、官府的判决和立碑的目的，是赫赫一份法院判决书，判决的结果特立石碑，以达到永绝纠纷的目的。

（二）“梧洞坳分界碑”

万古不朽

贵州黎平府锦屏正堂加五级记录十次　宋

贵州黎平府湖耳正堂加一级随带记录二次　杨

为勒石定界以杜争端事，照得梧洞坳原系府属地介，因龙正卿控告吴荣华、良华、贵华、高华、成先等所占山场一案，控经前任府主郑，蒙批前任县严三勘三详在案，而口龙正卿不服。前任府主郑当堂审讯，复委县主严登山踏勘，梧洞寨后管山六岭，吴荣华等就近开挖茶、杉树木俱已成林，断归吴容华等管业。所有黄匡冲一带，东至丹梁介，西至岑脚坡，南至江口至杨梅山止，仍归吴姓管业。但龙姓所管之业上至岔路起，下至龙海坟脚止，并荒寨屋基一所，黄匡冲有龙正卿当出茶山一幅、冲口田一丘，听其龙正卿赎取，而正卿复勾刘文德盗检山中茶子，又控经前任开泰县主费审讯，追赔吴荣华等茶子银三十六两，给执照，着形收执。于乾隆三十年九月内，龙正卿盗砍黄匡冲界内杉木一株卖于邱益生，控经本县，依照前案断明，追回木价，复又勾杨老羊盗检茶子，自取跌伤，具控府主王批发下县，本县登山勘验，细查询问，委果无异，立碑定界，详明府主王在案，吴荣

[1] 由于县官们不必把他们对民事的判决，随同词讼月报上交给上级查阅，他们的判词实际上是针对当事人撰写的。在一般情况下，判决都是在庭审时对着下跪的当事人当场宣读，这是没有必要直接引用律例来判决，而是尽量化解纠纷。

华等系愚民无知，是以勒石为界，永杜后患。

乾隆三十一年六月十八日　立[1]

这是一起因地界不清引发长期诉讼的林地纠纷。龙正卿因与吴家在“后管山六岭”山地有争议，告到锦屏县衙，县官经过“三勘三详”，判定田地为吴家所有，但龙家不服。黎平府又命锦屏正堂复勘，确定“后管山六岭，吴荣华等就近开挖茶、杉树木俱已成林，断归吴荣华等管业”。而龙正卿又不断勾连别人在该山上捡茶籽、砍树出卖，吴家多次告到官府，官府依照前判，判定错在龙家，并要求“以勒石为界，永杜后患”。这是一份具体、复杂案件的判决书，记载当时纠纷的经过、官府的判决和立界碑的目的，虽然该碑中没有写明竖立者是谁，但可以推知是官司胜诉一方为固化官府判决结果，达到永保“胜利果实”，永绝纠纷的目的而立的。

在“小江文书”中有一则清江理苗府在任即补同知的庭审“堂谕”：

赏顶戴花翎特授清江理苗府在任即补同知直隶军民府加三级记录五次余　为：

晓谕事照得下敖寨武生黄定清、王连科，民人黄河海、彭绍连，盘乐民人唐中华等互争山木一案。本府卷查此案，缠讼六年官经六任，屡经讯判，皆未了结。光绪七年彭老二与唐成榜殴酿人命，亦由此事起畔。两造虽暂寝息，而葛藤仍未断也。昨据谈两造复控前来，详细思度非履勘不能明晰。于九月二十二日本府亲身前往沿途采访其说不一。临山指图勘问并亲抄下敖碑记要语，缘唐中华等所住之村，地名盘乐，以冲于□□□□□□。石洞乐村各忍村在左也□□□□□□。各忍圭念等处山土皆系下敖公业，左系私山，右系公山，中以小溪为界，是以盘乐之土皆属公山。而唐中华则云不尽盘乐连各忍所争之山，亦是伊等价买之业。细核碑记内载地名，各忍原系苗等下敖寨八牌公共之业，左系私人占，右系公山，中以小溪田坵为

[1] 王宗勋、杨秀廷点编：《锦屏林业碑文选辑》，锦屏县地方志办公室印（内部印刷），第52页。

界。并无圭念等处山土六字，黄定清等抄呈之碑多此六字，必是自行添注。查勘形势明系道光二十六年断结者乃各忍山以田水小溪为界，并不干冲于溪外盘乐之事。即以水源分左右亦不过所争之各忍山为公山耳，断不致越冲干溪而连盘乐亦在内也。况不书冲干之名，直指小溪为界之可据乎？黄定清、王连科、黄河海等借公为名，争得山土可饱私囊，不得山土亦可派敛。众姓缠讼六年□是之故，彭老二之死其咎皆由该生民也，诡诈刁狡实勘（堪）痛恨。但公山例不准其私买私卖。唐中华、吴乔富、杨秀乔等，私买各忍公山以致拖累多年，亦属咎由自取。兹悉其情酌，断以冲干小溪为界，盘乐山土归唐中华各姓管业；各忍山土归下敖公共管业，不许妄相争占。所有砍伐之木，唐姓砍者系在盘乐山内应归唐姓，黄定清等集众占砍之木贰仟余根亦系盘乐山内者虽已变卖，本属妄砍例，悉追缴候查明，着落另议。不意黄河海、彭绍连等情虚胆怯，一言不发，连夜逃匿。本府复□□施仁，加差传提，乃该生民怙恶不悛，抗传不到，其意欲延搁□，遂其妄砍派敛之心除详明。

各宪立案，并将武生王连科、黄定清查取年貌详革，并黄河海、彭绍连严密拏案究办外，合行示谕为此示，仰下敖各排花户遵照，勿得再听派敛□取拖累。倘该刁棍等仍敢潜回恶虐，估派众人仰即捆送来辕以凭，并处其附近各寨一体知遵。

右谕通知

光绪十年十一月二十四告示

实帖各忍村晓谕

本案系一起案情非常复杂的争讼山地、林木案，缠讼多年官经六任，屡经讯判，皆未了结。光绪七年（1881 年）又互殴酿成人命，到了不解决不行的地步，同知亲自实地踏验，抄录碑文记录，细致理剖，最后作出“堂谕”。

以上案例都说明官府依据事实和法律所作出的判决最具权威性。这说明，国家司法机关及其官员如果有意干预民间纠纷处理，是可以随时这样做的。[1]在广大中国乡土社会，民间调解最便宜，但也会让双方做最大承让，而衙门审讯最破费，但双方曲直判得最分明。在一般情况下，一场公开的争吵爆发之后，如果非正式的干预不能平息纷争，村首领以及地保乡约们就会被要求出面裁断，他们将听取“两造”的诉求和理由，并试图找出双方都可以接受的解决办法，最后经过耐心的劝解，使双方达成妥协。[2]习惯法并未见诸文字，但并不因此而缺乏效力和确定性，它被嵌在一套关系网络中实施，其效力来源于乡民对于此种“地方性知识”的熟悉和信赖，并且主要靠一套与“特殊主义的关系结构”有关的舆论机制来维护，自然官府的认可和支持有助于加强其效力。如“小江契约文书”中有一条官府示谕和前例甘乌林业管理碑第一条的内容是一致的：“晓谕为此示，仰两造人等遵照嗣后四处公山不许私行典卖，倘有不遵，一经告发定即严究，决不宽（贷）毋违特行。光绪十三年十月。”这条示谕没有审理机关、没有地点、没有案情，只是晓谕两造不准私行典买公山。

国家法与民间法是互动关系，[3]有些案件官府可能觉得案情太轻，不必亲自过问，以此发还乡保处理（或让土地或债务纠纷中原来的中人处理）。在这种情况下，知县会饬令他们“查清”并“秉公处理”，[4]乡保作为经衙门认定，由村寨社区推选的领袖，既是衙门的代理人又是村社的代表。他与衙役共负责任，把衙门的意见、传票、逮捕状送达诉讼当事人以及村社成员。遇到比较琐细的纠纷，他还可能受县委托代行处理，与此同时，他们还有责任代表社区和宗族把意见和调解上报衙门（这一点，使他们区别于衙役）。[5]他十分借重半官半民的乡保和衙役的中介，而因此造成了贪赃枉法行为的空间。

“具甘结”是庭审的最后一个步骤，如系调解处理，甘结上则说明“经亲

---

[1] 黄宗智：《清代的法律、社会与文化：民法的表达与实践》，上海书店出版社2007年版，第184页。

[2] 梁治平：《清代习惯法：国家与社会》，中国政法大学出版社1996年版，第146页。

[3] 徐晓光：《清代黔东南锦屏林业开发中国家法与民族习惯法的互动》，《贵州社会科学》2008年第2期。

[4] 黄宗智：《清代的法律、社会与文化：民法的表达与实践》，上海书店出版社2007年版，第94页。

[5] 黄宗智：《清代的法律、社会与文化：民法的表达与实践》，上海书店出版社2007年版，第104页。

友（邻）说合”，或举出调解人的名字，接着扼要叙述和解条件，内容无非是某方或双方做了道歉，有时也包括复杂的纠纷处理方案。甘结的最后是说甘结人对这些处理结果“并无异说”、“情愿息讼”，因此“恳恩免讯”。有时调解人也会具结确认这些处理方案，把它纳入村社或亲族的道义影响下，加重其分量，讼案于是正式销结。

第八章

清水江流域林业生态补偿的探索与实践

> 建设生态文明，必须建立系统完整的生态文明制度体系，用制度保护生态环境。要健全自然资源资产产权制度和用途管理制度，划定生态保护红线，实行资源有偿使用制度和生态补偿制度，改革生态环境保护管理体制。
>
> ——《中国共产党第十八届三中全会公报》

《中国共产党十八届三中全会公报》提出，要紧紧围绕建设美丽中国和生态文明体制改革，加快建立生态文明制度，健全国土空间开发、资源节约利用、生态环境保护的体制机制，推动形成人与自然和谐发展现代化建设的格局。《公报》还指出，建设生态文明，必须建立系统完整的生态文明制度体系，用制度保护生态环境。要健全自然资源资产产权制度和用途管理制度，划定生态保护红线，实行资源有偿使用制度和生态补偿制度，改革生态环境保护管理体制。

贵州省在大力推进生态建设，改善生态状况的同时，紧紧围绕工业化和城镇化，加强绿色通道建设、城郊绿化、园区绿化和全民义务植树，深入推进森林城市、森林乡村、森林矿区、森林校园创建活动，努力建设山川秀美的“多彩贵州”。10 年来，贵州森林面积、活立木蓄积量和森林覆盖率同步增长，截至 2011 年年底，全省有森林面积 731 万多公顷，活立木蓄积 3.6 亿多立方米，森林覆盖率41.53%。其中森林覆盖率连续10年每年增长一个百分点。长江、珠江生态屏障作用日益凸显，全省林业特色优势基地逐步形成规模。林业在促进地方经济和农民增收中发挥了重要的作用。2008—2012年贵州累计落实林业建设资金145.11亿元，较上一个五年增长46.4%，累计完成营造林面积120.7万公顷，其中人造林面积55.53万公顷。完成义务植树3.1亿株，较上一个五年增长19.2%，投入专项资金1.34亿元，完成城郊及村寨绿化1.34万公顷。分别较上一个五年增长95%和22.3%，投入绿色通道建设资金7.5亿元，完成绿化面积6.3万公顷，分别较上一个五年增长188.5%和91.8%，有效改善了城乡生态环境和人居环境。贵州省不断加强生态建设，大力实施天然林保护、退耕还林、防护林建设，石漠化综合治理等重点生态工程，森林面积持续扩大，森林覆盖率提高到42.5%，林业用地面积占全部国土面积的49.8%，成为“两江”上游重要的生态屏障。根据贵州省森林分类区划界定，全省有国家公益林5165万亩，其中4567万亩纳入中央财政补偿（补偿标准：权属为国有林每年每亩补偿5元，权属为集体林每年每亩补偿10元），尚有598万亩国有公益林和3750万亩地方公益林未纳入中央财政补偿范围。❶

为调动广大农民群众积极性，配合支持做好生态保护，在全国政协十二届一次会议上贵州委员建议：国家应进一步加大对贵州省森林生态建设的投入力度，将未纳入补偿的589万亩国家公益林和3750万亩地方公益林全部纳入中央财政补偿范围，同时尽力提高森林生态效益补偿标准。在我国，生态补偿机制存在着多方面的实践和理论缺陷。这些缺陷导致惠及东部和全国的生态治理相当程度上是在西部单方面付出情况下进行的，尤其是西部少数民族地区当地各族农民单方面付出情况下进行的。因此我国应该尽快制定《生态效益补偿法》，使民族地区生态效益与经济效益得以最大限度地实现，同时把民族地区生态保护和脱贫致富相结合，这也是法律公平原则的内在要求。如以前，贵州省在增强生态效益补偿机制建设方面，虽然退耕还林、还草工程国家有明确的资金补助，但由于补偿过低，与贵州省生态环境的重要地位及所作出的巨大牺

---

❶ 以上具体数字来源于朱江：《森林织就秀美山川》，《当代贵州》2013年第7期。

牲不相符，往往出现退耕还林、还草的“返贫现象”，影响了生态的保护与建设。因此，根据我国以前的实践，制定区域生态补偿政策法律，制定生态补偿规则，应该包含以下内容：（1）补偿的对象。即规定哪些地区、单位或个人可作为生态补偿的对象。（2）补偿的形式。补偿形式可以是政策倾斜、税收优惠等政策补偿；或财政转移支付的现金、实物等直接补偿；也可以是人力培训、技术支援为载体的项目补偿。（3）补偿的标准的确定。（4）补偿经费的来源及使用的管理。（5）补偿的组织体系与机构。（6）补偿的考核方式。这样就为“区际生态补偿”活动提供了补偿依据、补偿原则、补偿法纪、补偿程序和实施细则，使其在法律和政策指导下有条不紊地进行。

一、新中国成立前生态补偿经验

在清水江流域人工林业发展的历史上，传统中它有很多生态补偿的因素，比如，在佃山造林中的山主允许栽手“林粮间作”，并按所栽树木比例分成，这样就调动了栽手的积极性，实现了人工造林的良性循环。如 1909—1912 年，从湖南洪江来了一位木商名叫封木亭，他经商到黎平府的洪州、下温，见洪州一带杉木资源丰富，下温一带都是一片片荒山，他便出 30 两（937.5 克）白银，向姚姓买下了温村后（地名）约有七八百亩地，农历正月请人挖山种植杉树，株距要求一丈二（4 米），一株三斤谷子（1.5 公斤）；请人筑土围墙，每板长六尺（2 米），高一尺二寸（约 40 厘米），也付给三斤（1.5 公斤）谷子。每年 7 月份请人薅山，一丈（3 米）付钱 12 缗（旧时货币单位），不几年此处便树木葱茏了。1922 年（民国十一年），黎平县铜关村钟树仪经营木材。他选择将本村两河之间山地大塘坳、归略作为发展林业生产的基地。这里原是莽莽荒山，山地归属多户管业，为使林地连成一片，有利于作业和管理，他分别向各户购买，落实了造林的土地。雇请对造林有事业心、有技术的农民，以造林为业，以山林为家。大约 5 年的时间，就经营成一片面积有 200 公顷，杉木幼林 40 万株左右的林业基地。[1]

锦屏地区杉木育苗有悠久历史，明朝后期县内人工造林逐渐扩大，野生苗

[1] 黎平县林业总办公室编：《黎平县林业志》，贵州人民出版社 1989 年版，第 143 页。

已不能满足需要，林农开始培育杉苗。清朝，苗木增多自用之余，进入市场销售，苗木市场开始形成。清朝中期平秋归旁一带的农民采用皮垫法育苗，即在选好的土地上清除杂草灌丛后焚烧，深挖拍碎土块；浇入粪屎，履树丫杂草焚烧，烧后翻挖，复浇粪覆草焚烧，再翻挖。如是三次，谓之“三烧三挖”，以松肥土性，灭草籽和虫印。选宽厚无漏洞的杉木皮，将烧炼过的泥土翻出，以杉皮垫底，再将炼烧的土覆上约六寸许，开沟筑床整平，撒上饱满有光泽的种子，用铁丝筛覆盖一层细土，细土层厚为种子的二至三倍，此法自清而民国，一直沿用至今，育出的杉苗健壮，须根发达，无病虫害，且易出圃，少有损伤。[1]清代时每到春天，锦屏平略、王寨等地逢某市场就有杉苗出售。民国时期，国家号召和指令地方育苗。民国二十六年（1937 年）锦屏县政府下达苗木生产计划 30 亩，其中杉木 10 亩，樟木 2 亩，松木 3 亩，油桐 10 亩，洋槐 5 亩。民国二十八年（1939 年），县苗圃育苗费用由政府建设经费专款支付。是年，省政府主席吴鼎昌核准锦屏县政府 1 ~6 月苗圃经费 25 元，其中雇请长工 15 元，临工 6 元，肥料 1 元，购农具 1 元，杂用 1 元。1932 年 2 月，锦屏县政府训令：“各乡镇公所应辟苗圃 6 亩，每亩育苗 5 万株，以供每年造林苗木需要”。当年县拨付苗圃经费 3160 元，育苗 192 亩，计 91 万株，其中县苗圃 90 亩，乡镇（保）102 亩。是年春，王寨杉苗 100 株可换大米 2 公斤，1931—1937 年县内经营苗圃地（育苗）面积累计 2009 亩，产苗 4415. 13 万株。这种做法一直影响到新中国成立后，从 1952 年开始锦屏县人民政府为鼓励群众育苗造林，开始首期林业贷款 2 亿元（旧版人民币），其中育苗贷款 75000 元，规定农村互助组育杉苗每千株无偿补助 150 元；1953 年国家发放林业贷款 6. 7 亿元扶持群众育苗造林，使停顿了多年的林业市场交易得以恢复。当时杉苗每 100 株，价 2000 元。[1]

以后虽然我国林业政策几经变化，但由林业经营的特点所决定，地方和民间林业经营活动中一直探索生态补偿的措施和方法，以促林业的发展。这主要体现在补偿育苗、幼林抚育、植树造林、中期抚育、退耕还林、林粮兼作等环节上措施的探索和实践。

---

[1] 锦屏县林业志编纂委员会编：《锦屏县林业志》，贵州人民出版社 2002 年版，第 118 页。

二、育苗补偿

锦屏县政府和林业行政主管部门向来对育苗工作十分重视。20 世纪 80 年代，每年在下达林业生产计划时，将育苗列为必须完成的任务之一，并安排一部分资金和粮食专项用于育苗补助。在管理方法上，采取合同形式，明确投资（补助）与生产双方的责任，所生产的苗木属生产者所有，由投资方调配使用，超额完成任务者给予奖励，无故不完成任务的追究责任。从 20 世纪 80 年代中期起，采取两种育苗办法：一是建立骨干苗圃，以合同形式由各区林业站与有育苗经验的林场和专业户订立承包责任合同，定育苗面积、树种、质量（杉苗亩产 6 万株，苗高 20 厘米，地径 0.4 厘米以上），达到标准者每亩补助 20 元，粮食 75 公斤。苗木由林业行政主管部门有偿调配，用以保证全县造林之需，多余苗木经林业部门允许可以自行销售，收入归承包者；二是除骨干苗圃以外的其他林场或个人育苗实行“三自”（自采种、自育苗、自造林）办法，林业行政主管部门不给补助。商品化育苗，余缺得以调剂，活跃了苗木市场。1991 年经林业部批准，岔路苗圃场扩建为县级中心苗圃，承担全县基地工程造林之苗木供应。次年，中心苗圃场开辟培萌圃 20 亩，首次繁殖杉木优良家系无性植株苗。1995 年 2 月，县林业局拨给岔路中心苗圃 28.24 万元，用于种子园、促萌采穗圃管理和育苗经费，增设喷灌设施。[1]

三、幼林抚育补偿

幼林抚育管理是提高造林成活率，巩固造林成果，促进林木速生丰产的重要措施之一。如 1956 年 8 月 20 日，黔东南黎平县人民委员会下达《关于开展幼林抚育工作的紧急通知》，强调：“谁造谁抚育，活一棵抚育一棵，活一片抚育一片”的原则。1957 年 5 月 30 日，贵州省林业厅以“［1957］厅林造抚字 274 号文件”，下达《关于全面开展幼林检查和保护工作的通知》。同年 6 月 19 日，黎平县人民委员会下达《关于开展国营幼林抚育工作调动你片民工的通知》，集中抽调人力，计有德凤片 40 名、路团片 40 名、茅贡片 35 名，合

[1] 锦屏县地方志编纂委员会编：《锦屏县志》上册·方志出版社 2011 年版，第 437 页。

计115名民工，自带生产工具、生活用品和粮食，为黎平国营林场抚育杉木幼林（在上、下陡坡、禾田冲、哈冲、陈家庄、李家冲等地的国营造林地进行抚林），时间为一个月，付给民工的抚林费，全部按国营林场规定的标准开支。❶

1964年8月2日，黎平县人民委员会发布“黎人办字第08号文件”《转发县林业局幼林抚育工作和油茶、油桐垦复薅修的通知》。“……现根据上级布置我县幼林抚育1333公顷，油茶垦薅2667公顷，油桐垦薅333公顷的任务。”1980年6月4日，黎平县林业局发布“（1980）黎林营字08号文件”，《关于开展1980造林、抚林、护林防火线林业苗圃检查验收工作的通知》，其中幼林抚育补助规定：杉、松、楠竹全面深耕抚育，每公顷补助22.5元；砍草薅蔸培土，每公顷补助15元；油茶、油桐深挖耕抚每公顷补助15元；铲山抚育每公顷补助7.5元；油茶抚育，每公顷补助贸易粮22.5元/公斤。垦复成林和去荒的油茶林，凡达到“三清一垦一施肥”标准，每公顷补助60元，奖售贸易粮37.5公顷，奖售磷肥20公斤，只按铲山一年一薅的油茶林不验收补助。❷

四、造林育林补偿

黔东南林区向来粮食自给不足，常常是过了年就四处找粮。因为吃粮问题解决不好，制约了林业的发展速度。农村群众一方面造林，另一方面又在毁林开荒种粮。1980年，中共贵州省委、省人民政府批准锦屏县在生产统销的商品材中，有15%的木材自主权；6月23日，黔东南自治州允许林区县用自主材向省外换粮食。这一年锦屏县用3000立方米杉木向省外换粮食，1立方米杉木换大米750～1000公斤。以米换回的粮食，按照“取之于林，用之于林”的原则，采取三种办法返还造林育林：一是直接返还，即直接用于林业生产补助。1980年、1981年锦屏县用木材换回大米687万公斤，直接返还造林补助的401万公斤，占58.4%；二是间接返还，即用低于集市贸易粮价（1公斤大

❶ 黎平县林业志办公室编：《黎平县林业志》，贵州人民出版社1989年版，第143页。

❷ 黎平县林业志办公室编：《黎平县林业志》，贵州人民出版社1989年版，第143页、第151页。

米0.33元）供应农村缺粮户180万公斤；三是供应无粮户和市场食品行业10.5万公斤。粮食返还与林业挂钩，造林就是造粮。有了粮食，群众造林数量明显增加。锦屏县1978年造林1600公顷，1983年造林4800公顷，1983年是1978年的3倍。该县魁胆公社魁胆大队1978年人均口粮200公斤，现金收入52元，1982年粮食和现金收入分别为378.5公斤、147元，粮食增加近2倍。1981年黔东南州把锦屏县"以木换粮，材粮挂钩"的经验向全州推广。从江县从1981年到1983年通过林工商经销换粮木材16444立方米，实现利润2790924元，换回大米591.5万公斤，黄豆13.45万公斤。到1983年9月，用换回的粮食补助林业生产399万公斤，补助造林和育苗资金207万元，占总利润的74%，促进了该县林业生产的发展。1981年从江县造林2421公顷，1982年达到604公顷，1983年上升到12833公顷。黔东南州从1980年到1984年提取自主材49万立方米，共计销售收入10404万元，换回粮食8043万公斤和一大批生产生活物资。钱粮的70%用于返还造林育林，走"以林养林"的道路。1981年全州人工造林14700公顷，1982年上升到38000公顷，1983年上升到60700公顷，1984年上升到81300公顷，比1983年增长34%，为1981年的4.54倍，这段时间自治州林业的蓬勃发展，引起国家林业部的重视。[1]

1985—1987年，黔东南自治州的木材经营全部开放，实行议购注销。自治州已形成的以木换粮、引资造林、以林养林的局面发生了变化，许多县虽然还在实行以木换粮，但兑现率低，而且换回的粮食不再由林业部门支配，引进外省资金合作造林的办法不再为外省木商所接受；同时国家对造林投资由过去的拨款无偿补助为贷款。谁造林谁贷款，签订造林合同，承担偿还责任。这样，这个时期自治州的造林资金主要用于基地造林，多数县对一般社会造林取消了钱和粮的补助，或者降低了标准，每年由林业部门向群众无偿供应部分种子和苗木，致使社会造林面积减少。1985年全州社会造林完成46487公顷，比1984年减少28397公顷；1986年完成28838公顷，比1984年减少46046公顷，下降61.4%。1987年有所回升，完成46876公顷，相当于1984年的62.5%。自治州针对造林资金和以木换粮发展变化情况，开始积极引导农民按

[1] 《黔东南苗族侗族自治州志·林业志》，中国林业出版社1990年版，第69页。

股联营联户造林，向营造基地林方向发展。[1]

在造林补助资金投入与使用方面，1963年3月15日，林业部、财政部制定《关于社队造林补助费使用的暂行规定（草案）》。为了帮助农村人民公社（分）恢复和发展林业生产，迅速扩大森林资源，以便生产出更多的木材、竹子、油料等林副产品，满足国家和人民的需要，国家在林业事业费中，安排一笔乡村造林补助费，专供在重点林区，补助乡村集体造林之用。5月14日林业部以“［1963］第12号文件”下达《关于用好社队造林补助费的通知》，开始试行造林补助费，6月19日黔东南州林业局分配黎平县乡村造林补助费2.8万元。10月15日黎平县林业局在《黎平县经济林垦复贷款使用情况的总结报告》中述：上级分配我县的经济林贷款指标3万元，于7月15日以“黎林营字第94号”、“黎财字第04号”和“黎银农字第011号”联合通知下达各区，各区立即贷给各乡村，共贷去12484元，占分配总额的17.6%，有力支持了经济林的垦复工作。截至9月30日，共完成经济林垦复4400公顷，使多年荒芜的油茶重获生机。

1976年12月3日，黎平县林业局以“［1976］黎革字第54号文件”《关于1976年杉木、油茶林基地补助款的通知》，凡造林整地符合要求，成活率超过85%，用森林罗盘仪测量验收，绘有测量验收图的，列为基地造林验收补助。全县造林面积11567公顷，其中列为基地测量验收补助的面积7262公顷，付基地补助款439688元（杉木林基地面积6434公顷，付款386037元，楠竹林基地面积334公顷，付款35098元，油茶林基地面积494公顷，付款18533元）。1981年11月13日，黎平县人民政府以“黎府［1981］86号文件”《县人民政府批转县林业局“关于今冬明春造林、抚林补助标准及验收办法的意见”》，此件作为贯彻黎府［1981］61号文件的实施细则。[2]

1964年，邻近黔东南的湖南全省各县安排专项补助粮指标和贷款支持抚育竹林，全县修山抚育竹木5154亩。1965年洒溪公社经省批准，先后建立楠竹基地，并分别成立了楠竹基地管理站，基地以修山垦复、改造老林、增加蓄积，提高竹林素质为主，在缺竹生产队和荒山迹地适当营造，增加竹林面积为

[1] 《黔东南苗族侗族自治州志·林业志》，中国林业出版社1990年版，第69页。

[2] 黎平县林业志办公室编：《黎平县林业志》，贵州人民出版社1989年版，第152页。

辅，同时，对抚育竹林由县实行经费补助，垦复一亩补助 3 元，修山一亩补助一元。[1]

五、营林投资与补偿

1950 年 1 月 26 日，锦屏县人民政府宣告成立。1951 年县委县政府召开全县人民代表大会，商讨发展林业事宜，宣布“林木谁造谁有”政策，安定林农心理，鼓励农众积极造林。1951 年 9 月，县人民政府执行贵州省农林厅制定的《奖励造林暂行办法》，规定凡不是从事耕种之公有宜林荒山荒地，除指定由专门机关直接经营造林外，私人团体学校及造林合作社均得依合法手续向当地人民政府承领，定期造林。承领人承领荒山荒地造林后，森林所有权归其所有，逾期未按计划造林或成林采伐后不继续造林者，撤销其承领权。私人之宜林荒山荒地，由本人造林或与人合作造林，政府对经营大面积荒山荒地育苗。造林有特殊成绩者和对育苗、造林技术有特殊贡献者给予奖励，并对苗圃地、不能耕种之荒山荒地，种植一般林木以保安或取得材木为目的，以及防风林带、林网所占之耕地一律免征或酌情减征农业税。育苗、育林遇有经费困难时，政府发给贷款扶持。1952 年，对贫困农民实行贷款扶持育苗、育林，全县计划贷款 2 亿元（旧版人民币）。为使贷款落到实处，促进造林事业，县人民政府制定贷款实施办法，以沿江、沿河素有造林习惯的乡镇村寨为重点，自愿造林者进行登记，行政村农民协会汇总后集体申报，个别有经验的林农亦可单独申请贷款，县人民政府直接办理发放。贷款归还期限为苗木贷款 1 年，造林贷款 20 年，视林木生长情况可提前归还。1953 年林业贷款继续发放，贷款规模 6.7 亿元（旧版人民币）。1950—1954 年，全县造林 40188 亩，年均造林 8037.6 亩。

到 1964 年，按照省、州人民政府指示，锦屏县林业部门开始实行育林基金制度，林农在交售木材时，每立方米需提缴 2 元，专款存入银行，该育林资金采取“哪里来，哪里去”，用于林区社、队的造林营林补助性支出。实行育林基金制度，极大地调动了林农造林的积极性。到 1966 年春全县掀起整地植

[1] 转引自湖南省会同县志编纂委员会编：《会同县志》，三联书店 1994 年版，第 418 页。

树高潮，完成造林 47273 亩，其中国营造林 2300 亩，社队集体造林 44973 亩，育苗 500 亩，片大集中，点多面广，数量和质量有较大提高，上半年发放育林基金 95025 元。从 1964—1966 年的三年中每年平均造林 31873.3 亩。[1]

1985 年以前，锦屏县内投入营林生产的资金主要来源于三个方面：一是从采伐国有或集体林木提取的育林基金留县使用部分；二是从林业部门经营木材收入中适当拨付一部分（林工商时期）；三是省、州林业部门从县上缴的育林基金中返还一部分，这部分资金为数甚少，平均只占锦屏县上缴数的 1.85%，营林资金通过制订投资补助标准，直接拨付从事营林生产的农户。造杉木林，每亩补助 8～12 元，抚育每亩补助 1～3 元，育苗每亩 80～120 元。1986 年起引进世界银行信贷资金造林。此时期的造林和抚育实行有偿投资制，每投入 100 元，偿还 1 立方米木材。育苗、开设防火线、营林项目则实行无偿补助。育苗每亩产 120～150 元。1986—1997 年，仅营林公司一家即有偿投入营林生产资金 2372.7 万元，造林 69.58 万亩，其中国家银行林业项目贷款 1645 万元，自筹资金投入 727.7 万元（主要是育林基金）。1991—1997 年，实施世界银行贷款国家造林项目和森林资源发展和保护项目，总计投入资金 1459.37 万元，其中直接投入营林生产资金 1079.73 万元，完成造林 9.7 万亩。1999—2000 年，世界银行贷款贫困地区林业发展项目投入营林资金 310 万元，完成造林 1.36 万亩，该项目计划造林 2.82 万亩，总投资 900 万元，3 年完成。

2000 年启动实施天然林保护工程后，锦屏县的营林生产主要由国家投入资金。“天保”工程建设资金分两大部分，一部分是公益林建设资金，另一部分是政策专项资金。至 2002 年 7 月，国家总计投入锦屏县“天保”工程资金 2017.07 万元，其中公益林建设资金 690.8 万元，政策专项资金 1326.27 万元。公益林建设资金投资项目有 5 个：一是种苗工程项目，国家投资 80 万元，2001 年完成建设任务；二是护林防火项目，投资 20 万元，2000 年实施完毕。[2]开设防火线 200 公里；三是公益林建设项目，投入资金 500.8 万元，2000 年完成人工造林 2.35 万亩，2001 年完成封山育林 8400 亩，2002 年完成封山育林

[1] 转引自邵泽春：《贵州少数民族习惯传研究》，知识产权出版 2007 年版，第 116～118 页。

[2] 锦屏县地方志编纂委员会编：《锦屏县志（1991—2009）》上册，方志出版社 2011 年版，第 443 页。

1.59 万亩；四是杉木采种基地项目，投资 80 万元，建设母树林 0.4 万亩；五是油茶林改造项目，投资 10 万元，改造低产油茶林 500 亩。

2001—2002 年，与“天保”工程项目周期实施的应有生态环境综合治理工程、退耕还林工程、长江中下游防护林体系建设工程（简称“长防工程”）。其中生态环境综合治理工程（农、林、水三部门共同实施）2001 年开始实施。2002 年，国家共投入营林资金 109 万元，生态工程造林 1.57 万亩；退耕还林工程和“长防工程”（建设期 1 年），国家共投入 201.4 万元，完成退耕地造林和退耕荒山造林 1 万亩。世界银行贷款贫困地区林业发展项目投入资金 316.75 万元（该项目总投资 626.75 万元，其中 2000 年投入 310 万元）。

2007 年，经县林业局支付的项目建设资金达 157.76 万元。其中，“天保”工程公益林建设项目支出 18.94 万元，退耕还林工程支出 16.88 万元，森林植被恢复项目支出 121.94 万元。2008 年，经县林业局支付的项目建设资金达 291.01 万元，其中“天保”工程公益林建设支出 15.3 万元，退耕还林工程支付 57.17 万元，森林植被恢复项目支出 184.53 万元，农业发展银行林业专项资金支出 32 万元，育林基金支出 2 万元。另外，“天保”工程项目财政资金支出 463.2 万元，退耕还林工程补助金 373 万元。2009 年，经县林业局支付的项目建设资金 206.07 万元，其中“天保”工程公益林建设项目支出 14 万元，退耕还林工程支出 67.65 万元，森林植被恢复项目支出 80.42 万元，农村发展银行林业专项资金支出 42 万元，育林基金支出 2 万元，“天保”工程项目财政支出 420.20 万元，退耕还林工程补助金 370.47 万元。

六、退耕还林补偿

退耕还林是治理水土流失，改善生态环境，实现可持续发展战略的重大举措，是促进农村产业调整，增加农民收入的有效途径。从 1996 年开始，锦屏县即开展陡坡地退耕还林工作，到 2000 年共退耕还林 1050 亩，这一周期还完成坡改梯土和造田 1.22 万亩。

2000 年 9 月，国务院制定《退耕还林还草试点工作意见》（国发［2000］24 号），这一文件规定，在确定土地所有权和使用权的基础上，实行“谁退耕，谁造林（草）、谁受益”的政策，农民承包的耕地和宜林荒山荒地，植树种草后，承包期一律延长到50年，允许依法继承，转让（贵州省政府黔府发［2000］38号规定，承包期一律延长到60年）；国家给予粮食和现金补助，先按经济林补助5年、生态林补助8年计算，到期后视农民实际收入情况，需补多少年再续补多少年。补助标准是长江上游地区每年每亩补助粮食150公斤、现金20元、种苗费50元，均由中央财政承担；坚持营造生态林为主，且不许自行砍伐，生态林应占80%左右，对超出规定比例的多种经济林，只补助种苗费，不补助粮食。

2002年锦屏县的退耕还林工程在前几年试点的基础上正式启动，当年，黔东南州下达锦屏退耕还林任务10000亩，其中退耕地造林5000亩，宜林荒山造林5000亩，至年底完成退耕地造林5000亩，荒山造林5088.6亩，合计10088.6亩。

2003年，贯彻省政府转发国务院《关于进一步完善退耕还林政策措施的若干意见》（黔府发［2003］13号），对退耕还林钱粮补助办法和在实施过程中遇到的具体问题作出明确规定：（1）关于钱粮补助办法，退耕还林第一年，粮食和现金补助分两次兑付，第一次在完成整地并经县林业管理部门检查验收后兑现50%的粮食补助，第二次待退耕还林验收合格后兑现剩余50%的粮食和20元的现金补助。（2）对依法被征占用退耕还林地的农户，在领取建设单位补偿费的次年起，不再享受退耕还林补助，国家按宜林荒山造林标准补助。（3）凡退耕地属于农业税计税土地，自退耕之年起，对补助粮达到常年产量的，相应调减农业税，合理减少扣除数量。退耕之前的常年产量，按土地退耕前5年的常年产量平均计算。补助给农民的现金不计入补助粮标准。所退耕的原来不是按农业税计税土地的，无论原来产量多少，都不得从补助粮食中扣除农业税。（4）按国家林业局林发［2001］544号文规定，发给退耕还林户林权证。2001年4月，县政府办公室下发《关于进一步做好退耕还林工作的通知》，将退耕还林工作列入各乡镇和有关部门目标责任制管理，从组织制度上保证项目顺利实施。6月，州林业局对锦屏县2000年退耕还林工程施工设计给予批复，当年设计退耕造林5003.3亩，宜林荒山造林4282.8亩，人工促进封山育林5721.3亩。在退耕造林中，营造生态林3980.4亩，占80%；经济林1022.9亩，占20%。工程总投资215.61万元，其中苗木费49.61万元，营造投资 110.88 万元，管护费 55.12 万元。到 2001 年年底，完成退耕地造林 5000 亩，荒山造林 1 万亩。

从 2004 年起，根据国务院办公厅国办发［2004］34 号文件规定，国家无偿向退耕户提供的补助粮食改为现金补助。中央按每公斤粮食（原粮）1.40 计算，包干给省、自治区、直辖市。黔东南州财政局、州粮食局、州农业发展银行即 2002 年起按每 50 公斤粮食补贴 72.78 元，定额包干给锦屏县。对退耕还林补助资金做到专户存储，专款专用；退耕还林面积，补助金数额严格登记造册，张榜公布，接受群众监督。[1]

2006 年 3 月，省财政厅、省林业厅印发《贵州省退耕还林工程荒山造林管护暂行办法》（黔林退通［2006］47 号），根据退耕还林工程荒山造林任务完成情况，省级按照每年每亩 1 元的标准安排荒山造林管护经费，用于支付管护人员报酬，剩余部分用于管护标牌设施和检查验收管护方案编制等支出。退耕还林工程实施 6 年，累计完成 4.41 万亩，其中，退耕地造林 1.65 万亩。荒山造林 2.26 万亩，封山育林 0.50 万亩。到 2006 年统计，工程涉及 15 个乡镇、1 个国有林场、170 个行政村、2833 个农户，惠及人口 1.53 万人。5 年累计完成粮食补助兑现 2250 吨，完成造林种苗补助兑现 197.5 万元，完成粮食折款兑现 1377.35 万元，完成现金生活补助 122 万元。至 2008 年，退耕还林工程共计完成 5.26 万亩，其中，退耕地造林 1.65 万亩，荒山造林 1.88 万亩，封山育林 1.72 万亩。

2003—2006 年，锦屏县退耕还林工程在 2002 年已完成造林 10000 亩的基础上，继续完成退耕还林 30611.1 亩。封山育林 9736.1 亩。2002—2006 年，累计完成粮食补助兑现 2250 吨，完成造林种苗补助兑现 197.50 万元，完成粮食折款兑现 1377.35 万元，完成现金生活补助 122.00 万元，工程涉及 15 个乡镇、1 个国有林场、170 个行政村，惠及 3833 个农户、15300 人。

---

[1] 锦屏县地方志编纂委员会编：《锦屏县志（1991—2009）》上册，方志出版社 2011 年版，第 490 页。

第九章

“清水江文书”在生态文明制度建设中的作用

林业是生态文明建设的关键领域，是生态产品生产的重要阵地，是美丽中国建设的核心元素。

——中国工程院院士沈国舫

中国工程院院士、中国科学院地理科学与资源研究所研究员李文华院士说：“森林是陆地生态系统的主体，对改善生态环境、维持生态平衡、保护人类生存发展的‘基本环境’起着决定性和不可替代的作用，林业在生态建设中具有首要地位。”著名林学家、中国工程院院士沈国舫说：“林业兼有生态建设保护的主体功能和绿色生产的经济功能，是生态文明建设的关键领域，发展林业应该在生态文明建设中占据重要地位。”[1]

一、森林的作用

1998 年，针对长期以来我国天然林资源过度消耗而引起的生态环境恶化的现实，党中央、国务院从我国社会经济可持续发展的战略高度，作出了实施天然林资源保护工程（“天保”工程）的重大决策。该工程旨在通过天然林禁伐和大幅减少商品木材产量，有计划分流安置林区职工等措施，主要是解决我

[1] 转引自刘雄鹰：《建设生态文明，林业勇挑大梁》，《人民日报》2012 年 12 月 12 日。

国天然林的休养生息和恢复发展问题。这项工程包括长江上游、黄河上中游地区和东北、内蒙古等重点国有林区的 17 个省（区、市）的 734 个县和 163 个森工局。长江流域以三峡库区为界的上游 6 个省、市，包括云南、四川、贵州、重庆、湖北、西藏。黔东南属于长江上游，1998 年在黔东南苗族侗族自治州雷山、台江、剑河、黄平启动了“天保”工程试点。在试点成功的基础上，全州除从江县外的 15 县全面实施“天保”工程，坚决停止了天然林采伐，调减了商品采伐指标，因此经济一度下滑，但森林生态得到了很好的恢复。1998 年洪水退去后，中共中央、国务院《关于灾后重建、整治江湖、兴修水利的若干意见》，把“封山植树、退耕还林”放在灾后重建综合措施的首位。1999 年，按照“退耕还林（草）、封山绿化、个体承包、以粮代赈”的政策，四川、陕西、甘肃三省率先启动退耕还林试点。2002 年 1 月，国务院决定全面启动退耕还林工程。工程实施中，国家实行资金和粮食补助制度，按照核定的退耕地还林面积，长江流域及南方地区、黄河流域及北方地区每亩退耕地每年补助原粮分别为 150 公斤和 100 公斤，补助生活费 20 元；还生态林补助 8 年，还经济林补助 5 年，还草补助 2 年。每亩退耕地和宜林荒山荒地一次性补助种苗造林费 50 元。根据宏观经济形势和全国粮食供求关系的变化，从 2004 年开始，国家对退耕还林年度任务进行了结构性调整，调减了退耕地造林任务，增加了荒山荒地造林所占比重。2007 年，国务院研究决定将退耕还林补助政策再延长一个周期，继续对退耕农户给予适当补偿。同时，中央财政安排一定规模的资金，作为巩固退耕还林成果专项资金。[1]

森林作为自然循环经济体，是发展绿色经济的重要基础，对转变发展方式和扩大国内需求意义重大。发展林业有利于逐步摆脱拼资源和能源、以牺牲环境为代价的发展方式，有利于促进经济结构调整和绿色产业发展。很多地方大力发展林下产业和森林游憩业，变“砍树”为“看树”，改变了过去主要依靠生产木材获得经济效益的林业传统发展方式，林业经济正在实现由“砍伐森林树木”向“利用森林环境”的转变。我国集体林区通过林权改革，27 亿亩集体林地成为农民发家致富的新舞台，农业经济正在实现由“耕地为主”向

[1] 《人民日报》2013 年 5 月 14 日，第 8 版。

"耕地林地并重"的转变。[1]不少地方通过科学开发森林资源，使一根翠竹撑起一方经济，一个树种成就一个产业，一处景观带来一片繁荣，区域经济正在实现由"传统发展"到"绿色发展"的转变。发展林业还能够有效解决农民就业增收问题。集体林权制度改革已惠及3亿多农民，受益农户平均获得森林资产近10万元，全国林地每亩产出从2003年的84元，增加到2010年的198元，极大地提高了农民的收入，带动了农村社会消费提升，为扩大内需、促进经济社会持续快速发展增添了强大动力。

林业不但具有显著的经济功能，还有独特的生态、社会和文化功能。在生态危机不断挑战人类生存发展的底线，改善生态成为人们迫切愿望的背景下，我国林业发展承担着建设和保护"三个系统一个多样性"（即森林、湿地、荒漠三个生态系统和生物多样性）的重要职责，直接关系地球和人类的健康长寿。"三个系统一个多样性"的建设和保护是解决生态危机的根本所在，对于保障地球家园的健康长寿极端重要。科学家把森林喻为"地球之肺"，湿地喻为"地球之肾"，荒漠喻为"地球之癌"，生物多样性喻为地球的"免疫系统"。"三个系统一个多样性"在维护地球生态平衡中起着决定性作用，无论哪一个受到损害和破坏，都会影响地球的生态平衡和健康长寿。长期以来，由于对"三个系统一个多样性"的严重破坏，引发了全球气候变化、土地沙化、水土流失、干旱缺水等一系列生态危机，如同病魔一样吞噬着地球的肌体，威胁着人类的生存发展。古巴比伦、古埃及、古印度等人类文明都是因为森林和湿地遭到严重破坏后，随着青山变成秃岭、沃野变成荒漠而衰落。科学家预言，如果森林和湿地从地球上消失，陆地90%的生物将灭绝，全球90%的淡水将流入大海，生物固氮、生物放氧将分别减少90%和60%，地球的健康将恶化到无法根治的地步，人类将彻底失去生存家园。"三个系统一个多样性"是生态产品的主要产地，对于保障每一个人的健康长寿极为重要。森林、湿地、荒漠和生物多样性通过自身功能的有效发挥，生产出维护人类生存发展和保障人们健康长寿的生态产品。主要包括：吸收二氧化碳、放出氧气，吸附粉尘、净化空气，涵养水源、保持水土，提供淡水、净化水质，增加湿度、调节

---

[1] 贾治邦：《把握林业基本属性，推动林业科学发展》，《求是》杂志2011年第3期。

气候，防风固沙、减少噪声等。森林制造的负氧离子被誉为“空气维生素”、“健康长寿素”。四川九寨沟、福建武夷山等地，每立方厘米空气中负氧离子超过1万个，高的达到8万个，因此成为闻名中外的休闲养生胜地。这些生态功能和生态产品，可以改善人的生存环境，调节人的生理机能，促进人的身心健康。

林业作为重要的基础产业和具有特殊功能的公益事业，准确把握林业的基础产业和公益事业两大基本属性，对于推动现代林业科学发展，更好地服务于经济社会发展大局，具有十分重要的意义。“旧闻天下山，半在黔中青。”[1] 近些年来，贵州不断加强生态建设，大力实施天然林保护、退耕还林，防护林建设、石漠化综合治理等重点生态土程，森林面积持续扩大，森林覆盖率提高到42.5%，林业用地面积占全省国土面积的49.8%，成为“两江”上游重要的生态屏障。根据贵州省森林分类区划界定，全省有国家公益林5165万亩，其中4567万亩纳入中央财政补偿，尚有598万亩国有公益林和3750万亩地方公益林未纳入中央财改补偿范围（补偿标准：权属为国有林每年每亩补偿5元，权属为集体林每年每亩补偿10元）。为调动广大农民群众积极性，配合支持做好生态保护，在全国政协十二届一次会议上贵州委员建议，国家应进一步加大对贵州省森林生态建设的投入力度，将未纳入补偿的589万亩国家公益林和3750万亩地方公益林全部纳入中央财政补偿范围，同时大力提高森林生态效益补偿标准。贵州省在大力推进生态建设、改善生态状况的同时，紧紧围绕工业化和城镇化，加强绿色通道建设、城郊绿化、园区绿化和全民义务植树，深入推进森林城市、森林乡村、森林矿区、森林校园创建活动，努力建设山川秀美的多彩贵州。十多年来，贵州森林面积、活立木蓄积量和森林覆盖率同步增长，截至2011年年底，全省森林面积731万多公顷，活立木蓄积3.6亿多立方米，森林覆盖率41.53%。其中森林覆盖率连续10年每年增长一个百分点。长江、珠江生态屏障作用日益凸现，全省林业特色优势基地逐步形成规模。林业在促进地方经济和农民增收中发挥了重要的作用。2008—2012年贵州累计落实林业建设资金145.11亿元，较上一个五年增长46.4%，累计完成营造林

[1] 唐·孟郊《赠黔中王中丞楚》中咏贵州山色和流泉：“旧闻天下山，半在黔中青；又闻天下泉，半在黔中鸣。”

面积120.7万公顷，其中人造林面积55.53万公顷。完成义务植树3.1亿株，较上一个五年增长19.2%，投入专项资金1.34亿元，完成城郊及村寨绿化1.34万公顷。分别较上一个五年增长95%和22.3%，投入绿色通道建设资金7.5亿元，完成绿化面积6.3万公顷，分别较上一个五年增长188.5%和91.8%。有效地改善了城乡生态环境和人居环境。[1]

近些年“清水江文书”的整理与研究在短短的时间里取得了很大的突破，[2] 它在清代、民国时期林业经济发展与传统生态文明建设中的作用被渐渐揭示出来。在清水江中下游地区，古今林业一直占据着十分重要的经济地位。所以，记录和反映该地区经济和社会情况的“清水江文书”本身就具有明显的林业特征与实践特色。从目前发现和收集到的锦屏一带“清水江文书”情况来看，反映林业方面的内容占整个文书总数的70%（其他则为记述和反映农业及其他方面的文书）。“清水江文书”涵盖林业的各个领域和层面，是记载和反映清水江中下游地区林业发展历史的“百科全书”。随着“清水江文书”收集、整理面的扩大，内容会更广泛、深刻，涉及林业经济活动方面的资料也会越来越多。“以古为鉴，可知得失”。“清水江文书”不仅是黔东南苗侗民族宝贵的文化遗产，也填补了中国缺乏反映古代林业经济、生态历史文献的空白。那么，“清水江文书”在今天生态文明制度建设和经济发展中的作用如何？怎样利用这部分不可多得的传统资源为当今林业生态实践服务，是本章研究的重点问题。

二、产权的明确

“有恒产则有恒心，无恒产则无恒心。”森林资源是一种重要的自然资源，也是一种稀缺的自然资源。不论是过去还是今天，林农更加关注森林资源的权属问题，林业产权不明、山界不清是产生山林权属争议的主要原因。

新中国成立后，由于种种原因，林业产权的界定一直不清。“人民公社”

---

[1] 以上具体数字来源于朱江：《森林织就秀美山川》，《当代贵州》2013年第7期。

[2] 截至2011年9月底，黔东南州内锦屏、天柱、黎平、剑河、三穗5县共计收集到的锦屏文书计10.15万余件，其中锦屏县收集到3.8万余件。在原来认为文书稀少的县，如台江、岑巩也发现了大量的契约文书。近年来清水江文书研究的学者们出版著作10余种，发表论文100余篇。

及20世纪60年代初的“四固定”时期，林地的划分权属多从便于行政管理方面考虑，忽视山林的权属问题，有的甚至以手指为界，任意调配；有的与相邻的区、社（乡）、大队（村）互不通气，重复划分等，均为山林纠纷留下隐患。改革开放以来，山林责任到户，经济利益直接显现，过去引而不发的纠纷便集中爆发出来，其中大多数是由于权属不明或权属重叠造成的。这一阶段，黔东南林区联产承包责任制得到落实，部分林地已经分配到各家各户，但林地的所有权和使用权还一直未彻底明晰起来。

我国20世纪80年代初就开始集体林权制度改革试点，1984年曾正式启动了以“林业三定”（稳定山林权属、划定自留山、确定林业生产责任制）为主要内容的集体林权改革。但是，由于老百姓担心政策变化，发生了“山分到哪儿，树就砍到哪儿”的严重问题。于是，集体林权改革被迫紧急“刹车”，致使全国大部分集体山林长期在旧制度下运转。这种体制与机制，导致集体山林管理不善、发展动力不足，久而久之，累积成为整个林业发展的“瓶颈”。比如，锦屏县的林业产权制度虽经多次变迁，但由于种种原因仍然有一部分山林一直没有明确界定产权，或者说这部分山林自“土改”以来一直就是有争议的山林。大致有以下几种情况：

1. 无证山林。一是“土改”时，山林坐落在边远山区，人烟稀少，交通不便，也未进行“土改”分配和核发土地证；二是解放以前长期没有解决的山林纠纷，土改时所没有解决；三是有的人怕成分高，隐瞒未报山林。在“土改”中有大量山林没有确定权属，导致后来争议不休。

2. 山林四至不明，界线不清。有些山林虽登记，但土地证上所填写的林地坐落和四至不明确，有的填写林地坐落山名，但四至笼统地填写，诸如“左至岭、右至冲”等，致使山林“四至”界线不清，上下左右（黔东南不太使用东南西北）的位置没有明确的界址，没有永久性标志。加上林地情况复杂，有些人为了侵占他人林地，故意扩大“四至”，甚至用“移花接木”的手法，把坐落在其他林地的土地证拿来作为争山的依据。[1]

3. 重复分配山林。由于“土改”填发土地证时一般只是根据个人自报登

---

[1] 李雪岩、周建新、龙耀：《广西土地山林权属纠纷分析》，《广西林业》2005年第3期，第17页。

记，没有上山查核，原山主和原耕农双方都自报登记，对同一林地几家同时都拥有土改确权的凭证，导致林地重复分配，形成了“一山多主”，由此产生山林纠纷。

4. 共有山林。有些林地在土地改革中成为多户所有，行政村划分后，这些业主分属几个村，但是因为土地证上没写具体“四至”，山上没有具体界址，于是发生纠纷。

5. 没收征收不当。土地改革中把不该没收、征收的山林加以没收、征收并且进行分配，从而引起林农对这些山林权属争议不休。

6. 林农房前屋后、宅基地上的树木，按规定属社员私人所有，不办理林木折价入社。但后来在公社化运动中，统统收归集体所有，由于没有办理折价入社，因此有些山林所有权归属不清。

7. 在公社化前夕，大多数国有林场兴办，划进了一部分集体所有山林，但是很多地方没有办理手续，造成林场经营的山林边界不清，山林权属争议很多。

锦屏县林业用地面积 189.8 万亩，其中，集体林地面积 188.4 万亩，占 99.26%，国有林面积 1.4 万亩，仅占 0.74%。[1] 林业“三定”后，形成以家庭经营为主的经营体制，实现了土地所有权与经营权的分离。按我国法律规定，农村集体林区的林地属于集体所有，林地承包经营者仅有使用权。从表面上看，林地产权的权能清晰，实际上无论是林地产权的所有权权能，还是林地产权的使用权权能都很模糊。在林地产权的所有权方面，至今具有土地所有权的集体尚不能真正行使林地处置权，表现在集体没有完全林地所有权的收益权，国家通过高额税费和木材收购的垄断经营，从林农那里拿走绝大部分土地经济活动的收益。在林地产权的使用权方面，林地所有权与其使用权也没有完全明确契约关系，林地使用权也不是真正完全意义上的林地使用权，林地经营使用权受到国家的行政干预。森林产权同样存在界定不清的问题，同时森林产权的经营也经常受到约束，如林木限额采伐、“天保”工程等。因此，森林产权的所有者也就不能享有真正意义上对森林占有、使用、收益和处置（分）

[1] 锦屏县人民政府：《立足县情理清思路，扎实推进深化集体林权制度改革试点工作》（内部资料）第 8 页，2007 年 5 月 21 日。

的权利。

2003年，党中央和国务院《关于加快林业发展的决定》，对集体林权制度改革作出了全面部署。2006年，继中央“1号文件”明确提出林权制度改革之后，十届全国人大四次会议审议并通过的《国民经济和社会发展第十一个五年规划纲要》，在深化农村改革部分增加了“稳步推进集体林权改革”等内容，我国集体林权制度改革在总结各地试点经验的基础上，逐步全面推开。这次林权改革，是要通过所有权和经营权的分离，实现“产权归属清晰、经营主体落实、责权划分明确、利益保障严格、流转顺畅规范、监管服务到位”的现代林业产权制度，其核心是“山有其主，主有其权，权有其责，责有其利”，实现“山定权、树定根、人定心”，建立起适应市场经济环境、有利于促进集体林业发展的新体制和新机制。[1]

我国集体林权制度改革经历了不断深化的过程，截至2012年年底，全国确权的集体林地27亿亩，占集体林地总面积的97.7%，发证面积占确权林地的95.5%，8949万农户拿到林权证，基本落实了农民家庭承包经营权，集体林权制度主体改革基本完成。据国家林业局局长赵树丛介绍，集体林权制度配套改革深入推进，2012年国家出台了《国务院办公厅关于加快林下经济发展的意见》，使林下经济蓬勃发展，产值达2300多亿元，有力地促进了农民就业增收，重点林业县农民林业收入占人均总收入的比例达到50%以上。目前全国共建立农民林业专项合作组织10.77万个，林权管理服务机构1435个，林权流转逐步规范，林权保护管理体系日益完善。森林保险投保面积14亿亩，林权抵押贷款余额达676亿元。下一步，我国将启动国家木材战略储备基地建设等工程，着力构建国土生态空间规划、重大生态修复工程、生态产品生产等六大体系，全面提升生态林业和民生林业发展水平。[2]

此时我们回看“清水江文书”会体味更深的意义。“清水江文书”中林业类契约文书大致可以分为山林土地所有权的买卖活动文书、佃山造林合同文书、林业管理文书、木材等林产品经营和利益分成合同文书、林业纠纷调解和诉讼文书。这些林业类的契约文书的最大功用是明晰人们在林业经济活动中的

---

[1] 徐晓光、李向玉：《人定心、地定权、树定根》，《贵州日报》2010年9月20日。

[2] 《人民日报》2012年12月27日。

权利，规范人们的行为，调整人们的经济利益关系，维护人们的合法利益。如，在占林业类契约文书最大比例的山林土地买卖契约文书中，就把山林土地的地名、来源、四至、包含物、买卖因由、中证、价格、买卖双方的权利义务、事后追责以及其他需要说明的事项都罗列清楚；佃山造林类契约文书中，就包括山场的地名、来源、四至、佃者因由、中介、所栽树种、间作粮种、成林时间、主佃双方的权利和义务、所栽林木的利益分配比例等；林业管理类文书则大多体现在乡规民约和佃山造林合同文书中，这类文书通常对造林、幼林管理、成林管理、林间作物管理等都有规定，如有的佃山造林契约文书对佃户栽何林种、幼林间种何种作物、锄抚几年、刀抚几年、成林后的防盗、接待外面生人等都有具体规定；林业纠纷调解和诉讼文书则包括村寨间当事者双方自然领袖、各级官府对各种利益纠纷调解和判决的文件。在山林买卖契约文书中，其内容比20世纪80年代以来各个时期政府部门颁发给林农或集体的“林权证”和“山林管理证”的内容丰富。同样，佃山造林（即股份合作造林）合同文书也比20世纪80年代以来集体与集体、集体与个人、个人与个人所签订的造林合同具体细致得多。[1] 有的重要契约文书还被镌刻在石碑上，要求人们“永远遵守”，成为永远的历史记忆。

清代民国民间大量的林业契约较全面、集中地调整了人们在社会物质资料生产过程中的社会关系和经济关系，我们不难看到这一时代林业发展的状况、林业运作的方式和林业管理的办法。清水江林业契约所载林地、林木来源明晰，林地四至清楚，双方责权利分明，除了签约主体，还有中人和书契人作证。为了体现责任，有的契约后面还写着如有林地林木“来历不明，俱在卖主理落，与买主无关”的字样。为了体现契约的严肃性，有些山地买卖契约在后边还分别附上了这样的誓言：“一卖万了，父卖子休，如花落地，永不归枝。”“不得翻悔，如有翻悔，罚生金一两，龙角一双，上凭天理，下凭地神。”或“一卖一了，父卖子休，高坡滚石，永不回头，绝根扫断，寸土不留。”契约的严肃性要靠所有权的稳定来实现。

自1990年起，“清水江文书”保存最多的锦屏县被中共贵州省委、贵州

---

[1] 王宗勋：《浅谈锦屏文书在促进林业经济发展和生态文明建设中的作用》，《贵州大学学报》2012年第5期。

省人民政府列为贵州省集体林区林业改革试点县，至2007年，先后进行了三轮林业体制改革试验，旨在打破20世纪50年代中期以来形成的产权模糊、权利不清的林业生产管理大集体制，明晰林业产权，调动林农的生产积极性，进而推动林业的大发展。做到“山有其主，主有其权，权有其责，责有其利”，广大林农乐于接受，从而使改革顺利进行。在改革的诸多办法和措施中，有相当部分是借鉴了清水江文书中所体现的明晰产权和林业生产过程中责、权、利相统一的经验和做法。锦屏每次进行的林业体制改革和所取得的成绩以及经验都受到省委、省政府以及中央有关部门的高度重视，2003年6月，中共中央、国务院联合下发的《关于加快林业发展的决定》（中发［2003］9号）中就有28处不指名引用锦屏林业改革的经验和做法。比如，很多年来由于管理不善，特别是“文革”期间，山林档案被销毁，见证人大多已去世，还在世的知情人只有极少数，或年老多病，或与当事人一方有利害关系，提供的证据模糊或带有片面性，加之“四固定”时，山林边界由大队和生产队商定，有的只有会议记录，有的是口头划定，大多没有完整的档案资料，以致纠纷不断。锦屏县在林权改革中结合传统习惯法中解决林业纠纷的一些经验，提出了“四不出”原则。一是遵循即户与户纠纷不出组，组与组纠纷不出村，村与村纠纷不出乡，乡与乡纠纷不出县。二是遵循“一走两不走”原则。对涉及外村的纠纷，尽可能说服村民“走群众路线，不走行政诉讼，不走司法程序”。三是遵循“四老出面”原则，即邀请熟悉情况的老党员、老村干、老林农、寨老参与林改工作。全县由群众自行调处的林业纠纷达1130起，占调处总数1190起的95%。在这次改革中清水江契约文书在确认土地所有权上起到了作用。[1]

三、人工林的性质

我国法律长期将森林与矿藏、水流、草原同列为自然资源，但森林资源与其他资源的不同之处是它具有能够再生的特点，人们可以在利用森林资源后，还能继续种植。从一定意义上说，人工林已不再属于“自然资源”，而早已是

[1] 徐晓光、龙泽江：《对黔东南集体林权改革的调查与思考》，《西南民族大学学报》2009年第6期。

"社会商品资源"之一，虽然它具有"自然属性"的特征，但完全不同于矿藏、河流、荒山等其他自然资源，它可以通过人类的劳动创造而再生，反过来为人类造福。但在我国制定自然资源法时，是把所有森林视为纯天然林，而没有注意到在近500年来，苗侗地区的森林一直是人工造林而不是自然林这一客观事实。[1] 新中国成立后，我国在宣布天然林业资源为国有的同时，忽视了人工林与天然林的界限，把黔桂湘边区的人工用材林视为天然林。这一决策上的错误，不仅限制了这一地区的人工林业的发展，同时也造成对该地区宜林地产权和经营权理解上的偏误。长期以来，我们把这一地区的人工林视为天然林，宜林地视为无主山地，导致苗族侗族地区宜林地的产权关系长期在政策和法律上得不到正确的反映。由于对传统人工林的错误定位，把"人工森林"定位为"自然资源"属于"全民所有或集体所有"，导致了对森林资源的"哄抢风"和"分利风"，使森林资源变成人人"见股有份"，并成为可以随意索取的目标，也是这一地区林业纠纷多发的重要原因。另一个问题是，国家对林区实行的"高额税费"政策，政府对林区层层下达税费任务指标，层层索取红利，无法让森林"休养生息"和"少取多予"，更无力进行营林再生产。在这种错误的认识下，林区的生态效益不计酬，木材价格基本不计成本，尤其是计划经济时期消耗的大部分森林资源，给林区可持续发展造成亏空，这种亏空又必须由林业县在现今市场经济条件下负债补偿。而林业生产投入回报率低，付出多、获取少的长期历史积淀，导致林区经济的贫困。我国有关法律应该明确将"人工林"的性质加以认定，这有利于保护林区和林农的劳动成果，调动他们营林的积极性和创造性，体现法律的客观性、公正性和权威性，从而更好地强化对林业的投入和管理。如前所述，明末清初由于过度砍伐，山林面临空竭后，同时以木材为主的商品经济持续繁荣，木材资源的消耗年胜一年，呈现严重的滑坡趋势，连台江巴拉河、黎平八舟河等清水江上段的支流，都有了木商的足迹，在这两个地方至今还保存着商人的"窨子屋"。为了保证林业的长盛不衰和林业资源的永续利用，清水江干流林区的少数民族在长期的生产实际中，不断积累经验，探索出了栽种速生林的新技术，这给大量占用山地的地主

[1] 参见杨庭硕、田红：《本土生态知识引论》，民族出版社2010年版，第260页。

提供了发展山林租佃关系的有利条件。清水江林业生产的优势，吸引外县、外省的商人接踵而至，农民也来此地佃山种树，苗族和侗族人民通过长期的开山植栽和分山管护，并订立了大量的保护林木的具体、可行的规范，几十年后又再生了大片人工森林，使生态得到了恢复。到了嘉庆、道光年间，林木买卖契约骤然增多，说明林木买卖的频繁，这些都在清水江文书中得到充分的反映。应该说这是森林的“社会属性”取代了“自然属性”，人工林的社会属性的出现，消解和取代原有森林的自然属性。正因为如此，森林的“社会属性”和“商品属性”在清朝到民国时期被发挥得淋漓尽致。客观上人工林的兴起，加强了地区间和民族间的经济与文化的交流，对于保护生态环境，发展林业生产，促进文化进步，加强民族团结，都具有不可磨灭的功绩。[1]

新中国成立前贵州森林以及宜林地基本上是由当地少数民族直接领有、直接经营。有的自己消费，有的则通过族际关系转换为商品。因森林权属不明而导致的乱砍滥伐、纵火焚烧的现象极为罕见。新中国成立初所实行的土地改革，由于不了解贵州省不少地区已经是人工林区，没有针对森林进行妥善的产权处理，政府仅解决了耕地的产权问题，以后的法律中规定森林属国家所有，人工林区的产权问题随之脱控，非人工育林区的森林虽然明文规定为国家所有，但因为国家没有力量直接经营，实际上也处于脱控状态。这样一来，人工林原先的业主不可能绕开法律的规定行使经营管理权，而国家也管不过来，以致在以后的各次运动中任何人都可以凭借哪一级行政命令动用森林资源，既不付任何代价，又不承担任何责任，大面积的森林破坏由此产生。20世纪50年代初，少数民族干部还没有成长起来，外来的汉族干部又不了解林权的沿革情况，更不了解各民族林权的归属状况。实行计划经济后，森林产权法律上规定为国家所有，但实际的森林支配权却是人民公社和各级行政干部，以致在20世纪50年代末的“三面红旗”浪潮中为大炼钢铁需要成片地毁林炼铁，没有炼铁的地方，也任意滥砍滥伐，为炼铁提供原料。随着这个运动过去，这些滥伐的原木在森林中腐烂。更严重的是，由于人民公社的所有权经过多次调整，从县联社到以队为基础，森林产权随之不断变化主管人。大炼钢铁中劫后余生

---

[1] 详见杨有庚：《清代清水江林区苗族山林租佃关系》，贵州省民族研究所、贵州省民族研究会编：《贵州民族调查》（之七）1990年（内部印刷）。

的森林，也由于主管人的变化而消耗殆尽，从此造成了年年植树造林，年年不见森林面积扩大的局面，最有代表性的当属黔东南人工林区。[1]

历史的经验提醒我们，不应该不切实际地把公益林和商品林截然划死，商品林有经济效益，也有生态效益。公益林有生态效益，也有经济效益。特别是黔东南这样土地条件好、植被恢复快的传统商品林区，更不要把公益林划得太大，全州公益林控制在30%就行了。少数县立地条件稍差的可适当把比例划大一点，土地条件好的县比例可再小一点。可以采取各种措施，多造一些生态效益、经济效益皆好的树种、林种，以收获两种效益，如野核桃林、油茶林、楠竹林、优质果木林等。

人工林具有很强的恢复生态的功能，清水江流域的各民族在长期生产和生活实践中积累了人工林业的经验，并影响了周边省区人工林的种植技术。这些都说明不同的民族及其文化都是可以稳态传承的动态实体，而且任何一种民族文化都具有能动创新、能动适应的禀赋。也就是说，每个民族，哪怕是最弱小的民族都不缺乏自我创新的能力和适应的禀赋；如果要与贫困作战的话，由于民族文化具有功能性，肯定可以在其间发挥积极作用。为了调动这种积极性，任何政策关键是激活各民族文化的创新潜力。比如，“退耕还林”要求退出耕地与植树同步进行，每次项目选择，如果所种树种失误都给农民带来经济损失，农民就得苦熬多年。这都是由于没有考虑到这些被引种的苗木是否适合当地的自然与生态背景。如在黔东南，鼓励苗族侗族人民从事油茶种植，不仅不愁森林不能恢复，而且也不必担心外来物种，无须为他们的脱贫犯愁，国家也无须投入巨额的资金去雇人植树造林，因为各族居民都具有与油茶林抚育相关的本土生态知识、技术与技能，在加快“退耕还林”的速度上具有无法替代的优势。经济的运行、社会的发展本身就是民族文化的有机组成部分，社会经济的发展总是在特定的民族文化规约下才能得以实现，并健康稳态进行。抛开民族文化，一味地去追求现代化、追求高科技、追求短期的高效益而获得的社会经济发展并不能生根，其根基也是不牢固的。

生物多样性是经济和社会持续、稳定发展的基础。以前我们的政策上有两

---

[1] 参见杨庭硕：《相际经营原理——跨民族经济活动的理论与实践》，贵州民族出版社1995年版，第447~448页。

个不合理的现象，即一方面把生态建设与资源利用彻底剥离开来，这就导致在生态建设中，林农种树越种越穷，没有积极性；另一方面认为只有现代科技才是治理生态灾变的最佳手段。搞生态建设必需引进外来先进技术，而当地各民族的本土生态知识、技术与技能是落后、低下的，是不能承担生态建设任务的。如此一来，当地各民族本土生态知识、技术、技能被长期冷落。近年来，通过众多民族学家的不断努力，各民族的本土知识、技术与技能得到了不断的挖掘、整理和解读，证明了各民族的本土生态知识、技术与技能不仅不是落后的代名词，而且还能帮助我们解决已经露头的生态灾变，也可以发现还没有露头的生态问题。[1] 前述，对黎平县黄岗村的侗族人来说，他们对森林资源并不拒绝使用，而是有节制地使用，而且这种控制模式对解决当前我国西南民族地区实施“退耕还林”后所引发的发展与生态环境维护之间的矛盾有着重要的借鉴价值。发展与生态环境保护之间的矛盾，在清水江流域存在，任何一个民族都不会拒绝本民族的发展。但是任何发展模式的引进不能超出主体民族文化所能承受的范围。如果发展的模式超过了民族文化的技术层面、社会组织层面和观念层面所能控制的范围，就会引发一系列想象不到的负面后果。因为文化是一个整体，任何一个文化要素的改变，都会引起其他文化要素的变化，各民族长期所建构起来的文化动态平衡就会被打破。“一刀切”的“退耕还林”政策的目的是为了当地人的发展与生态保护，但由于没有兼顾各地的文化和生态背景差异，因而所暴露出来的发展与保护之间的问题就无法用一种方法来解决。要解决此类问题，首先应当尊重和保护当地的民族文化和传统生态知识，并在该民族文化可控制的范围内，鼓励和支持当地居民在利用资源的过程中实施保护。

四、信任的可贵

清水江沿岸的木材交易中心在明末时是湖南的托口，清初的时候转到天柱的远口坌处、三门塘等地，到清朝中期时才形成卦治、王寨、茅坪三寨“当江”，即所谓“内三江”，所以说“木市”是因为全国各地木商追逐木材而形

[1] 杨庭硕、田红：《本土生态知识引论》，民族出版社2012年版，第2页。

成的，也可以说是根据木材的有无决定本市的兴衰。形成“内三江”的原因应该是：一、锦屏一带木材富集，地势有利，采运便利，而天柱一带“素不产木植”，在这里“开市”，会加大木材交易成本；二是三寨苗人本系黑苗同类，语言相通，性情相习。也就是说他们与领用天然林或部分人工林的高山苗族语言相通，性情相近，沟通便利；三是这些人比较诚信，这一点最为重要。清嘉庆六年（1801 年）卦治人镌刻于石碑的一则官府公告：“照得黔省黎平府地处深山，山产木植，历系附近黑苗陆续采取，运至茅坪、王寨、卦治三处地方交易。该三寨苗人，邀同黑苗、客商三面议价，估着银色。交易后，黑苗携解回家，商人将木植即托三寨苗人照夫。而三寨苗人本系黑苗同类，语言相通，性情相习。客商投宿三寨，房租、水火、看守、扎排以及人工杂费，向例角银一两给银四分，三寨穷苗借以养膳，故不敢稍有欺诈，自绝生理。”❶ 这最后一句话说到了根本。

为什么会有这句话？应该有其历史原因，我们还是借助碑刻资料进行探讨。在清水江下游坌处镇清浪村地冲滩，有一块刊刻于清朝道光八年的古碑。❷ 该碑至少告诉我们两个方面的历史文化信息：一、清水江“内三江”木材垄断市场在康熙二十四年（1685 年）之后形成；二、“外三江”在争江过程中败诉，而且败得很惨，受到国法严厉制裁。康熙四十六年（1707 年），出于对“内三江”为核心的垄断市场的抵制，由天柱坌处下到湖南托口，沿江十八个村寨设立十八道关卡，史称“十八关”，木排下运过境，强行“抽江”收税。每关抽九两，才准木材通过。由于湖南木商伍定祥赴长沙控告，经湖南巡抚衙门下令禁革，清水江才恢复通商。这些事情肯定引起朝廷的不满。

“清水江文书”是封建林业商品经济高度发展的产物，它遵循和反映了该流域地区林业生产的客观规律，其中林业契约对林业生产的发展起到了极大的促进作用。列维斯和维加尔特认为：理性与情感是人际信任中的两个重要维度，分别表现为认知型信任和情感型信任，日常生活中的人际信任大多是掺杂着不同程度的理性和情感的信任。信任是在理性与感性之间寻找平衡，体现了

---

❶ 《卦治木材贸易碑》，载姚炽昌选辑点校，锦屏县政协、县志办编：《锦屏碑文选辑》，第 42 页。

❷ 该碑位于天柱县与锦屏县交界的杨渡角之下。碑高 4 尺，宽 2 尺，共 341 字，是迄今为止在“外三江”发现的唯一的内、外三江争夺木材采运及其市场过程的碑刻，因碑无名，遂命名为“清浪碑”。

信任的灵活性。理性信任和感性信任从根本上呈现对立，理性信任中双方都是精明的计算者，通过权衡自己的成本—收益来选择是否信任对方。一旦一方违约，可以动用停止合作的私人性惩罚、降低其声誉的社会性惩罚和规章明细的制度性惩罚等方式，对违约者进行惩罚。而感性信任的建立则是在不确定的情形下，向对方暴露自己的薄弱点，愿意将自己的资源和权利让渡给对方，从而将自己置于可能被利用的境地，这种信任以社会交换理论和互惠理论为构建基础。[1]“清水江文书”不乏理性与情感之间人际信任中的两个重要维度。在清水江流域林业开发之初，苗侗人民刚刚走出封闭的自然经济社会，在人们的思想道德上都还残留有浓重的原生态的纯朴性，大多数人心中都具有原始的诚信。如“田地辗转买卖，并无册籍可考，买者不知田从何来，卖者不知田向何去”。[2] 据《苗族社会历史调查》记载，黔东南苗族人租田手续很简单，不交押金，不请中人，只是双方口头约定即成。[3]“在百年前无人识字，对田地的买卖，全凭中人之口舌证明，卖户不立字，买主无证凭，仅讲忠实信用而已。”[4] 直到嘉庆时期，清水江流域林业经济已经兴盛，但在商业交往中少数民族还保持着很多淳朴的诚信习惯。据《百苗图》“黑仲家”条记载：“在清江所属，以种树为业，其寨多富。汉人（与之往来）熟识，可以富户作保，出树木合伙生理。或借贷经商，不能如期纳还，不妨直告以故，即致亏折，可以再行添借。”[5] 但也有刚刚在商海中获得利益成为暴发户的农民，他们不太懂得商品经济中互利互惠、以诚信经商的道理，往往为富不仁，巧取豪夺，甚至采用暴力、诬陷、欺诈、毁约等手段，攫取非法经济利益。“姚百万”家族的兴衰就充分说明了这个道理。

在清代，契约有“红契”和“白契”之分。“清水江文书”纸质契约之中红契极少，白契大量存在。所谓“红契”，即送到官府交了税，盖了官府大红印的契约。所谓“白契”，即民间不交税、不经过官府盖大红印的契约，又叫

---

[1] 转引自洪名勇、钱龙：《多学科视角下的信任及信任机制研究》，《江西社会科学》2013 年第 1 期。

[2] 转引自张应强：《民间文书〈均摊全案〉介说》，《华南研究资料研究中心通讯》2003 年第 1 期。

[3] 贵州省编写组：《苗族社会历史调查》，贵州民族出版社 1988 年版，第 72 页。

[4] 石启贵：《湘西苗族实地调查报告》（增订版），湖南人民出版社 2002 年版，第 115 页。

[5] 李汉林：《百苗图校注》，贵州民族出版社 2001 年版，第 171 页。

“见不得官”的契约。锦屏现已征集到的林业契约90%以上是“白契”，“红契”只占不到10%。旧时代的林农也是要算计的，任何生产都得降低成本，“红契”成本高，交税得花钱，自己受不了。即使发生山林权属纠纷，也不走司法程序，大多在民间调解，调解的依据就是“白契”。在那时，大量的“白契”维护着林区的安定与和谐。这种契约只要主体双方有意，随时都可踏勘现场，随时都可谈判，随时都可签约，随时都可成交。其运行简便快捷、高诚信、低成本，体现了“计算性”诚信的要素。“感情性”诚信在清水江木材交易活动中就更明显了，苗族侗族社会有互助互惠的传统，谁家有盖房、结婚、生子等事，全村都来帮忙，侗族的“歌班”本身就是互助组织。这些传统习惯都会转化成林业经营中的“互助”，特别是家族内股份制经营模式，资金可以在整个家族融资。林区有一套完整的履约机制在发挥其作用，反映了清水江流域有其独特的信用机制的存在。如林地产权的流转的履约，就有基于信任的履约、基于中人的履约和基于担保的履约等。[1] 在村落社会中人们之间发生经济关系，一旦签订了契约文书之后，无须顾忌对方违反而会产生与主观愿望相违背的不良结果。于是就形成了良好的经济和信任环境，人们从事山林土地买卖和林业生产都不会有后顾之忧，都能较安心地经营管理自己的山林土地，享受自己的劳动成果。[2] 有了这样的具体规定之后，主佃双方都不会轻易地违背己诺，以致合作双方的利益都得到较好的维护和保证。这些契约在清水江下游村落社会发挥着重要的作用，不但规范着当地苗侗人民的民事行为，也约束了外来“棚户”、客商等在这块土地上的民事交往。

在契约文书中，还有许多“款约”。在清水江流域民间制度文化中称得上“款约”的东西，实际上在制定时就引进了信用保证机制，要举行一定的仪式，通过发誓，保证不折不扣地执行，并甘愿承担违犯的惩罚结果，甚至是神的惩罚。如本书第六章提到的黄岗村“严禁出卖土地于外人修建坟墓碑”，第一句话就是“立此条规为七百大小村寨齐集开会盟誓公议合志同心事”，这就在参加缔约和盟誓人群之间建立了“诚信约束”机制。

---

❶ 详见洪名勇：《清水江流域林地产权流转制度研究——基于清水江林业契约的分析》，《林业经济》2012年第1期。

❷ 2013年5月11日，笔者对黔东南锦屏县文史办主任、本土学者王宗勋先生的调查笔录。

五、契约管理的重要

“清水江文书”本身即是最大的契约习惯法体系，数量庞大，内容极为丰富，涉及林业经济活动的方方面面，它规范了人们在经济活动中的行为，充分体现了人们在经济活动中的责任、权利及义务，维护了大多数人的合法利益。山林土地所有权的买卖、佃山造林的进行、林业收入利益的分配、林业的管理等，无不用契约文书形式具体而明确地规定下来。特别是因为林业生产周期长，需要等20多年甚至更长的时间方才享受其利，所以，人们在从事林业经营活动之前，就必须是“契约在先”。在这一地区，人们买卖林木和栽育林木的山场土地、合伙营造新林、合作经营木材、分配林业成果等活动中，无不先签订契约文书，尤其是山林土地买卖和合作造林等涉及不动产和长期利益的活动。在契约文书中，既对各方的利益予以充分的体现，也对各方的行为予以具体的规范和约束。

“清水江文书”的最大功用是规范人们的经济行为和社会行为，明确人们在林业等经济活动中应该做什么、不应该做什么，应该如何去做、如何获取利益。例如，山林土地买卖契约文书，要求卖者清楚说明所出卖山林土地的来历和四至，不得存在任何权属不明等问题；银、契两下交割之后，卖者即放弃该山林土地的所有权利，而且同时还必须将此前形成与该山林土地有关联的契约文书悉数交给买者，该山林土地任由买者处置，卖者不得再有任何主张。为了避免因卖者隐瞒权属真实情况而可能导致的权属纷争，很多契约文书都特别加上“如有出业不清，俱在卖者理落，不关买者之事”之类的申明。再如，在佃山契约中，首先要求山主的山场来源清楚、四至清楚，其次规定栽手在山场内栽什么树、间种什么粮、树木几年成林。其三是明确主佃双方的利益分配比例。有的佃契甚至详细到佃户要怎样管护林木、不能引生人进山进寨做影响林业安全和社会治安的事情等。尽管林业生产周期很长，但由于有契约文书的保证，从而实现了林业生产上权、责、利三方面的有机统一，使利益的各方面都吃下了“定心丸”，都有盼头，而且最终都能实现。于是，人们都相信契约文书，并乐于遵守和履行，久而久之便形成公序良习。在这种契约习惯法的作用下，林业经济得到持续健康的发展。

清水江过去几百年林业生产、木材生产的全过程都在农村进行，没有林业局，政府只管在木材流通环节的收税。这种状况一直延续到新中国成立，还给我们留下一大笔森林资产。现在应实现村民自治管理林业，当然是村民委员会和全体村民的责任，主要是管好本村范围内的林地及其所有权、承包给各农户的林地经营权及其林木所有权。[1] 各级政府及其林业主管部门应根据其职能，按照自然、社会、经济三大规律对林业实行“无为而治”，这不是不管不治，而是只管宏观，只管方针政策，只管依法治林，只管科技兴林，只管提供必要的服务。这三权所体现的都是林业的生产要素。要素要经常流转、流通才能不断形成新的林业生产力。生产要素要流转、流通，就得有市场，而市场没有界限，对内对外一致。因此，村里还得管理村级林业生产要素的依法流转、流通，流转、流通的载体最好采用几百年来广大林农所喜闻乐见的林业契约。这不是复制，更不是倒退，而是借用过去的形式，装进当今的内容，这将大大降低管理成本和运营成本，实现高效林业。

过去我们在认识上过分地强调了林业之于其他产业的特殊性，在一定程度上忽视了自然、社会、经济三大规律的共同性，导致对林业统得过多，管得过细，捏得过死，缺乏活力。随之也带来林业管理上、运营上的高成本。最可怕的是在一定程度上造成了两种社会心理：政府和林业部门对林农不放心，而林农对政府和林业部门不信任。既然是集体林区，就要和现行的法律法规配套。按《中华人民共和国村民委员会组织法》，林业应实行村民自治，既然在行政上村级实行村民自治，在林业上林业局就不必一管到底。在这方面，平略镇岑梧村是一个典型。该村村民多为清代外来的移民后代，祖祖辈辈在此开坎造田，挖山植树，林业契约管理一直延续到现在。村内除了寨子、学校、田土、道路，山岭全为杉林所覆盖。岑梧也曾根据各家各户的林业契约把林地集中起来办过林场，但因管理不善很快下马，各家各户依然按原契约进行经营管理。

清水江流域为什么留存那么多旧的林业契约？不是他们对历代旧政权有什么好感，而是对曾经创造过林业辉煌的经营管理方式、运行模式有着深深的怀念。令人遗憾的是自合作化、公社化田土、山林“归大队”后，林业契约被

---

[1] 单洪根、龙泽江：《林业契约与林权改革》，《林业经济》2010 年第 8 期。

人为废弃，改革开放后，又为各种林业合同、林业协议所代替。将林业契约和现行的各种林业合同、林业协议相比，在内容和形式上虽无本质区别，但契约除了主体双方，都还有执笔人和做证人的签字甚至盟誓，使契约显得更慎重、更严肃、更有诚意。而合同、协议一般都只有甲、乙主体双方的签字，信誉度没有契约高。

1999 年 10 月 1 日开始实施的《中华人民共和国合同法》专门列了“买卖合同”、“租赁合同”两章，其法律条文规定得更细致、更精准。这是指导我们用林业契约管好林业的法律准则，对健全和完善新形势下的林业契约大有好处。与明清、民国时期相比，人口与资源的矛盾更突出了，生态安全、环境保护的任务更重，林业契约管理的作用会更大。每个人都严格遵守契约规定，约束自己的行为，履行自己的责任和义务，努力争取和实现自己的权利，于是就形成了诚信守约的大环境。正因为如此，人们在管理好自己的山林、实现自己的经济利益的同时，也就推动了整个地区林业经济的发展，很好地保护了生态环境。据锦屏县山林土地权属纠纷调处办公室的工作人员介绍，锦屏县敦寨镇和湖南省靖州县藕团乡交界的九南、云亮、色界康头、老里、营寨等十多个村是利用契约文书管理山林土地最典型的乡镇。自清末以来的一百多年间，这里一直严格按契约制度来管理山林田地，所以尽管山场广袤，但却极少发生山林土地权属纷争和山林火灾现象，至今两县毗邻地带是森林植被最好的地区之一，还保存有大面积的原始森林。20 世纪 90 年代中期两县进行县界勘定时，此段工作开展得最快、最好。可以说，锦屏文书是清水江中下游地区先民们在长期的林业生产过程中不断探索林业契约管理经验的结果，是他们聪明和智慧的结晶。[1]

[1] 王宗勋：《浅谈锦屏文书在促进林业经济发展和生态文明建设中的作用》，《贵州大学学报》2012 年第 5 期。

参考文献

一、历史文献

[1]（宋）朱辅．溪蛮丛笑［M］．清顺治四年刻本，贵州省图书馆藏．

[2] 明实录·神宗万历实录．

[3] 明史·土司传．

[4] 清史稿·张广泗传．

[5] 四川通志·食货志·木政．

[6]（清）俞渭修，陈瑜撰．黎平府志［M］．光绪十八年黎平府志局刻本．

[7]（清）爱必达撰，杜文铎点校．黔南识略·黔南职方纪略［M］．贵阳：贵州人民出版社，1992．

[8] 贵州省编辑组：侗族社会历史调查［M］．贵阳：贵州民族出版社，1988．

[9]［日］唐立，杨有庚，武内房司．贵州苗族林业契约文书汇编（1736—1950）［G］．东京：东京外国语大学亚洲非洲语言文化研究所（AA 研）2003 年内部印刷．

[10] 张应强，王宗勋．清水江文书：第 1 ~ 3 集，共 31 册［M］．桂林：广西师范大学出版社，2007、2009、2011．

[11] 陈金全，杜万华编．贵州文斗寨苗族契约法律文书汇编——姜元泽家藏契约文书［M］．北京：人民出版社，2008．

[12] 张子刚收集整理．从江古今乡规民约从江历代告示实录［M］．北京：中国科学技术出版社，2013．

[13] 高聪，谭洪沛．贵州清水江流域明清土司契约文书："九南篇"［M］．北京：民族出版社，2013．

[14] 从江县政协．从江石刻资料汇编［G］．张子刚收集整理．（内部印刷）．

[15] 锦屏县政协，县志办．锦屏碑文选辑［G］．姚炽昌选辑，点校．1997年内部印刷；王宗勋，杨秀廷．锦屏林业碑文选辑［G］．锦屏地方志办公室编．内部印刷．
[16] 张浩良．绿色史料札记——巴山林业碑碣文集［M］．昆明：云南大学出版社，1990.
[17] 黔东南州地方志编委会．黔东南州志·林业志［M］．北京：中国林业出版社，1990.
[18] 黔东南州志编委会．黔东南州志·地理志［M］．贵阳：贵州人民出版社，1990.
[19] 黎平县林业志办公室编．黎平县林业志［M］．贵阳：贵州人民出版社，1989.
[20] 锦屏县志编委会．锦屏县志（1991—2009）：上下册［M］．北京：方志出版社，2011.
[21] 刘毓荣．锦屏县林业志［M］．贵阳：贵州人民出版社，2002.
[22] 石启贵．湘西苗族实地调查报告：增订版［M］．长沙：湖南人民出版社，2002.
[23] 贵州省民族研究所，贵州省民族研究会．贵州民族调查（之七）1990年，内部印刷．
[24] 李汉林．百苗图校释［M］．贵阳：贵州民族出版社，2001.
[25] 贵州省民族志编委会．民族志资料汇编：第三辑［G］．侗族，内部印行．
[26] 湖南少数民族古籍办公室．侗款［M］．杨锡光，杨锡，吴治德整理译释．长沙：岳麓书社，1988.
[27] 中国民间文学研究会贵州分会．民间文学资料：第14集［G］．1986，内部印刷．
[28] 谢晖，陈金钊．民间法：第三卷（附“清水江文书”）［M］．济南：山东人民出版社，2004.
[29] 苗族史诗［M］．马学良，金旦译注．北京：中国民间文艺出版社，1883.
[30] 吴德坤，吴德杰整理翻译．苗族理辞．贵阳：贵州民族出版社，2002.
[31] 黎平县地方志编委会．黎平县志（1985—2005）：上下册［M］．贵阳：贵州人民出版社，2009.

二、著作

[1]［德］马克思．资本论［M］．北京：人民出版社，1975.
[2]［法］孟德斯鸠：论法的精神（上册），北京：商务印书馆，1982.
[3]［美］D. W. 赫尔．人口社会学［M］．黄昭文，严苏译．昆明：云南人民出版社，1989.
[4]［日］寺田浩明．权利与冤抑——寺田浩明中国法史论集［M］．王亚新等，译．北京：清华大学出版社，2012；2004年度京都大学法学部“东洋法史”讲义配送资料（未刊稿）．
[5]［日］滋贺秀三．中国家族法原理［M］．张建国，李力译．北京：法律出版社，2003.
[6] 费孝通．江村经济——中国农民的经济生活［M］．北京：商务印书馆，2004.
[7] 余秋雨黔东南纪行［M］．贵阳：贵州人民出版社，2008.

[8] 吴中伦. 中国之杉木 [M]. 北京：中国林业出版社，1984.

[9] 中国林业科学研究院《吴中伦文集》编委会. 吴中伦文集 [M]. 北京：中国科学技术出版社，1998.

[10] 杨庭硕，田红. 本土生态知识引论 [M]. 北京：民族出版社，2012.

[11] 杨庭硕. 相际经营原理——跨民族经济活动的理论和实践 [M]. 贵阳：贵州民族出版社，1995.

[12] 尹绍亭. 云南山地民族文化生态的变迁 [M]. 昆明：云南教育出版社，2009.

[13] 张应强，胡腾. 锦屏 [M]. 北京：三联书店，2004.

[14] 赵旭东. 权力与公正——乡土社会的纠纷解决与权威多元 [M]. 北京：古籍出版社，2003.

[15] 高其才. 中国少数民族习惯法研究 [M]. 北京：清华大学出版社，2003.

[16] 黄宗智. 清代的法律、社会与文化：民法的表达与实践 [M]. 上海：上海书店出版社，2007.

[17] 梁治平. 清代习惯法：国家与社会 [M]. 北京：中国政法大学出版社，1996.

[18] 王亚新，梁治平编. 明清时期的民事审判与民间契约 [M]. 北京：法律出版社，1998.

[19] 龙国辉. 苗族文化大观 [M]. 贵阳：贵州民族出版社，2009.

[20] 石开忠. 鉴村侗族计划生育的社会机制及方法 [M]. 香港：华夏文化艺术出版社，2001.

[21] 王宗勋. 乡土锦屏 [M]. 贵阳：贵州大学出版社，2008.

[22] 吴军. 侗族教育史 [M]. 北京：民族出版社，2004.

[23] 吴欣. 清代民事诉讼与社会秩序 [M]. 北京：中华书局，2007.

[24] 徐晓光，文新宇. 法律多元视角下的苗族习惯法与国家法——来自黔东南苗族地区的田野调整 [M]. 贵阳：贵州民族出版社，2006.

[25] 徐晓光，吴大华，韦宗林，李廷贵. 苗族习惯法研究 [M]. 香港：华夏文化艺术出版社，2000.

[26] 徐晓光. 苗族习惯法的遗留传承及其现代转型研究 [M]. 贵阳：贵州人民出版社，2005.

[27] 徐晓光. 清水江流域林业经济法制的历史回溯 [M]. 贵阳：贵州人民出版社，2006.

[28] 徐晓光. 款约法——黔东南侗族习惯法的历史人类学考察 [M]. 厦门：厦门大学出版社，2012.

[29] 梁聪. 清代清水江下游村寨社会的契约规范与秩序 [M]. 北京：人民出版社，2008.

[30] 阿风. 明清时代妇女的地位与权利——以明清契约文书、诉讼档案为中心 [M]. 北

京：社会科学文献出版社，2009.
[31] 崔海洋．人与稻田——贵州黎平黄岗侗族传统生计研究［M］．昆明：云南人民出版社，2009.
[32] 单洪根．绿色记忆——黔东南林业文化拾粹［M］．昆明：云南人民出版社，2012.
[33] 单洪根．清水江木商文化［M］．北京：世界社会文献出版社，2009.
[34] 单洪根．木材时代——清水江林业史话［M］．北京：中国林业出版社，2008.
[35] 徐晓光．原生的法——黔东南苗族侗族地区的法人类学［M］．北京：中国政法大学出版，2010.

三、论文

[1] 周维梁．湖南木材产销概述［M］．湖南经济，1946（1）.
[2] 廖炳南等．清水江流域的木材交易［M］//贵州文史资料选辑：第6辑，贵阳：贵州人民出版社，1980.
[4] 贾治邦．把握林业基本属性，推动林业科学发展［J］．求是，2011（3）.
[5] 贾治邦．解决突出问题，推进油茶产业又好又快发展［J］．林业经济，2008（10）.
[6] ［日］相原佳之．从锦屏县平鳌文书看清水江流域的林业经营［J］．原生态民族文化学刊，2010（1）.
[7] 杨有庚．清代苗族山林买卖契约反映的苗汉等族间的经济关系［J］．贵州民族研究，1990（3）.
[8] 杨有庚．清代黔东南清水江流域木行初探［J］．贵州社会科学，1988（4）.
[9] 程则时．锦屏阴地风水契约文书与风水习惯法［J］．原生态民族文化学刊，2011（3）.
[10] 崔海洋．试论侗族传统文化对森林生态的维护作用——以黔东南黎平县黄岗村为例［J］．西北民族大学学报，2009（3）.
[11] 单洪根，龙泽江．林业契约与林权改革［J］．林业经济，2010（8）.
[12] 洪名勇，钱龙．多学科视角下的信任及信任机制研究［J］．江西社会科学，2013（1）.
[13] 洪名勇．清水江流域林地产权流转制度研究——基于清水江林业契约的分析［J］．林业经济，2012（1）.
[14] 蓝寿荣．关于土家族习惯法的社会调查和初步分析［M］//谢晖，陈金钊．民间法：第3卷．济南：山东人民出版社，2004.
[15] 李怀荪．苗木·洪商·洪江古商城［J］．鼓楼，2011（5）.
[16] 席克定．黎平、从江等地的侗族丧习．月亮山地区民族调查［J］．贵州民族研究所内部印刷.

[17] 李雪岩，周建新，龙耀. 广西土地山林权属纠纷分析 [J]. 广西林业，2005 (3).
[18] 刘宗碧. 从江占里侗族生育习俗的文化价值理念及其与汉族的比较 [J]. 贵州民族研究，2006 (1).
[19] 罗洪洋，赵大华，吴云. 清代黔东南文斗苗族林业契约补论 [J]. 民族研究，2004 (2).
[20] 罗洪洋. 清代黔东南锦屏苗族林业契约纠纷解决机制 [J]. 民族研究，2005 (1).
[21] 罗康隆. 侗族传统人工林业的社会组织运行分析 [J]. 贵州民族研究，2001 (2).
[22] 罗康隆. 侗族传统社会习惯法对森林资源的保护 [J]. 原生态民族文化学刊，2010 (1).
[23] 潘盛之. 侗族传统与人工林生产 [M] //人类学与西南民族. 昆明：云南大学出版社，1988.
[24] 吕永锋. 清水江地区人工林经营中的水土保持手段述评 [J]. 贵州民族学院学报，2004 (1).
[25] 麻春霞. 经验与反思：民族学视野下的湘西的区民族政策——以油茶种植的政策扶持变迁为例 [J]. 原生态民族文化学刊，2011 (4).
[26] 潘盛之. 论侗族传统文化与侗族人工林业的形成 [J]. 贵州民族学院学报，2001 (1).
[27] 潘永荣. 浅谈侗族传统生态观与生态建设 [J]. 贵州民族研究，2004 (5).
[28] 石朝江. 论苗族家庭的类型与发展 [J]. 贵州民族学院学报，1993 (4).
[29] 石开忠. 明清至民国时期清水江流域林业开发及对侗族、苗族社会的影响 [J]. 民族研究，1996 年 4).
[30] 覃东平、吴一文等. 从苗族大歌看苗族传统林业知识 [J]. 贵州民族研究，2004 (1).
[31] 王洁平. 人与森林 [J]. 中国档案，2012 (4).
[32] 王宗勋. 浅谈锦屏文书在促进林业经济发展和生态文明建设中的作用 [J]. 贵州大学学报，2012 (5).
[33] 吴声军. 锦屏契约所体现林业综合经营实证及其文化解析 [J]. 原生态民族文化学刊，2009 (4).
[34] 吴声军. 清水江林业契约之文化剖析 [J]. 原生态民族文化学刊，2009 (4).
[35] 徐晓光、龙泽江. 对黔东南集体林权改革的调查与思考 [J]. 西南民族大学学报，2009 (6).
[36] 徐晓光. 芭茅草与草标——苗族口承习惯法中的文化符号 [J]. 贵州民族研究，2008 (3).
[37] 徐晓光. 贵州苗族水火利用与灾害预防习惯规范调查研究 [J]. 广西民族大学学报，2006 (6).
[38] 徐晓光. 锦屏契约、文书研究中的几个问题 [J]. 民族研究，2007 (6).

[39] 徐晓光. 清代黔东南锦屏林业开发中国家法与民族习惯法的互动 [J]. 贵州社会科学, 2008 (2).

[40] 杨成, 杨庭硕. 论贵州油茶产业发展的机遇、挑战和对策——以黔东南为例 [J]. 贵阳市委党校学报, 2011 (5).

[41] 张晓. 论苗族古歌的价值意向 [J]. 民族工作, 1989 (1).

[42] 张应强. 民间文书《均摊全案》介说 [J]. 华南研究资料研究中心通讯, 2003 (1).

[43] 朱江. 森林织就秀美山川 [J]. 当代贵州, 2013 (7).

四、硕博论文

[1] 沈洁. 社会结构与人口发展——基于侗族村寨占里的研究 [R]. 中央民族大学 2008 年硕士论文.

[2] 沈文嘉. 清水江流域林业经济与社会变迁研究 (1644—1911) [R]. 北京林业大学. 2006 年博士论文.

后记

曹操的《对酒歌》说:“对酒歌，太平时！吏不呼门。王者贤且明，宰相股肱皆忠良。咸礼让，民无所争讼。三年耕有九年储，仓谷满盈。斑白不负载。雨泽如此，百谷用成。却走马，以粪其土田。爵公侯伯子男，咸爱其民，以黜陟幽明。子养有若父与兄。犯礼法，轻重随其刑。路无拾遗之私。囹圄空虚，冬节不断。人耄耋，皆得以寿终。恩德广及草木昆虫。”

曹操在描述他心目中的“小康”社会时，最后的落脚点是“恩德广及草木昆虫”，颇有现代生态学意味，意境非常高远。不用说在“白骨敝于野，千里无鸡鸣”的魏晋南北朝时期，就是在大力提倡“生态文明建设”的今天也有重要的启示意义。

用“山川秀美”这个词描绘黔东南地区是非常恰当的，黔东南山清水秀，这样的地方在中国已不多见了。苗侗人们淳朴自然，处处“以美丽回答一切”(余秋雨语)，但至今黔东南各族人民还忍受着贫穷，却为“天保工程”做着巨大的贡献。这都有赖于民族传统文化中对森林的保护意识和逐渐形成的林业技术、技艺和技能，才保持了这种“山常青、水常绿”的自然生态环境。苗侗民族对森林保护已成为自觉的意识和行为，这种“靠水吃水，吃山养山”、“无木之荒，胜于无米”的传统生态意识深扎于苗侗人民的心里，同时又有一套完备的习惯法来规范、保证良好传统的延续。几百年前，当林业商品经济在清水江流域地区兴起时，传统的林业习惯法也主动地适应了林业经济发展的要求。

人们通常把法治与商品经济联系起来，认为商品经济就是“法治经济”。但是商品经济属于经济基础的范畴，法治则属于上层建筑的范畴，它们各自所具有的属性截然不同。既然这两种不同的事物或现象存在着某种确定的联系，则在它们之间必然存在某个“中介”桥梁，而且这个“中介”必须既具有经济属性，还具有某些法的属性。同时从社会历史主体来说，它必须还应具有自我认同、自我约束的价值观念的属性，而产生于清水江流域地区大量的反映林业商品经济的契约文书，恰恰是在刚刚“开化”不久的民族地域社会里，人们普遍要求经济生活的规范化、法制化的具体反映。因为契约文书作为商品交换的条件和手段，包含了极为丰富的社会文化内涵。正如马克思所指出的：“具有契约形式的（不管这种契约是否用法律形式固定下来的）法律关系，是一种反映着经济关系的意志关系，这种法律关系或意志关系的内容，是由这种经济关系本身决定的。”（马克思：《资本论》第1卷，人民出版社1975年版，第102页）。有学者认为：“契约范畴所蕴含的丰富性，恰恰符合充当这一中介的条件，从而在经济与法治上层建筑之间架起了一道由此及彼的桥梁。”（蒋先福：《契约文明——洪站文明的源与流》，上海人民出版社1999年版，第2~3页）。所以说目前尚存于清水江流域地区的几十万份以上的契约文书，在某种程度上为我们提供了破解该地历史上林业经济法律关系和民族地域社会与生态的不可多得的资料。

这本书的写作也和笔者的个人经历有一定关系。笔者1982年大学毕业后分配到林业部哈尔滨林业机械研究所做了一名日文翻译，曾陪同一些日本林业专家考察过大、小兴安岭林区，还翻译过日本营林、采伐机械方面的小册子；同时也结识了国内的一些林学专家。那时我国的林业技术还很落后，记得1983年我就陪同东北林业大学的裴克先生到内蒙古的喀喇沁旗鉴定过一个林业机械的项目。鉴定的项目是用一个像钻井用的大钻头在地上钻一个1米深的洞，然后把杨树插进去。当时给出的鉴定结论是“国内领先水平”。在林机所工作的那几年，我对林木的种植、管护和采伐的基本知识有一点了解。1999年到贵州工作后，田野调查的主要地区是黔东南，清水江沿岸的几个林业县也到过多次，并了解到清水江流域各县尚存有大量的林业契约，便有了研究的念头。但由于当时对契约文书的调查不足，同时仅仅利用林业契约尚不能全面反映清水江流域清朝和民国时期诸多大大小小的法律事件和错综复杂的法律关系，所以又把目光投向诉讼文书，并进行有意识的收集和研究。贵州省老一辈学者杨有庚先生多年研究成果使我这个外省学者对该问题产生兴趣，特别是他从 20 世纪 60 年代就开始收集和整理的契约资料，以及他主要参与编辑的《侗族社会历史调查》资料，对笔者的启发非常大，曾先后多次登门请教过杨先生。2004—2005 年，笔者在日本京都大学做访问学者时，又有幸受教于日本著名的中国法制史研究专家寺田浩明教授，经其介绍结识了唐立、武内房司等一批日本学者，他们都鼓励笔者对“清水江文书”进行深入的研究，并赠送了三卷“红皮书”（《贵州苗族林业契约文书汇编》，共三卷）作为研究资料。这样到 2006 年，笔者完成了《清水江流域林业经济法制的历史回溯》（贵州人民出版社）一书。

“清水江文书”研究的更大机遇终于来了。2011 年凯里学院与中山大学、贵州大学共同获得国家社会科学重大招标课题“清水江文书的整理与研究”[第二批，项目号：11&ZD096)]。凯里学院与国内名牌大学共同开展研究，说明新升地方本科院校完全可以利用地方的资源优势开展重大课题的研究，也为国内 300 余所同类院校的科研项目拓展开了先河。与此同时，凯里学院与贵州大学一并获得贵州省科技厅批准设立“院士工作站”（当时贵州高校仅此两所），凯里学院第一位进站的院士就是著名森林生态学专家李文华院士。项目设计申报时，李院士欣然接受笔者主持的重大招标项目之子课题“清水江文书所见苗侗民族森林生态知识及环保传统研究”。由于李院士和他的团队非常忙，要做的事情非常多，这个子课题只有“赶鸭子上架”，由笔者来写了，本书就是这一子课题的最终成果。

大体上说，笔者是学法律史的，但是由于机缘的安排，除了法律史学者外，笔者认识最多的是森林与生态方面的专家学者，如中国科学院地理科学与资源研究所闵庆文研究员、中央民族大学生命与环境科学学院薛达元教授、云南大学尹绍亭教授、吉首大学杨庭硕教授、贵州民族学院党委书记王凤友教授、贵州省科技厅副厅长苏庆先生、黔东南州副州长许新桥先生、黔东南州原副州长单洪根先生、环保部中日友环境保护中心杨晓明博士、贵州大学崔海洋教授等，他们在林业生态文化研究上都给了笔者很多帮助和支持，在此表示感谢。

由于笔者不是林学专业，也不是本土学者，因此对清水江流域的社会历史以及苗侗民族生态文化的理解不一定很准确，特别是对林业技术与生态知识的认识、把握和解读不一定很到位，所以错误和不妥之处在所难免，恳请各位专家不吝赐教。

在生态文明贵阳国际论坛2014年年会闭幕之际，“贵阳共识”召唤绿色未来。在此还是用柴可夫斯基的一首曲名结束本书——“我祝福你，森林”。

徐晓光
2014年7月30日
于贵阳花溪麦翁桥边莫窥园